职业教育机电类
系列教材

U0590067

# AutoCAD
# 机械制图实例教程

## 微课版 | AutoCAD 2020

孙建香 姜勇 聂福全 / 主编

周克媛 丛兆伟 王尧杰 刘学燕 纪成美 / 副主编

ELECTROMECHANICAL

人民邮电出版社
北京

图书在版编目（CIP）数据

AutoCAD 机械制图实例教程：微课版：AutoCAD 2020 / 孙建香，姜勇，聂福全主编. -- 北京：人民邮电出版社，2025. --（职业教育机电类系列教材）.
ISBN 978-7-115-65394-9

Ⅰ．TH126

中国国家版本馆 CIP 数据核字第 2024VC2858 号

## 内 容 提 要

本书以绘图项目为核心，结合案例讲解 AutoCAD 的基础知识和应用知识，重点培养学生的 AutoCAD 绘图技能，提高学生解决实际问题的能力。

本书共 11 个项目，主要内容包括 AutoCAD 的绘图环境及基本操作，绘制和编辑线段及圆，绘制和编辑正多边形、椭圆及剖面图案，绘制和编辑多段线、点对象及面域，书写文字及标注尺寸，查询信息、图块及外部参照，零件图，装配图，轴测图，打印图形，三维建模。

本书既可作为高校机械、电子、工业设计等专业的计算机辅助绘图课程教材，也可作为广大工程技术人员的自学用书。

◆ 主　　编　孙建香　姜　勇　聂福全
　　副 主 编　周克媛　丛兆伟　王尧杰　刘学燕　纪成美
　　责任编辑　刘晓东
　　责任印制　王　郁　焦志炜

◆ 人民邮电出版社出版发行　　北京市丰台区成寿寺路 11 号
　　邮编　100164　电子邮件　315@ptpress.com.cn
　　网址　https://www.ptpress.com.cn
　　三河市君旺印务有限公司印刷

◆ 开本：787×1092　1/16
　　印张：16.25　　　　　　　　　　　　2025 年 1 月第 1 版
　　字数：403 千字　　　　　　　　　　2025 年 1 月河北第 1 次印刷

定价：66.00 元

读者服务热线：(010)81055256　印装质量热线：(010)81055316
反盗版热线：(010)81055315
广告经营许可证：京东市监广登字 20170147 号

# 前　言

党的二十大报告提出："推进新型工业化，加快建设制造强国"和"推动制造业高端化、智能化、绿色化发展"。本书全面贯彻党的二十大精神，结合企业生产实践，科学选取典型案例和安排学习内容，让学生在学习专业知识的同时，激发爱国热情，树立绿色发展理念，传承工匠精神，筑基中国梦。

近年来，随着我国社会经济的迅猛发展，市场上急需大量懂技术、懂设计、懂软件、会操作的应用型高技能人才。本书是为满足目前高校开设相关课程的教学需求和社会对 AutoCAD 应用人才的需求而编写的。

本书以"项目式"绘图为核心，从基础入手，以实用性强、针对性强的案例为引导，循序渐进地介绍 AutoCAD 的使用方法和使用 AutoCAD 设计产品的过程及技巧。

本书突出实用性，注重培养学生的实践能力，具有以下特色。

（1）编者在充分考虑本课程教学内容及特点的基础上，组织本书内容及设计编排方式。本书既介绍 AutoCAD 的基础理论知识，又提供非常丰富的绘图练习，便于教师围绕绘图项目，采取边讲边练的教学方式进行授课。

（2）在内容的组织上，本书遵循易懂、实用的原则，精心选取 AutoCAD 的一些常用功能及与机械绘图密切相关的知识作为主要内容。

（3）绘图案例贯穿全书，理论知识融入大量案例中，使学生在实际绘图过程中不知不觉地掌握理论知识，提高绘图技能。

（4）本书专门安排两个项目介绍使用 AutoCAD 绘制典型零件图及装配图的方法。通过对这部分内容的学习，学生可以了解使用 AutoCAD 绘制机械图的方法，并掌握一些实用的作图技巧，从而提高解决实际问题的能力。

（5）配套教学视频。本书提供一种全新方式帮助学生高效、轻松地学习 AutoCAD，学生可边观看视频边模仿操作。

本书参考学时为 64 学时，各项目学时可参考下表。

## 学时分配表

| 项目 | 内容 | 学时 | |
|---|---|---|---|
| | | 讲授 | 实训 |
| 项目 1 | AutoCAD 的绘图环境及基本操作 | 1 | 1 |
| 项目 2 | 绘制和编辑线段及圆 | 6 | 12 |
| 项目 3 | 绘制和编辑正多边形、椭圆及剖面图案 | 6 | 10 |
| 项目 4 | 绘制和编辑多段线、点对象及面域 | 2 | 2 |
| 项目 5 | 书写文字及标注尺寸 | 2 | 4 |

续表

| 项目 | 内容 | 学时 | |
|------|------|------|------|
| | | 讲授 | 实训 |
| 项目 6 | 查询信息、图块及外部参照 | 1 | 1 |
| 项目 7 | 零件图 | 1 | 5 |
| 项目 8 | 装配图 | 1 | 1 |
| 项目 9 | 轴测图 | 1 | 1 |
| 项目 10 | 打印图形 | 1 | 1 |
| 项目 11 | 三维建模 | 2 | 2 |
| 学时总计 | | 24 | 40 |

本书由烟台工程职业技术学院孙建香，青岛大学姜勇，河南科技学院聂福全担任主编；北京工业职业技术学院周克媛，中创云科（山东）教育科技有限公司丛兆伟，烟台工程职业技术学院王尧杰、刘学燕、纪成美担任副主编；参与编写的人员还有烟台工程职业技术学院李朝义、丁思思、李翠华、王振全，中创云科（山东）教育科技有限公司葛鹏。

由于编者水平有限，书中难免存在疏漏之处，敬请读者批评指正。

编　者

2024 年 4 月

# 目 录

# 项目 1

# AutoCAD 的绘图环境及基本操作

## 【项目导读】

在使用 AutoCAD 绘制图形时，首先需要了解和学会 AutoCAD 的基本操作，然后掌握设置图层、线型、线宽及颜色的方法，从而建立合理的图层，提高作图效率。

## 【学习目标】

通过学习本项目，读者要熟悉 AutoCAD 2020 的用户界面，并掌握一些基本操作。

## 【能力目标】

通过学习本项目，读者应学会 AutoCAD 的常用操作，以及选择对象的常用方法，熟悉 AutoCAD 2020 的用户界面，培养自学软件的能力。

# 任务 1.1　了解用户界面及学习基本操作

本任务将介绍 AutoCAD 2020 用户界面的组成，并介绍常用的一些基本操作。

## 1.1.1　AutoCAD 的用户界面

启动 AutoCAD 2020 后，显示【开始】选项卡，该选项卡包含【快速入门】【最近使用的文档】【通知】【连接】4 个区域，如图 1-1 所示。

单击 开始绘制 按钮新建图形，或者打开【样板】下拉列表选择样板文件新建图形。随后，进入 AutoCAD 用户界面，该界面主要由菜单浏览器、快速访问工具栏、功能区、ViewCube 工具、命令提示窗口、绘图窗口、状态栏及导航栏等部分组成，如图 1-2 所示。下面通过操作练习来熟悉 AutoCAD 2020 的用户界面。

【案例 1-1】　熟悉 AutoCAD 2020 的用户界面。

（1）单击用户界面左上角的 A 图标，弹出菜单，该菜单包含【新建】【打开】【保存】等常用命令。单击 按钮，显示已打开的所有图形文档；单击 按钮，显示最近使用的文档。

1-1　熟悉 AutoCAD 的用户界面

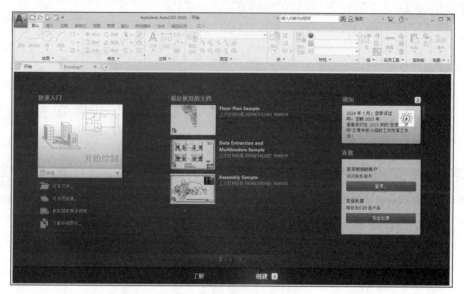

图 1-1　【开始】选项卡

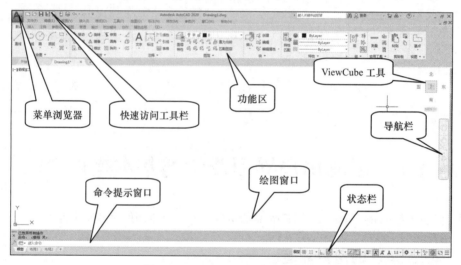

图 1-2　AutoCAD 2020 的用户界面

（2）单击快速访问工具栏上的▾按钮，弹出菜单，选择【显示菜单栏】命令，显示 AutoCAD 主菜单。选择菜单命令【工具】/【选项板】/【功能区】，关闭功能区。

（3）再次选择菜单命令【工具】/【选项板】/【功能区】，则打开功能区。

（4）单击【默认】选项卡中【绘图】面板上的▾按钮，展开该面板，再单击🖈按钮，固定面板。

（5）选择菜单命令【工具】/【工具栏】/【AutoCAD】/【绘图】，打开【绘图】工具栏，如图 1-3 所示。用户可移动工具栏或改变工具栏的形状。将鼠标指针移动到工具栏端部拖动条处，按住鼠标左键并拖动，工具栏就会随鼠标指针移动。将鼠标指针放在拖出的工具栏边缘，当鼠标指针变成双向箭头时，按住鼠标左键并拖动，工具栏的形状就会发生变化。

（6）在任意一个选项卡标签上单击鼠标右键，弹出快捷菜单，选择【显示选项卡】/【注释】命令，关闭【注释】选项卡。

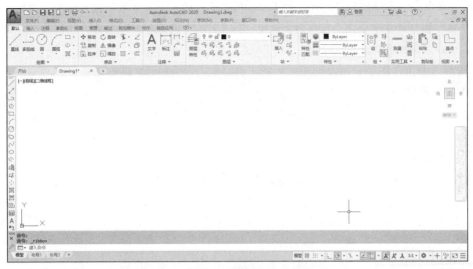

图 1-3　打开【绘图】工具栏

（7）单击功能区中的【参数化】选项卡标签，将【参数化】选项卡展开。在该选项卡的任意一个面板上单击鼠标右键，弹出快捷菜单，选择【显示面板】/【管理】命令，关闭【管理】面板。

（8）单击功能区顶部的 按钮，收拢功能区，仅显示选项卡及面板的文字标签和对应的单个图标；再次单击该按钮，与面板关联的图标消失；继续单击该按钮，直至展开功能区。

（9）在任意一个选项卡标签上单击鼠标右键，在弹出的快捷菜单中选择【浮动】命令，则功能区变为可动状态。将鼠标指针放在功能区的标题栏上，按住鼠标左键拖动鼠标，改变功能区的位置。

（10）绘图窗口是用户绘图的工作区域，该区域无限大，其左下方有一个表示坐标系的图标，图标中的水平及垂直线段分别指示 $x$ 轴和 $y$ 轴的正方向。单击状态栏上的 按钮，打开坐标显示，在绘图区域中移动十字光标，状态栏上将显示光标点的坐标读数。单击该坐标区可以改变坐标的显示方式。

（11）AutoCAD 提供了模型空间和图纸空间两种绘图环境。单击绘图窗口左下方的 布局1 按钮，切换到图纸空间；单击 模型 按钮，切换到模型空间。默认情况下，AutoCAD 的绘图环境是模型空间，用户在这里按实际尺寸绘制二维图形或三维图形。图纸空间提供了一张虚拟图纸（与手工绘图时的图纸类似），用户可在这张图纸上将模型空间的图样按不同缩放比例进行布置。

（12）绘图窗口上方是文件选项卡标签，单击不同的文件选项卡标签可在不同文件间切换。用鼠标右键单击文件选项卡标签，弹出快捷菜单，该快捷菜单包含【新建】【打开】【关闭】等命令。将鼠标指针悬停在文件选项卡标签处，会显示模型空间及图纸空间的预览图片，再把鼠标指针移动到预览图片上，则绘图窗口中会临时显示对应图形。

（13）AutoCAD 用户界面最下方是状态栏，其中不仅显示了十字光标的坐标，还布置了各类绘图辅助工具。单击状态栏最右边的 按钮，利用弹出菜单中的命令可打开或关闭这些工具。用鼠标右键单击工具按钮，弹出快捷菜单，利用该快捷菜单中的命令可进行必要的设置。

（14）AutoCAD 绘图环境的组成一般称为工作空间。单击状态栏上的 图标，弹出菜单，该菜单中的【草图与注释】命令被选中，表明现在处于【草图与注释】工作空间。选择该菜单上的【三维建模】命令，切换至【三维建模】工作空间。

（15）命令提示窗口位于绘图窗口的下方，用户输入的命令、系统的提示信息等都反映在此窗口中。将鼠标指针放在命令提示窗口的上边缘，待鼠标指针变成双向箭头时，按住鼠标左键向上拖动就可以增加命令提示窗口显示的行数。按 F2 键可打开命令提示窗口，再次按 F2 键可关闭此窗口。

绘图窗口中包含用于显示及观察图形的工具。

（1）视口控件。

【–】：单击【–】，显示选项，这些选项用于最大化视口、创建多视口及控制绘图窗口右边的 ViewCube 工具和导航栏的显示。

（2）视图控件。

【俯视】：单击【俯视】，显示设定标准视图（如前视图、俯视图等）的选项。

（3）视觉样式控件。

【二维线框】：单击【二维线框】，显示用于设定视觉样式的选项。视觉样式决定三维模型的显示方式。

（4）ViewCube 工具。

ViewCube 工具用于控制观察方向的可视化工具，用法如下。

- 单击或拖动立方体的面、边、角点、周围文字及箭头等改变视点。
- 将十字光标移动到 ViewCube 工具的左上角，显示 🏠 图标，单击该图标，切换到西南等轴测视图。
- 单击 ViewCube 下边的 WCS ▾ 图标，切换到其他坐标系。

选择视口控件中的相关选项可打开或关闭 ViewCube 工具。

（5）导航栏。

导航栏包含平移、缩放及旋转视图等工具。选择视口控件中的相关选项可打开或关闭导航栏。

## 1.1.2　用 AutoCAD 绘图的基本过程

【案例 1-2】　使用 AutoCAD 绘制图形的基本过程。

（1）启动 AutoCAD 2020。

（2）打开【快速入门】区域的【样板】下拉列表，如图 1-4 所示。该下拉列表中列出许多用于新建图形的样板文件，选择【acadiso.dwt】选项创建新图形文件。

（3）单击状态栏上的 ▦ 按钮，关闭栅格的显示。按下 ⟳、✓、⊡ 按钮，注意不要按下 ⊞ 按钮。

（4）单击【默认】选项卡中【绘图】面板上的 ╱ 按钮，系统提示如下。

1-2　用 AutoCAD 绘制图形的基本过程

图 1-4　【样板】下拉列表

```
命令：_line
指定第一个点：                              //单击点 A，如图 1-5 所示
指定下一点或[放弃(U)]：400                   //向右移动十字光标，输入线段长度并按 Enter 键
指定下一点或[退出(E)/放弃(U)]：600           //向上移动十字光标，输入线段长度并按 Enter 键
指定下一点或[关闭(C)/退出(X)放弃(U)]：500     //向右移动十字光标，输入线段长度并按 Enter 键
指定下一点或[关闭(C)/退出(X)放弃(U)]：800     //向下移动十字光标，输入线段长度并按 Enter 键
指定下一点或[关闭(C)/退出(X)放弃(U)]：        //按 Enter 键结束命令
```

结果如图 1-5 所示。

（5）按 Enter 键重复画线命令，绘制线段 BC，如图 1-6 所示。

（6）单击快速访问工具栏上的 ⇐ 按钮，线段 BC 消失，再次单击该按钮，连续折线也消失。单击 ⇒ 按钮，连续折线显示出来，继续单击该按钮，线段 BC 也显示出来。

（7）输入画圆命令全称 CIRCLE 或缩写 C，系统提示如下。

图 1-5　画线

```
命令：CIRCLE                                      //输入命令，按 Enter 键确认
指定圆的圆心或[三点(3P)/两点(2P)/切点、切点、半径(T)]：    //单击点 D，指定圆心
指定圆的半径或[直径(D)]：100                       //输入圆的半径，按 Enter 键确认
```

结果如图 1-7 所示。

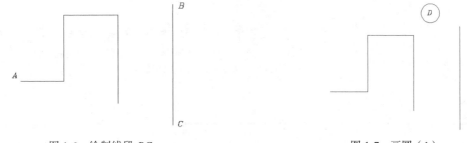

图 1-6　绘制线段 BC　　　　　　　　　　　　图 1-7　画圆（1）

（8）单击【默认】选项卡中【绘图】面板上的 ⊘ 按钮，系统提示如下。

```
命令：_circle
指定圆的圆心或[三点(3P)/两点(2P)/切点、切点、半径(T)]：
                //将十字光标移动到端点 A 处，系统自动捕捉该点，再单击确认
指定圆的半径或[直径(D)] <100.0000>：160          //输入圆的半径，按 Enter 键
```

结果如图 1-8 所示。

（9）单击导航栏上的 ✋ 按钮，十字光标变成手的形状 ✋，按住鼠标左键向右拖动，直至图形不可见为止。按 Esc 键或 Enter 键退出。

（10）双击鼠标中键或单击导航栏上的 🔍 按钮，图形又全部显示在窗口中，如图 1-9 所示。

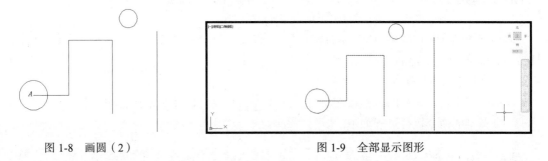

图 1-8　画圆（2）　　　　　　　　　　　图 1-9　全部显示图形

（11）单击鼠标右键，在弹出的快捷菜单中选择【缩放】命令，十字光标变成放大镜形状 🔍，按住鼠标左键并向下拖动，图形缩小，如图 1-10 所示。按 Esc 键或 Enter 键退出，也可单击鼠标右键，在弹出的快捷菜单中选择【退出】命令。选择该快捷菜单中的【范围缩放】命令可

使图形充满整个窗口显示。

（12）单击鼠标右键，在弹出的快捷菜单中选择【平移】命令；再单击鼠标右键，在弹出的快捷菜单中选择【窗口缩放】命令。按住鼠标左键并拖动，使矩形框包含图形的一部分，松开鼠标左键，矩形框内的图形被放大。单击鼠标右键，在弹出的快捷菜单中选择【缩放为原窗口】命令，使图形变为原来大小。

（13）单击【默认】选项卡中【修改】面板上的 按钮（删除对象），系统提示如下。

```
命令: _erase
选择对象:                          //单击点 A
指定对角点: 找到 1 个              //向右下方拖动十字光标，出现一个实线矩形框
                                  //在点 B 处单击，矩形框内的圆被选中，被选对象灰化
选择对象:                          //按 Enter 键删除圆
命令:ERASE                        //按 Enter 键重复命令
选择对象:                          //单击点 C
指定对角点: 找到 4 个              //向左下方拖动十字光标，出现一个虚线矩形框
                                  //在点 D 处单击，矩形框内及与该框相交的所有对象都被选中
选择对象:                          //按 Enter 键删除圆和线段
```

过程和结果如图 1-11 所示。

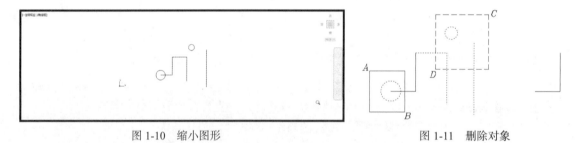

图 1-10　缩小图形　　　　　　　　　　　　　　图 1-11　删除对象

（14）单击 图标，弹出菜单，选择【另存为】命令（或单击快速访问工具栏上的 按钮），弹出【图形另存为】对话框，在该对话框的【文件名】文本框中输入新文件名。该文件默认类型为 ".dwg"，若想更改，则可在【文件类型】下拉列表中选择其他类型。

## 1.1.3　调用命令

启动 AutoCAD 命令的方法一般有两种：一种是在命令行中输入命令的全称或缩写；另一种是选择菜单命令或单击命令按钮。

### 1.　使用键盘调用命令

在命令行中输入命令的全称或缩写后，按 Enter 键就可以使系统执行相应命令。

一个典型的命令执行过程如下。

```
命令: circle                      //输入命令全称 CIRCLE 或缩写 C，按 Enter 键
指定圆的圆心或[三点(3P)/两点(2P)/切点、切点、半径(T)]: 90,100
                                  //输入圆心的 x、y 坐标，按 Enter 键
指定圆的半径或[直径(D)] <50.7720>: 70    //输入圆的半径，按 Enter 键
```

（1）方括号"[ ]"中以"/"隔开的内容表示命令的各个选项。若要选择某个选项，则需输入圆括号中的数字和字母，其中字母既可以是大写形式，也可以是小写形式。例如，想通过 3 点画圆，就输入"3P"。

此外，单击命令的选项也可执行相应功能。

（2）尖括号"<>"中的内容是当前默认值。

AutoCAD 的命令执行过程是交互式的。当用户输入命令后，需按 Enter 键确认，系统才执行该命令。在命令执行过程中，有时系统要等待用户输入必要的绘图参数，如输入命令的选项、点的坐标或其他几何数据等，输入完成后，也需按 Enter 键，系统才能继续执行下一步操作。

在命令行中输入命令的第一个或前几个字母并停留片刻后，系统自动弹出一份清单，其中列出了以相同字母开头的命令名称、系统变量和命令别名。将鼠标指针移动到命令名称上，系统显示该命令的说明文字及搜索按钮。单击命令或利用方向键选择命令后按 Enter 键，或者直接按 Enter 键选择命令进行启动。

 当使用某一命令时按 F1 键，系统将显示该命令的帮助信息；也可将鼠标指针在命令按钮上悬停片刻，这时按钮附近会显示该命令的简要提示信息。

**2. 利用鼠标指针调用命令**

利用鼠标指针选择主菜单中的命令或单击功能区中的命令按钮，系统就会执行相应命令。此外，用户也可在命令启动前或执行过程中单击鼠标右键，通过快捷菜单来启动相应命令。在利用 AutoCAD 绘图时，大多数情况下用户通过鼠标指针调用命令。鼠标各按键的定义如下。

- 左键：拾取键，用于单击命令按钮及选择菜单命令以调用命令，也可在绘图过程中指定点和选择图形对象等。
- 右键：一般作为回车键，命令执行完成后，常单击鼠标右键来结束命令。在某些情况下，单击鼠标右键将弹出快捷菜单，其中有【确认】命令。
- 中键（滚轮）：向前滚动滚轮可放大图形，向后滚动滚轮可缩小图形。缩放基点为十字光标点。默认情况下，缩放变化量为 10%。按住鼠标中键并拖动鼠标可平移图形，双击鼠标中键则使图形充满绘图窗口显示。

## 1.1.4　选择对象的常用方法

用户在使用编辑命令时，选择的多个对象将构成一个选择集。系统提供了多种构造选择集的方法，默认情况下，用户可以逐个拾取对象或利用实线矩形框、虚线矩形框一次性选择多个对象。

**1. 用实线矩形框选择对象**

当系统提示选择要编辑的对象时，用户应在图形元素的左上角或左下角单击，然后向右下方或右上方拖动十字光标，系统显示一个实线矩形框，让此框完全包含要编辑的图形，再单击，则矩形框中的所有对象（不包括与矩形框相交的对象）被选中，并且以灰色形式表示出来。

下面通过 ERASE 命令来演示这种选择方法。

【案例 1-3】用实线矩形框选择对象。

打开素材文件"dwg\项目 1\1-3.dwg"，如图 1-12（a）所示，用 ERASE

1-3　用实线矩形框
选择对象

命令将图 1-12（a）修改为图 1-12（b）。

```
命令：_erase
选择对象：                    //在点 A 处单击
指定对角点：找到 9 个        //在点 B 处单击
选择对象：                    //按 Enter 键结束
```

结果如图 1-12（b）所示。

### 2. 用虚线矩形框选择对象

当系统提示"选择对象"时，在要编辑的图形右上角或右下角单击，然后向左下方或左上方拖动十字光标，此时出现一个虚线矩形框，使该矩形框包含被编辑对象的一部分，而让其余部分与矩形框相交，再单击，则框内的对象和与框相交的对象全部被选中。

下面通过 ERASE 命令来演示这种选择方法。

【案例 1-4】 用虚线矩形框选择对象。

打开素材文件"dwg\项目 1\1-4.dwg"，如图 1-13（a）所示，用 ERASE 命令将图 1-13（a）修改为图 1-13（b）。

1-4 用虚线矩形框
选择对象

```
命令：_erase
选择对象：                     //在点 C 处单击
指定对角点：找到 14 个         //在点 D 处单击
选择对象：                     //按 Enter 键结束
```

结果如图 1-13（b）所示。

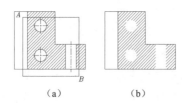

图 1-12 用实线矩形框选择对象

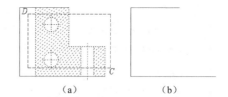

图 1-13 用虚线矩形框选择对象

### 3. 给选择集添加或删除对象

在编辑过程中，用户构造选择集常常不能一次完成，需向选择集中添加对象或删除对象。在添加对象时，可直接选择或利用实线矩形框、虚线矩形框选择要加入的图形；在删除对象时，则可先按住 Shift 键，再从选择集中选择要清除的多个图形。

下面通过 ERASE 命令来演示修改选择集的方法。

【案例 1-5】 修改选择集。

打开素材文件"dwg\项目 1\1-5.dwg"，如图 1-14（a）所示，用 ERASE 命令将图 1-14（a）修改为图 1-14（c）。

1-5 修改选择集

```
命令：_erase
选择对象：                          //在点 C 处单击
指定对角点：找到 8 个               //在点 D 处单击，如图 1-14（a）所示
选择对象：找到 1 个，删除 1 个，总计 7 个
                                     //按住 Shift 键，选择矩形 A，将该矩形从选择集中删除，如图 1-14（b）所示
```

| 选择对象:找到 1 个,总计 8 个 | //松开 Shift 键,选择圆 B |
| 选择对象: | //按 Enter 键结束 |

结果如图 1-14(c)所示。

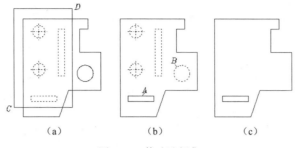

（a）　　　　　　　（b）　　　　　　　（c）

图 1-14　修改选择集

## 1.1.5　删除对象

ERASE 命令用来删除图形对象,该命令没有任何选项。要删除一个对象,用户可以先选择该对象,然后单击【修改】面板上的 按钮;或者输入命令全称 ERASE 或缩写 E 后按 Enter 键,也可以先调用删除命令,再选择要删除的对象。

此外,选择对象后按 Delete 键,或者利用快捷菜单中的【删除】命令也可以删除对象。

## 1.1.6　撤销和重复命令

在调用某个命令后,用户可以随时按 Esc 键终止该命令。此时,系统又返回命令等待状态。

用户经常遇到的一种情况是在绘图区域内偶然选择了图形对象,该对象上出现一些高亮的小框,这些小框被称为关键点。关键点可用于编辑对象(项目 3 中将详细介绍)。要取消这些关键点,按 Esc 键即可。

在绘图过程中,用户会经常重复使用某个命令,重复刚刚使用过的命令的方法是按 Enter 键。

## 1.1.7　取消已执行的操作

在用 AutoCAD 绘图时,难免会出现错误。要修正这些错误,可执行 UNDO 命令(缩写为 U),或者单击快速访问工具栏上的 按钮。如果想要取消前面执行的多个操作,可反复执行 UNDO 命令或反复单击 按钮。

当取消一个或多个操作后,若想恢复原来的效果,则可执行 REDO 命令,或者单击快速访问工具栏上的 按钮。

## 1.1.8　快速缩放及移动图形

AutoCAD 的图形缩放及移动功能比较完备,使用起来非常方便。绘图时,经常通过导航栏上的 、 按钮来实现这两项功能。此外,不论 AutoCAD 命令是否运行,单击鼠标右键,弹出快捷菜单，利用该快捷菜单中的【缩放】【平移】命令也能实现同样功能。

**【案例 1-6】** 观察图形的方法。

（1）打开素材文件"dwg\项目 1\1-6.dwg"，如图 1-15 所示。

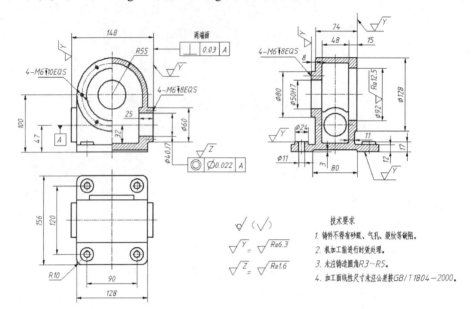

图 1-15 观察图形

（2）将十字光标移动到要缩放的区域，向前滚动滚轮可放大图形，向后滚动滚轮可缩小图形。

（3）按住鼠标中键，十字光标变成手的形状 🖐，拖动鼠标则平移图形。

（4）双击鼠标中键，全部缩放图形。

1-6 观察图形的方法

（5）单击导航栏上 🔍 按钮下的 ▾ 按钮，展开缩放菜单，选择【实时缩放】命令，系统进入实时缩放状态，十字光标变成放大镜形状 🔍。此时，按住鼠标左键向上拖动可放大零件图，向下拖动可缩小零件图。按 [Esc] 键或 [Enter] 键退出实时缩放状态，也可单击鼠标右键，然后选择快捷菜单中的【退出】命令实现这一操作。

（6）单击导航栏上的 🖐 按钮，系统进入实时平移状态，十字光标变成手的形状 🖐，此时按住鼠标左键并拖动可以平移视图。单击鼠标右键，弹出快捷菜单，选择【退出】命令。

（7）单击鼠标右键，在弹出的快捷菜单中选择【缩放】命令，进入实时缩放状态。再次单击鼠标右键，在弹出的快捷菜单中选择【平移】命令，切换到实时平移状态，按 [Esc] 键或 [Enter] 键退出。

不要关闭文件，下一小节将继续练习。

## 1.1.9 窗口放大图形、返回上一次的显示及全部显示图形

在绘图过程中，用户经常需要将图形的局部区域放大，以便绘图。绘制完成后，又要返回上一次的显示或将图形全部显示在绘图窗口中，以观察绘图效果。利用快捷菜单中的【缩放】命令或导航栏中的 🔍、🔍、🔍 按钮可实现这 3 项功能。

继续前面的练习。

（1）单击鼠标右键，在弹出的快捷菜单中选择【缩放】命令。再次单击鼠标右键，在弹出的快捷菜单中选择【窗口缩放】命令，在需要放大的区域拖出一个矩形框，则该矩形框内的图形被放大至充满整个绘图窗口。

（2）按住鼠标中键，拖动鼠标平移图形。单击鼠标右键，在弹出的快捷菜单中选择【缩放为原窗口】命令，返回前一步视图。此外，也可单击导航栏中的 按钮，返回上一次的显示。

（3）单击导航栏中的 按钮，指定矩形框的第 1 个角点，再指定另一个角点，则系统将尽可能地把矩形框内的图形放大以充满整个绘图窗口。

（4）单击导航栏中的 按钮，返回上一次的显示。

（5）单击鼠标右键，在弹出的快捷菜单中选择【缩放】命令。再次单击鼠标右键，在弹出的快捷菜单中选择【范围缩放】命令（双击鼠标中键也可实现这一目标）。

## 1.1.10　设定绘图区域的大小

虽然 AutoCAD 的绘图区域无限大，但用户可以设定绘图窗口中显示出的绘图区域的大小。在作图时，事先设定绘图区域的大小将有助于用户了解图形分布的范围。当然，用户也可以在绘图过程中随时缩放（使用 工具）图形以控制其在绘图区域的显示范围。

设定绘图区域的大小有以下两种方法。

（1）将一个圆或竖直线段充满整个绘图窗口显示出来，依据圆或线段的尺寸就能轻易估算出当前绘图区域的大小。

（2）用 LIMITS 命令设定绘图区域的大小，该命令可以改变栅格的尺寸及位置。所谓栅格，就是点在矩形区域中按行、列形式分布形成的图案。当栅格在绘图窗口中显示出来后，用户就可以根据栅格分布的范围估算出当前绘图区域的大小。

【案例 1-7】　设定绘图区域的大小。

（1）单击【绘图】面板上的 按钮，系统提示如下。

```
命令：_circle
指定圆的圆心或[三点(3P)/两点(2P)/切点、切点、半径(T)]：      //在绘图区域的适当位置单击
指定圆的半径或[直径(D)]：50                              //输入圆的半径
```

（2）双击鼠标中键或单击导航栏上的 按钮，直径为 100 的圆就充满整个绘图窗口显示出来，如图 1-16 所示。

【案例 1-8】　用 LIMITS 命令设定绘图区域的大小。

（1）选择菜单命令【格式】/【图形界限】，系统提示如下。

```
命令：'_limits
指定左下角点或[开(ON)/关(OFF)] <0.0000,0.0000>:100,80
       //输入点 A 的 x 坐标、y 坐标，或者在任意一点单击
指定右上角点 <420.0000,297.0000>: @150,200
       //输入点 B 相对于点 A 的坐标，如图 1-17 所示，按  Enter  键（2.1.1 小节中将介绍相对直角坐标）
```

（2）将鼠标指针移动到状态栏中的 按钮上，单击鼠标右键，弹出快捷菜单，选择【网格设置】命令，打开【草图设置】对话框，取消选中【显示超出界限的栅格】复选框。

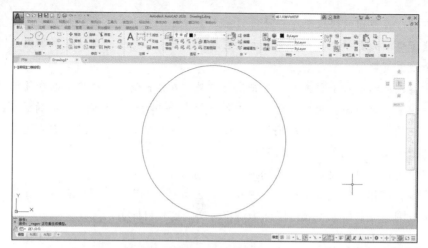

1-7　设定绘图区域
的大小

图 1-16　设定绘图区域的大小（1）

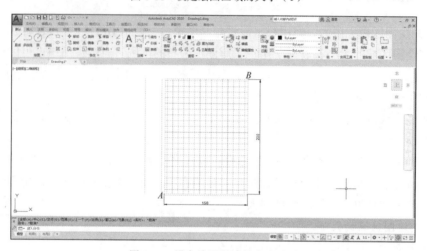

1-8　用 LIMITS
命令设定绘图区域
的大小

图 1-17　设定绘图区域的大小（2）

（3）关闭【草图设置】对话框，单击 ⊞ 按钮，打开栅格；再次双击鼠标中键，使矩形栅格充满整个绘图窗口。

（4）单击鼠标右键，在弹出的快捷菜单中选择【缩放】命令，按住鼠标左键向下拖动，使矩形栅格缩小，如图 1-17 所示。该栅格的尺寸是 $200 \times 150$，且左下角点的 $x$ 坐标、$y$ 坐标为（100, 80）。

## 1.1.11　预览打开的文件及在文件间切换

AutoCAD 是一个多文档环境，用户可同时打开多个图形文件。要预览打开的文件及在文件间切换，可采用以下方法。

（1）将鼠标指针悬停在绘图窗口上部的某一文件选项卡标签上，显示出该文件的预览图片，如图 1-18 所示，单击其中之一，就会切换到相应图形。

（2）切换到【开始】选项卡，该选项卡的【最近使用的文档】区域中显示了已打开文件的缩略图。

（3）打开多个图形文件后，可利用【视图】选项卡中【界面】面板上的相关按钮控制多个文件的显示方式。例如，可将它们以层叠、水平或竖直排列等形式布置在绘图窗口中。

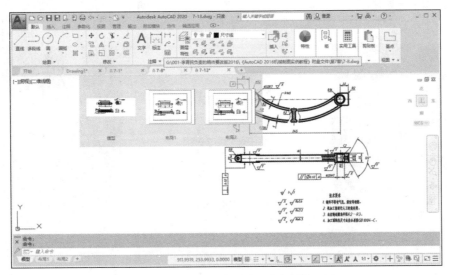

图 1-18　预览文件及在文件间切换

多文档环境具有 Windows 窗口的剪切、复制和粘贴等功能，可以快捷地在各个图形文件之间移动、复制对象。如果考虑到复制对象需要在其他图形文件中准确定位，那么可以在复制对象的同时指定基点，这样在执行粘贴操作时就可以根据基点将对象复制到正确位置。

## 1.1.12　模型空间与图纸空间

AutoCAD 提供了模型空间与图纸空间两种绘图环境。

### 1. 模型空间

默认情况下，AutoCAD 的绘图环境是模型空间。新建或打开图形文件后，绘图窗口中仅显示模型空间中的图形。此时，用户可以在绘图区域的左下角看到世界坐标系的图标，图标只显示了 $x$ 轴、$y$ 轴。实际上，模型空间是一个三维空间，用户可以设置不同的观察方向，以获得不同方向的视图。默认情况下，绘图窗口左上角视图控件的选项为【俯视】，表明当前绘图窗口是在 $xy$ 平面，因而坐标系图标只有 $x$ 轴、$y$ 轴。若将视图控件的选项设定为【西南等轴测】，则绘图窗口中将显示 3 个坐标轴。

在模型空间中作图时，一般按 1∶1 的比例绘制图形。当绘制完成后，再把图样以放大或缩小的比例打印出来。

### 2. 图纸空间

图纸空间是二维绘图空间。单击绘图窗口左下角的 模型 或 布局1 按钮，可以在图纸空间与模型空间之间切换。

如果处于图纸空间，绘图区域左下角的图标将变为 ，如图 1-19 所示。可以认为图纸空间是一张虚拟图纸，当在模型空间中按 1∶1 的比例绘制图形后，就可以切换到图纸空间，把模型空间的图样按所需比例布置在虚拟图纸上，最后从图纸空间以 1∶1 的出图比例将图纸打印出来。

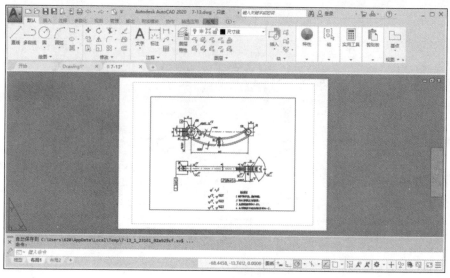

图 1-19　图纸空间

## 1.1.13　上机练习——布置用户界面及设定绘图区域的大小

【案例 1-9】　布置用户界面，练习 AutoCAD 基本操作。

（1）启动 AutoCAD 2020，创建新的图形文件，显示主菜单，打开【绘图】【修改】工具栏并调整工具栏的位置。

（2）在功能区的选项卡标签上单击鼠标右键，在弹出的快捷菜单中选择【浮动】命令，调整功能区的位置，如图 1-20 所示。

1-9　布置用户界面，练习 AutoCAD 基本操作

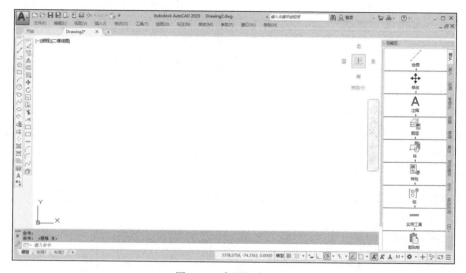

图 1-20　布置用户界面

（3）切换到【三维基础】工作空间，再切换到【草图与注释】工作空间。

（4）用鼠标右键单击文件选项卡标签，利用快捷菜单中的【新建】命令创建新文件，采用的样板文件为 "acadiso.dwt"。

（5）设定绘图区域的大小为 1500×1200，并显示出该区域内的栅格。单击鼠标右键，在弹

出的快捷菜单中选择【缩放】命令。再次单击鼠标右键，在弹出的快捷菜单中选择【范围缩放】命令，使栅格充满整个绘图窗口显示。

（6）单击【绘图】面板上的 ⊘ 按钮，系统提示如下。

```
命令：_circle
指定圆的圆心或[三点(3P)/两点(2P)/切点、切点、半径(T)]:         //在绘图区域中单击
指定圆的半径或[直径(D)] <30.0000>: 1                           //输入圆的半径
命令：
CIRCLE                                                        //按 Enter 键重复上一个命令
指定圆的圆心或[三点(3P)/两点(2P)/ 切点、切点、半径(T)]:         //在绘图区域中单击
指定圆的半径或[直径(D)] <1.0000>: 5                            //输入圆的半径
命令：
CIRCLE                                                        //按 Enter 键重复上一个命令
指定圆的圆心或[三点(3P)/两点(2P)/ 切点、切点、半径(T)]: *取消*  //按 Esc 键取消命令
```

（7）单击导航栏上的 按钮，或者双击鼠标中键，使圆充满整个绘图窗口。

（8）单击鼠标右键，在弹出的快捷菜单中选择【选项】命令，打开【选项】对话框，在【显示】选项卡的【圆弧和圆的平滑度】文本框中输入"10000"，然后单击 确定 按钮，关闭对话框。

（9）利用导航栏上的 、 按钮移动和缩放图形。再次单击鼠标右键，利用快捷菜单中的相关命令平移、缩放图形，最后使图形充满绘图窗口显示。

（10）以文件名"User.dwg"保存图形。

# 任务 1.2　设置图层、线型、线宽及颜色

可以将 AutoCAD 图层想象成透明胶片，用户把各种类型的图形元素绘制在这些胶片上，系统将这些胶片叠加在一起显示出来。在图层 A 上绘制了挡板、图层 B 上绘制了支架、图层 C 上绘制了螺钉，最终显示的是各层内容叠加后的效果，如图 1-21 所示。

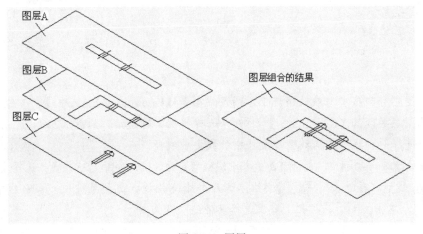

图 1-21　图层

### 1.2.1 创建及设置机械图的图层

AutoCAD 的图形对象总是位于某个图层上。默认情况下，当前图层是 0 层，此时所绘制的图形对象均在 0 层上。每个图层都有与其相关联的线型、线宽及颜色等属性信息，用户可以设定或修改这些信息。

【案例 1-10】 创建以下图层并设置图层的线型、线宽及颜色。

| 名称 | 颜色 | 线型 | 线宽 |
|------|------|------|------|
| 轮廓线层 | 白色 | Continuous | 0.50mm |
| 中心线层 | 红色 | CENTER | 默认 |
| 虚线层 | 黄色 | DASHED | 默认 |
| 剖面线层 | 绿色 | Continuous | 默认 |
| 尺寸标注层 | 绿色 | Continuous | 默认 |
| 文字说明层 | 绿色 | Continuous | 默认 |

（1）单击【默认】选项卡中【图层】面板上的 按钮，打开【图层特性管理器】。单击 按钮，列表框中显示出名称为"图层 1"的图层，直接输入"轮廓线层"，按 Enter 键结束。

（2）再次按 Enter 键，创建新的图层，修改图层名称。用此方法总共创建 6 个图层，结果如图 1-22 所示。图层【0】前有绿色标记"✔"，表示该图层是当前图层。

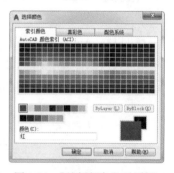

1-10 创建图层并设置图层的线型、线宽及颜色

（3）指定图层颜色。选中【中心线层】图层，单击与所选图层关联的图标■白，打开【选择颜色】对话框，选择【红】颜色，如图 1-23 所示，再设置其他图层的颜色。

图 1-22 创建图层　　　　　　　　　　　　图 1-23 【选择颜色】对话框

（4）给图层分配线型。默认情况下，图层线型是【Continuous】。选中【中心线层】图层，单击与所选图层关联的【Continuous】，打开【选择线型】对话框，如图 1-24 所示。用户可以通过该对话框选择一种线型或从线型库文件中加载更多线型。

（5）单击 加载(L)... 按钮，打开【加载或重载线型】对话框，如图 1-25 所示。选择【CENTER】【DASHED】线型，再单击 确定 按钮，这两个线型就被加载到系统中。当前线型库文件是"acadiso.lin"，单击 文件(F)... 按钮，可以选择其他线型库文件。

（6）返回【选择线型】对话框，选择【CENTER】线型，单击 确定 按钮，该线型就会分配给【中心线层】图层。用相同方法将【DASHED】线型分配给【虚线层】图层。

图 1-24 【选择线型】对话框

图 1-25 【加载或重载线型】对话框

（7）设定线宽。选中【轮廓线层】图层，单击与所选图层关联的图标——默认，打开【线宽】对话框，在列表框中选择【0.50mm】选项，如图 1-26 所示。

 如果要使图形对象的线宽在模型空间中显示得更宽或更窄，可以调整线宽比例。在状态栏的 ▤ 按钮上单击鼠标右键，弹出快捷菜单，选择【线宽设置】命令，打开【线宽设置】对话框，如图 1-27 所示，在【调整显示比例】分组框中拖动滑块来改变显示比例。

图 1-26 【线宽】对话框

图 1-27 【线宽设置】对话框

（8）指定当前图层。选中【轮廓线层】图层，单击 ✍ 按钮，图层前出现绿色标记"✔"，说明【轮廓线层】变为当前图层。

（9）关闭【图层特性管理器】，单击【绘图】面板上的 ∕ 按钮，任意绘制几条线段，这些线段的颜色为白色，线宽为 0.50mm。单击状态栏上的 ▤ 按钮，这些线段就会显示线宽。

（10）设定【中心线层】或【虚线层】为当前图层，绘制线段，观察效果。

 中心线及虚线中的短横线长度与空格大小可以通过线型的全局比例因子（LTSCALE）进行调整，详见 1.2.4 小节。

## 1.2.2 控制图层状态

每个图层都具有打开与关闭、解冻与冻结、解锁与锁定、打印与不打印等状态，改变图层状态就能控制图层上对象的可见性、可编辑性等。用户可利用【图层特性管理器】或【图层】

面板上的【图层控制】下拉列表对图层状态进行控制，如图 1-28 所示。

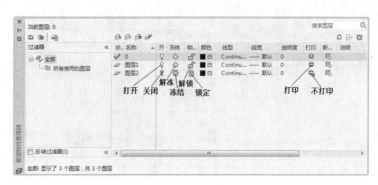

[图层控制]下拉列表

图 1-28　图层状态

下面对图层状态做简要说明。

- 打开/关闭：单击 💡/💡 图标，将打开/关闭某一图层。打开的图层可见，而关闭的图层既不可见，也不能被打印。当重新生成图形时，被关闭的图层也一起被生成。
- 解冻/冻结：单击 ☀/❄ 图标，将解冻/冻结某一图层。解冻的图层可见，而冻结的图层既不可见，也不能被打印。当重新生成图形时，系统不再重新生成该图层上的对象，因而冻结一些图层后，可以加快 ZOOM、PAN 等命令和其他操作的执行速度。
- 解锁/锁定：单击 🔓/🔒 图标，将解锁/锁定某一图层。被锁定的图层可见，但图层上的对象不能被编辑。
- 打印/不打印：单击 🖨/🖨 图标，将打印/不打印某一图层。

### 1.2.3　修改对象的图层、颜色、线型和线宽

用户通过【特性】面板上的【颜色控制】【线型控制】【线宽控制】下拉列表可以方便地修改或设置对象的颜色、线型、线宽等属性，如图 1-29 所示。默认情况下，这 3 个下拉列表框中显示【ByLayer】。ByLayer的意思是所绘对象的颜色、线型、线宽等属性与当前图层所设定的完全相同。

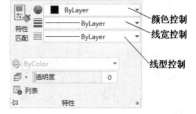

颜色控制
线宽控制
线型控制

图 1-29　【特性】面板

当设置将要绘制对象的颜色、线型、线宽属性时，用户可以直接在【颜色控制】【线型控制】【线宽控制】下拉列表中选择相应选项。

若要修改已有对象的颜色、线型、线宽属性，则可以先选择对象，然后在【颜色控制】【线型控制】【线宽控制】下拉列表中选择新的颜色、线型、线宽。

【案例 1-11】 控制图层状态、切换图层、修改对象所在图层并改变对象的线型和线宽。

（1）打开素材文件"dwg\项目 1\1-11.dwg"。

（2）打开【图层】面板上的【图层控制】下拉列表，选择【文字层】，则该图层成为当前图层。

（3）打开【图层控制】下拉列表，单击【尺寸标注层】前面的 💡 图标，然后将鼠标指针移

1-11　控制图层
状态及切换图层等

出下拉列表并单击，关闭该图层，则该图层上的对象变为不可见。

（4）打开【图层控制】下拉列表，单击【轮廓线层】【剖面线层】前面的 ☀ 图标，然后将鼠标指针移出下拉列表并单击，冻结这两个图层，则这两个图层上的对象变为不可见。

（5）选择所有黄色线条，则【图层控制】下拉列表框中显示这些线条所在的图层——虚线层。在【图层控制】下拉列表中选择【中心线层】，操作结束后，下拉列表自动关闭，被选对象转移到【中心线层】上。

（6）打开【图层控制】下拉列表，单击【尺寸标注层】前面的 💡 图标，再单击【轮廓线层】【剖面线层】前面的 ☀ 图标，打开【尺寸标注层】及解冻【轮廓线层】【剖面线层】，则这 3 个图层上的对象变为可见。

（7）选择所有图形对象，打开【特性】面板上的【颜色控制】下拉列表，选择蓝色，则所有对象变为蓝色。

改变对象线型及线宽的方法与修改对象颜色类似。

### 1.2.4 修改非连续线的外观

非连续线是由短横线、空格等构成的重复图案，图案中的短横线长度、空格大小由线型比例控制。用户绘图时常会遇到这样一种情况：本来想画虚线或点画线，但最终绘制出的线型看上去与连续线一样。这是因为线型比例设置得太大或太小。

LTSCALE 是控制线型外观的全局比例因子，它将影响图案中所有非连续线的外观，其值增加时，非连续线中的短横线加长、空格变大；否则，短横线缩短、空格变小。图 1-30 所示为使用全局不同比例因子时虚线及点画线的外观。

【案例 1-12】 改变线型的全局比例因子。

（1）打开【特性】面板上的【线型控制】下拉列表，选择【其他】选项，打开【线型管理器】对话框。单击 显示细节(D) 按钮，该对话框底部出现【详细信息】分组框，如图 1-31 所示。

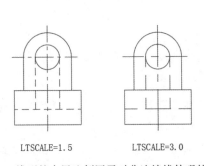

LTSCALE=1.5    LTSCALE=3.0

图 1-30　线型的全局比例因子对非连续线外观的影响

图 1-31　【线型管理器】对话框

（2）在【详细信息】分组框的【全局比例因子】文本框中输入新的值。

### 1.2.5 上机练习——使用图层及修改线型比例

【案例 1-13】创建图层、改变图层状态、将图形对象修改到其他图层上、修改线型比例等。

（1）打开素材文件"dwg\项目 1\1-13.dwg"。

（2）创建以下图层。

| 名称 | 颜色 | 线型 | 线宽 |
|------|------|------|------|
| 尺寸标注 | 绿色 | Continuous | 默认 |
| 文字说明 | 绿色 | Continuous | 默认 |

1-13 创建图层、改变图层状态及修改线型比例等

（3）关闭【轮廓线】【剖面线】【中心线】图层，将尺寸标注及文字说明分别修改到【尺寸标注】【文字说明】图层上。

（4）修改【全局比例因子】为"0.5"，然后打开【轮廓线】【剖面线】【中心线】图层。

（5）将【轮廓线】图层的线宽修改为【0.70mm】。

## 【实战演练】

1. 重新布置用户界面、恢复用户界面及切换工作空间等。

（1）单击文件选项卡标签右边的 + 按钮，创建新文件。关闭栅格的显示，打开主菜单，然后移动功能区并改变功能区的形状，如图 1-32 所示。

（2）打开【绘图】【修改】【对象捕捉】【建模】工具栏，调整所有工具栏的位置，并调整【建模】工具栏形状，如图 1-32 所示。

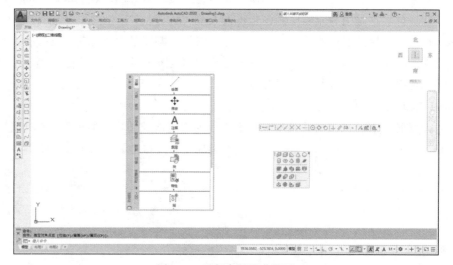

图 1-32 重新布置用户界面

（3）单击状态栏上的 ✿ 按钮，弹出菜单，选择【三维建模】命令，切换至【三维建模】工作空间。

（4）单击状态栏上的 ✿ 按钮，弹出菜单，选择【草图与注释】命令，用户界面恢复到原始状态。

2. 创建及存储图形文件、熟悉 AutoCAD 命令执行过程及快速查看图形等。

（1）利用 AutoCAD 提供的样板文件"acadiso.dwt"创建新文件。

（2）进入【草图与注释】工作空间，用 LIMITS 命令设定绘图区域的大小为 1000×1000。

（3）仅显示绘图区域范围内的栅格，并使栅格充满整个绘图窗口显示。

（4）单击【绘图】面板上的 ⊙ 按钮，系统提示如下。

```
命令: _circle
指定圆的圆心或[三点(3P)/两点(2P)/切点、切点、半径(T)]:        //在绘图区域中单击
指定圆的半径或[直径(D)] <30.0000>: 50                    //输入圆的半径, 按  Enter  键
命令:
CIRCLE                                                  //按  Enter  键重复上一个命令
指定圆的圆心或[三点(3P)/两点(2P)/切点、切点、半径(T)]:        //在绘图区域中单击
指定圆的半径或[直径(D)] <50.0000>: 100                   //输入圆的半径, 按  Enter  键
命令:
CIRCLE                                                  //按  Enter  键重复上一个命令
指定圆的圆心或[三点(3P)/两点(2P)/切点、切点、半径(T)]: *取消*  //按  Esc  键取消命令
```

（5）单击【绘图】面板上的 ╱ 按钮，任意绘制几条线段。

（6）利用【特性】面板上的【线型控制】下拉列表将线段修改为虚线，再把线型的【全局比例因子】修改为"2"。

（7）双击鼠标中键，使图形充满整个绘图窗口。

（8）利用导航栏上的 🖐、🔍 按钮来移动和缩放图形。

（9）以文件名"User.dwg"保存图形。

3. 创建图层、控制图层状态、将图形对象修改到其他图层上、改变对象的颜色及线型等。

（1）打开素材文件"dwg\项目 1\1-14.dwg"。

（2）创建以下图层。

| 名称 | 颜色 | 线型 | 线宽 |
|---|---|---|---|
| 轮廓线 | 白色 | Continuous | 0.70mm |
| 中心线 | 红色 | CENTER | 0.35mm |
| 尺寸线 | 绿色 | Continuous | 0.35mm |
| 剖面线 | 绿色 | Continuous | 0.35mm |
| 文本 | 绿色 | Continuous | 0.35mm |

（3）将图形的轮廓线、对称轴线、尺寸标注、剖面线、文字等分别修改到【轮廓线】【中心线】【尺寸线】【剖面线】【文本】图层上。

（4）通过【特性】面板上的【颜色控制】下拉列表把尺寸标注及对称轴线修改为蓝色。

（5）通过【特性】面板上的【线型控制】下拉列表将轮廓线的线型修改为【DASHED】。

（6）将轮廓线的线宽修改为【0.50mm】。

（7）关闭或冻结【尺寸线】图层。

项目 2

# 绘制和编辑线段及圆

## 【项目导读】

构成平面图形的主要图形元素是直线和圆弧，学会这些图形元素的绘制方法并掌握相应的绘图技巧是进行高效设计的基础。

## 【学习目标】

通过学习本项目，读者不仅应掌握绘制线段、斜线、切线、圆及过渡曲线等的方法，而且能够灵活运用相应命令绘制简单图形。

## 【能力目标】

通过学习本项目，读者应学会输入点的坐标及利用对象捕捉功能绘制线段，学会绘制过渡曲线及倾斜图形，学会绘制简单图形的三视图及曲轴零件图，学会在绘图过程中分析绘制图形的步骤，培养与他人合作分析图形的能力。

# 任务 2.1　绘制线段的方法（一）

本任务的主要内容包括输入点的坐标绘制线段、使用对象捕捉功能精确绘制线段、利用正交模式辅助绘制线段、修剪线条及延伸线条等。

## 2.1.1　输入点的坐标绘制线段

使用 LINE 命令可以在二维空间或三维空间中创建线段。调用该命令后，用户通过十字光标指定线段的端点或利用键盘输入端点坐标，系统会将这些点连接成线段。

常用的点坐标形式如下。

- 绝对直角坐标或相对直角坐标。绝对直角坐标的输入格式为"$X, Y$"，相对直角坐标的输入格式为"@$X,Y$"。其中，$X$ 表示点的 $x$ 坐标，$Y$ 表示点的 $y$ 坐标，两个坐标用","隔开。例如，(–60,30)(40,70)分别表示图 2-1 中的点 $A$、点 $B$。
- 绝对极坐标或相对极坐标。绝对极坐标的输入格式为"$R<\alpha$"，相对极坐标的输入格式为"@$R<\alpha$"。其中，$R$ 表示点到原点的距离，$\alpha$ 表示极轴方向与 $x$ 轴正向的夹角。若从 $x$ 轴

正向逆时针旋转到极轴方向，则 $\alpha$ 的值为正；否则，$\alpha$ 的值为负。例如，(70<120)(50<-30)分别表示图 2-1 中的点 $C$、点 $D$。

在画线时，若只输入"$<\alpha$"，而不输入"$R$"，则表示沿 $\alpha$ 角度方向绘制任意长度的直线。这种画线方式称为角度覆盖。

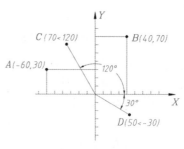

图 2-1　点的坐标

### 1. 命令的启动方法

- 菜单命令：【绘图】/【直线】。
- 面板：【默认】选项卡中【绘图】面板上的 ◢ 按钮。
- 命令：LINE 或缩写 L。

【案例 2-1】　图形左下角点的绝对直角坐标及图形尺寸如图 2-2 所示，下面用 LINE 命令绘制此图形。

（1）设定绘图区域的大小为 80×80，该区域左下角点的坐标为(200,160)，右上角点的相对直角坐标为(@80,80)。双击鼠标中键，使绘图区域充满整个绘图窗口显示。

2-1　输入点的坐标绘制线段

（2）单击【绘图】面板上的 ◢ 按钮，启动画线命令。

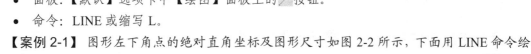

```
命令: _line
指定第一个点: 200,160                          //输入点 A 的绝对直角坐标
指定下一点或[放弃(U)]: @66,0                    //输入点 B 的相对直角坐标
指定下一点或[退出(E)/放弃(U)]: @0,48            //输入点 C 的相对直角坐标
指定下一点或[关闭(C)/退出(X)/放弃(U)]: @-40,0   //输入点 D 的相对直角坐标
指定下一点或[关闭(C)/退出(X)/放弃(U)]: @0,-8    //输入点 E 的相对直角坐标
指定下一点或[关闭(C)/退出(X)/放弃(U)]: @-17,0   //输入点 F 的相对直角坐标
指定下一点或[关闭(C)/退出(X)/放弃(U)]: @25<-110 //输入点 G 的相对极坐标
指定下一点或[关闭(C)/退出(X)/放弃(U)]: C        //使线框闭合
```

结果如图 2-3 所示。

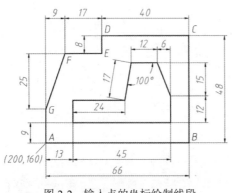

图 2-2　输入点的坐标绘制线段

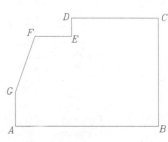

图 2-3　绘制线段 $AB$、$BC$ 等

（3）绘制图形的其他部分。

### 2. 命令的选项

- 指定第一个点：在此提示下，用户需指定线段的起点，若此时按 Enter 键，则系统将

以上一次所绘制线段或圆弧的终点作为新线段的起点。

- 指定下一点：在此提示下，输入线段的端点，按 Enter 键后，系统继续提示"指定下一点"，用户可输入下一个端点。若在"指定下一点"提示下按 Enter 键，则命令结束。

- 放弃(U)：在"指定下一点"提示下，输入字母"U"后按 Enter 键，将删除上一条线段，多次输入"U"后按 Enter 键，则会删除多条线段。该选项可以及时纠正绘图过程中的错误。

- 关闭(C)：在"指定下一点"提示下，输入字母"C"后按 Enter 键，系统将使连续折线自动封闭。

## 2.1.2　使用对象捕捉功能精确绘制线段

在使用 LINE 命令绘制线段过程中，可启动对象捕捉功能，以拾取一些特殊的几何点，如端点、圆心、切点等。调用对象捕捉功能的方法有以下 3 种。

（1）在绘图过程中，当系统提示"输入一个点"时，可单击捕捉按钮或输入捕捉代号后按 Enter 键来启动对象捕捉功能，然后将十字光标移动到要捕捉的点附近，系统会自动捕捉该点。

（2）利用快捷菜单。发出 AutoCAD 命令后，按住 Shift 键并单击鼠标右键，在弹出的快捷菜单中选择捕捉何种类型的点，如图 2-4 所示。

（3）前面所述的捕捉方法仅对当前操作有效，命令结束后，捕捉模式自动关闭。这种捕捉方法称为覆盖捕捉。除此之外，用户还可以采用对象捕捉方法来定位点，使状态栏上的 □ 按钮亮显，就可以启用此功能。单击此按钮右边的三角箭头 ▾，弹出菜单，如图 2-5 所示，通过此菜单选择自动捕捉点的类型。

图 2-4　【对象捕捉】快捷菜单

图 2-5　菜单

常用对象捕捉工具的代号及功能见表 2-1。

表 2-1　常用对象捕捉工具的代号及功能

| 捕捉名称 | 代号 | 功能 |
|---|---|---|
| 自 | FROM | 正交偏移捕捉。先指定基点，再输入相对坐标来确定新点 |
| 端点 | END | 捕捉端点 |
| 中点 | MID | 捕捉中点 |
| 交点 | INT | 捕捉交点 |
| 延长线（范围） | EXT | 捕捉延伸点。从线段端点开始沿线段方向捕捉一点 |
| 圆心 | CEN | 捕捉圆、圆弧及椭圆的中心 |
| 几何中心 | GCEN | 捕捉多边形、封闭多段线等的形心 |
| 象限点 | QUA | 捕捉圆、椭圆的0°、90°、180°或270°处的点——象限点 |
| 切点 | TAN | 捕捉切点 |
| 垂直 | PER | 捕捉垂足 |
| 平行线 | PAR | 平行捕捉。先指定线段起点，再利用平行捕捉绘制平行线 |
| 节点 | NOD | 捕捉用 POINT 命令创建的点对象 |
| 最近点 | NEA | 捕捉距离十字光标中心最近的几何对象上的点 |
| 两点之间的中点 | M2P | 捕捉两点间连线的中点 |

【案例 2-2】　打开素材文件"dwg\项目 2\2-2.dwg"，如图 2-6（a）所示，使用 LINE 命令将图 2-6（a）修改为图 2-6（b）。

（1）单击状态栏上的□按钮，启用对象捕捉功能，在此按钮上单击鼠标右键，弹出快捷菜单，选择【对象捕捉设置】命令，打开【草图设置】对话框，在该对话框的【对象捕捉】选项卡中设置对象捕捉模式为【端点】【中点】【交点】，如图 2-7 所示，单击 确定 按钮。

2-2　使用对象捕捉功能精确绘制线段

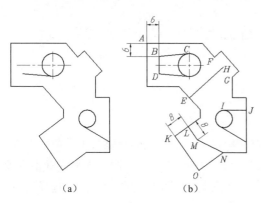

（a）　　　　　　（b）

图 2-6　捕捉几何点

图 2-7　【草图设置】对话框

（2）绘制线段 BC、BD。其中，点 B 的位置用正交偏移捕捉确定。

```
命令：_line
指定第一个点：FROM                    //输入正交偏移捕捉代号"FROM"，按 Enter 键
基点：                               //将十字光标移动到点 A 处，系统自动捕捉该点，单击确认
<偏移>：@6,-6                        //输入点 B 的相对直角坐标
指定下一点或[放弃(U)]：TAN            //输入切点捕捉代号"TAN"，按 Enter 键，捕捉切点 C
```

```
指定下一点或[退出(X)/放弃(U)]:          //按 Enter 键结束
命令:
LINE                                  //重复命令
指定第一个点:                          //自动捕捉端点 B
指定下一点或[放弃(U)]:                  //自动捕捉端点 D
指定下一点或[退出(X)/放弃(U)]:          //按 Enter 键结束
```

（3）绘制线段 *EH*、*IJ*。

```
命令: _line
指定第一个点:                          //自动捕捉中点 E
指定下一点或[放弃(U)]: M2P             //输入捕捉代号 "M2P"，按 Enter 键
中点的第一点:                          //自动捕捉端点 F
中点的第二点:                          //自动捕捉端点 G
指定下一点或[退出(X)/放弃(U)]:          //按 Enter 键结束
命令:
LINE                                  //重复命令
指定第一个点: QUA                      //输入象限点捕捉代号 "QUA"，捕捉象限点 I
指定下一点或[放弃(U)]: PER             //输入垂足捕捉代号 "PER"，捕捉垂足 J
指定下一点或[退出(X)/放弃(U)]:          //按 Enter 键结束
```

（4）绘制线段 *LM*、*MN*。

```
命令: _line
指定第一个点: EXT                      //输入延伸点捕捉代号 "EXT"，按 Enter 键
于 8                                  //从 K 点开始沿线段进行追踪，输入点 L 与点 K 之间的距离
指定下一点或[放弃(U)]: PAR             //输入平行捕捉代号 "PAR"，按 Enter 键
到 8                                  //将十字光标从线段 KO 处移动到线段 LM 处，再输入线段 LM 的长度
指定下一点或[退出(X)/放弃(U)]:          //自动捕捉端点 N
指定下一点或[关闭(C)/退出(X)/放弃(U)]:  //按 Enter 键结束
```

结果如图 2-6（b）所示。

### 2.1.3　利用正交模式辅助绘制线段

单击状态栏上的▣按钮，打开正交模式。在正交模式下，十字光标只能沿水平或垂直方向移动。在画线时，若打开该模式，则只需输入线段长度，系统就会自动绘制出水平或垂直线段。

当调整水平或垂直线段的长度时，可利用正交模式限制十字光标的移动方向。选择线段，线段上出现关键点（实心方框），选中端点处的关键点后，移动十字光标，系统就会沿水平或垂直方向改变线段长度。

### 2.1.4　修剪线条

使用 TRIM 命令可将多余线条修剪掉。启动该命令后，用户首先指定一个或几个对象作为剪切边（可以将其想象为剪刀），然后选择要修剪的部分。剪切边可以是线段、圆弧、样条曲线

等对象，剪切边本身也可作为被修剪的对象。

除修剪功能外，TRIM 命令还可将某个剪切边延伸到另一剪切边。

### 1. 命令的启动方法

- 菜单命令：【修改】/【修剪】。
- 面板：【默认】选项卡中【修改】面板上的 ✂ 按钮。
- 命令：TRIM 或缩写 TR。

【案例 2-3】 练习使用 TRIM 命令。

（1）打开素材文件 "dwg\项目 2\2-3.dwg"，如图 2-8（a）所示，使用 TRIM 命令将图 2-8（a）修改为图 2-8（b）。

（2）单击【修改】面板上的 ✂ 按钮，启动修剪命令。

2-3 修剪线条

```
命令: _trim
选择对象或 <全部选择>: 找到 1 个                    //选择剪切边 A，如图 2-9（a）所示
选择对象:                                           //按 Enter 键
选择要修剪的对象或按住 Shift 键选择要延伸的对象，或[栏选(F)/窗交(C)/投影(P)/边(E)/删除(R)]:
                                                   //在点 B 处选择要修剪的多余线条
选择要修剪的对象或按住 Shift 键选择要延伸的对象，或[栏选(F)/窗交(C)/投影(P)/边(E)/删除(R)/放弃
(U)]:                                              //按 Enter 键结束
命令:
TRIM                                               //重复命令
选择对象或 <全部选择>:总计 2 个                     //选择剪切边 C、D
选择对象:                                           //按 Enter 键
选择要修剪的对象或[/边(E)]: E                       //选择"边(E)"选项
输入隐含边延伸模式[延伸(E)/不延伸(N)] <不延伸>: E   //选择"延伸(E)"选项
选择要修剪的对象:                                   //在点 E、F、G 处选择要修剪的部分
选择要修剪的对象:                                   //按 Enter 键结束
```

结果如图 2-9（b）所示。

 　为简化说明，仅将第 2 个 TRIM 命令与当前操作相关的提示信息罗列出来，而将其他信息省略，后续例题中也将采用这种讲解方式。

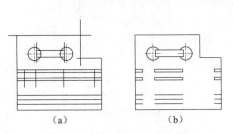

图 2-8 练习使用 TRIM 命令

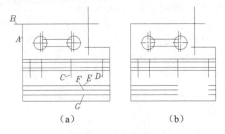

图 2-9 修剪对象

（3）使用 TRIM 命令继续修剪图中的多余线条。

### 2. 命令的选项

- 按住 Shift 键选择要延伸的对象：将选定对象延伸至剪切边。
- 栏选(F)：用户绘制连续折线，与折线相交的对象会被修剪。

- 窗交(C)：利用虚线矩形框选择对象。
- 投影(P)：该选项可以使用户指定执行修剪操作的空间。例如，三维空间中的两条线段为交叉关系，用户可利用该选项假想将其投影到某一平面上执行修剪操作。
- 边(E)：如果剪切边太短，没有与被修剪对象相交，就利用此选项先将剪切边延长，然后执行修剪操作。
- 删除(R)：不退出 TRIM 命令就能删除选定对象。
- 放弃(U)：若修剪有误，则可以输入字母"U"，按 Enter 键撤销修剪。

## 2.1.5　延伸线条

利用 EXTEND 命令可以将线段、曲线等对象延伸到一个边界对象，使其与边界对象相交。有时对象延伸后并不与边界对象直接相交，而是与边界对象的延长线相交。

除延伸功能外，EXTEND 命令还可将某个边界对象修剪到另一个边界对象。

1. 命令的启动方法

- 菜单命令：【修改】/【延伸】。
- 面板：【默认】选项卡中【修改】面板上的➔按钮。
- 命令：EXTEND 或缩写 EX。

【案例 2-4】　练习使用 EXTEND 命令。

（1）打开素材文件"dwg\项目 2\2-4.dwg"，如图 2-10（a）所示，使用 EXTEND 命令将图 2-10（a）修改为图 2-10（b）。

（2）单击【修改】面板上的➔按钮，启动延伸命令。

2-4　延伸线条

```
命令: _extend
选择对象或 <全部选择>:  找到 1 个              //选择边界线段 A，如图 2-11（a）所示
选择对象:                                     //按 Enter 键
选择要延伸的对象或按住 Shift 键选择要修剪的对象，或者[栏选(F)/窗交(C)/投影(P)/边(E)]:
                                             //选择要延伸的线段 B
选择要延伸的对象或按住 Shift 键选择要修剪的对象，或者[栏选(F)/窗交(C)/投影(P)/边(E)/放弃(U)]:
                                             //按 Enter 键结束
命令:
EXTEND                                       //重复命令
选择对象:总计 2 个                            //选择边界线段 A、C
选择对象:                                     //按 Enter 键
选择要延伸的对象或[/边(E)]:  E                //选择"边(E)"选项
输入隐含边延伸模式[延伸(E)/不延伸(N)] <不延伸>: E   //选择"延伸(E)"选项
选择要延伸的对象:                             //选择要延伸的线段 A、C
选择要延伸的对象:                             //按 Enter 键结束
```

结果如图 2-11（b）所示。

（3）使用 EXTEND 命令继续修改图形中的其他部分。

2. 命令的选项

- 按住 Shift 键选择要修剪的对象：将选择的对象修剪到边界，而不是将其延伸。

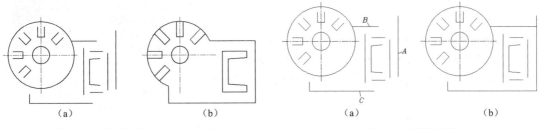

（a）　　　　　　（b）　　　　　　　　（a）　　　　　　（b）

图 2-10　练习使用 EXTEND 命令　　　图 2-11　延伸线段

- 栏选(F)：用户绘制连续折线，与折线相交的对象被延伸。
- 窗交(C)：利用虚线矩形框选择对象。
- 投影(P)：该选项使用户可以指定执行延伸操作的空间。对二维图形来说，延伸操作是在当前用户坐标平面（$xy$ 平面）内进行的。在三维空间作图时，用户可以通过该选项将两个交叉对象投影到 $xy$ 平面，或者在当前视图平面内执行延伸操作。
- 边(E)：当边界边太短且延伸对象后不能与其直接相交时，应选择该选项。此时系统先将边界边延长，然后延伸对象到边界。
- 放弃(U)：取消上一次的操作。

## 2.1.6　上机练习——输入点的坐标及利用对象捕捉功能绘图

【案例 2-5】　利用 LINE、TRIM 等命令绘制平面图形，如图 2-12 所示。

【案例 2-6】　创建以下图层并利用 LINE、TRIM 等命令绘制平面图形，如图 2-13 所示。

2-5　利用输入点坐标的方式绘制平面图形（1）　2-6　利用输入点坐标的方式绘制平面图形（2）

| 名称 | 颜色 | 线型 | 线宽 |
| --- | --- | --- | --- |
| 轮廓线层 | 白色 | Continuous | 0.50mm |
| 虚线层 | 黄色 | DASHED | 默认 |

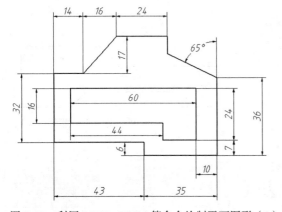 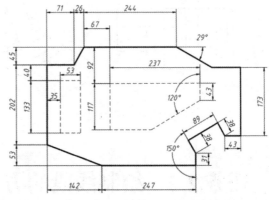

图 2-12　利用 LINE、TRIM 等命令绘制平面图形（1）　图 2-13　利用 LINE、TRIM 等命令绘制平面图形（2）

【案例 2-7】　利用 LINE、TRIM 等命令绘制平面图形，如图 2-14 所示。

【**案例 2-8**】 利用 LINE、TRIM 等命令绘制平面图形，如图 2-15 所示。

【**案例 2-9**】 组合体视图如图 2-16 所示。创建图层，利用 LINE、TRIM 等命令绘制主视图的一部分，如图 2-17 所示，并以文件名"2-9.dwg"保存。其他视图在后续学习过程中完成。

2-7 利用输入点坐标的方式绘制平面图形（3）

2-8 利用输入点坐标的方式绘制平面图形（4）

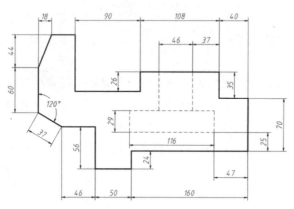

图 2-14 利用 LINE、TRIM 等命令绘制平面图形（3）

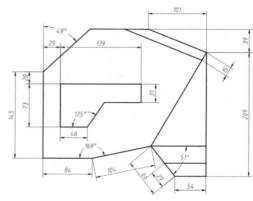

图 2-15 利用 LINE、TRIM 等命令绘制平面图形（4）

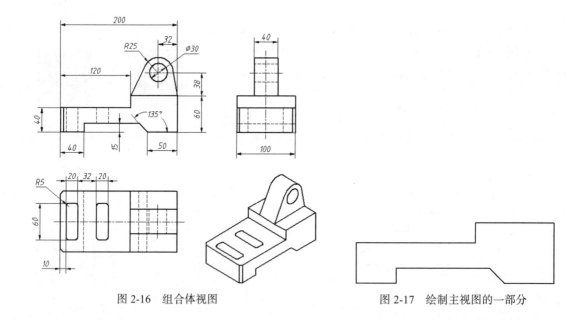

图 2-16 组合体视图　　　　　　　　图 2-17 绘制主视图的一部分

# 任务 2.2 绘制线段的方法（二）

本任务的主要内容包括结合对象捕捉、极轴追踪及对象捕捉追踪功能绘制线段，绘制平行线，打断线段，调整线段长度等。

## 2.2.1 结合对象捕捉、极轴追踪及对象捕捉追踪功能绘制线段

首先简要说明 AutoCAD 的极轴追踪功能及对象捕捉追踪功能，然后通过案例介绍它们的用法。

**1. 极轴追踪**

打开极轴追踪功能并启动 LINE 命令后，十字光标就会沿用户设定的极轴方向移动，系统在该方向上显示一条追踪辅助线及十字光标的极坐标，如图 2-18 所示。输入线段长度后，按 Enter 键，就会绘制出指定长度的线段。

**2. 对象捕捉追踪**

对象捕捉追踪是指系统从一点开始自动沿某一方向进行追踪，追踪方向上将显示一条追踪辅助线及十字光标的极坐标。输入追踪距离，按 Enter 键，确定新的点。在使用对象捕捉追踪功能前，必须启用对象捕捉功能。系统首先捕捉一个几何点作为追踪参考点，然后沿水平方向、竖直方向或设定的极轴方向进行追踪，如图 2-19 所示。

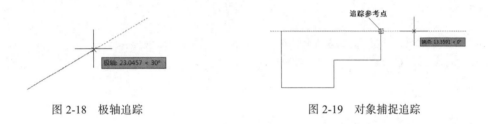

图 2-18　极轴追踪　　　　　　　　图 2-19　对象捕捉追踪

【案例 2-10】　打开素材文件 "dwg\项目 2\2-10.dwg"，如图 2-20（a）所示，使用 LINE 命令结合极轴追踪、对象捕捉及对象捕捉追踪功能将图 2-20（a）修改为图 2-20（b）。

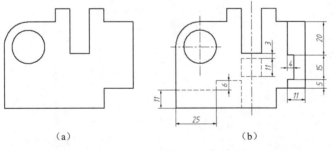

2-10　结合极轴
追踪、对象捕捉及
对象捕捉追踪功能
绘制线段

（a）　　　　　　　　　　（b）

图 2-20　结合极轴追踪、对象捕捉及对象捕捉追踪功能绘制线段

（1）启用对象捕捉功能，设置捕捉方式为【端点】【中点】【圆心】【交点】，再设定线型的【全局比例因子】为 "0.2"。

（2）在状态栏的 ⊙ 按钮上单击鼠标右键，在弹出的快捷菜单中选择【正在追踪设置】命令，打开【草图设置】对话框，进入【极轴追踪】选项卡，在该选项卡的【增量角】下拉列表中选择极轴追踪增量角为【90】，如图 2-21 所示。单击 确定 按钮，关闭【草图设置】对话框。此后，若用户使用极轴追踪功能绘制线段，则十字光标将自动沿 0°、90°、180° 及 270° 方向追踪，输入线段长度，系统就会在该方向上绘制线段。

【极轴追踪】选项卡中的【仅正交追踪】和【用所有极轴角设置追踪】单选按钮可以对自动追踪的方向进行设置。

- 【仅正交追踪】：仅在追踪参考点处显示水平或竖直的追踪路径。
- 【用所有极轴角设置追踪】：从追踪参考点处以【增量角】值为增量，沿极轴角方向显示追踪路径。

（3）单击状态栏上的 ⟲、🔲、∠ 按钮，启用极轴追踪、对象捕捉及对象捕捉追踪功能。

（4）切换到【轮廓线层】，绘制线段 BC、EF 等。

```
命令：_line
指定第一个点：                              //从中点 A 向上追踪到点 B
指定下一点或[放弃(U)]：                       //从点 B 向下追踪到点 C
指定下一点或[退出(E)/放弃(U)]：               //按 Enter 键结束
命令：
LINE                                       //重复命令
指定第一个点：11                            //从点 D 向上追踪并输入追踪距离
指定下一点或[放弃(U)]：25                    //从点 E 向右追踪并输入追踪距离
指定下一点或[退出(E)/放弃(U)]：6             //从点 F 向上追踪并输入追踪距离
指定下一点或[关闭(C)/退出(X)/放弃(U)]：      //从点 G 向右追踪并以点 I 为追踪参考点确定点 H
指定下一点或[关闭(C)/退出(X)/放弃(U)]：      //从点 H 向下追踪并捕捉交点 J
指定下一点或[关闭(C)/退出(X)/放弃(U)]：      //按 Enter 键结束
```

结果如图 2-22 所示。

图 2-21 【草图设置】对话框

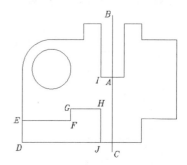

图 2-22 绘制线段 BC、EF 等

（5）绘制图形的其他部分，然后修改某些对象所在图层。

## 2.2.2 绘制平行线

OFFSET 命令可以用于将对象偏移指定距离，创建一个与源对象类似的新对象。它可操作的图形元素包括线段、圆、圆弧、多段线、椭圆、构造线及样条曲线等。当偏移一个圆时，可以创建同心圆；当偏移一条闭合的多段线时，可以创建一个与源对象形状相同的闭合图形。

在使用 OFFSET 命令时，用户可以通过两种方式创建新线段：一种是输入平行线间的距离；

另一种是指定新平行线通过的点。

### 1. 命令的启动方法

- 菜单命令：【修改】/【偏移】。
- 面板：【默认】选项卡中【修改】面板上的 ⊆ 按钮。
- 命令：OFFSET 或缩写 O。

2-11 绘制平行线

【案例 2-11】 打开素材文件 "dwg\项目 2\2-11.dwg"，如图 2-23（a）所示，使用 OFFSET、EXTEND 及 TRIM 等命令将图 2-23（a）修改为图 2-23（b）。

（1）利用 OFFSET 命令偏移线段 $A$、$B$，得到平行线 $C$、$D$。

```
命令: _offset
指定偏移距离或[通过(T)/删除(E)/图层(L)] <10.0000>: 70          //输入偏移距离
选择要偏移的对象，或[退出(E)/放弃(U)] <退出>:                    //选择线段 A
指定要偏移的那一侧上的点，或[退出(E)/多个(M)/放弃(U)] <退出>:     //在线段 A 的右边单击
选择要偏移的对象，或[退出(E)/放弃(U)] <退出>:                    //按 Enter 键结束
命令:
OFFSET                                                      //重复命令
指定偏移距离或 <70.0000>: 74                                  //输入偏移距离
选择要偏移的对象，或 <退出>:                                   //选择线段 B
指定要偏移的那一侧上的点:                                      //在线段 B 的上方单击
选择要偏移的对象，或 <退出>:                                   //按 Enter 键结束
```

结果如图 2-24（a）所示。使用 TRIM 命令修剪多余线条，结果如图 2-24（b）所示。

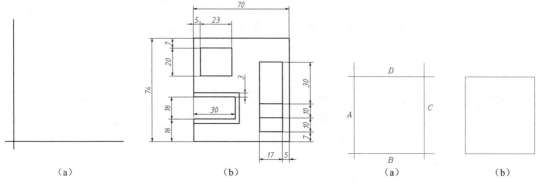

图 2-23　绘制平行线　　　　　　　　　图 2-24　绘制平行线及修剪多余线条

（2）利用 OFFSET、EXTEND 及 TRIM 等命令绘制图形的其他部分。

### 2. 命令的选项

- 通过(T)：通过指定点创建新的偏移对象。
- 删除(E)：偏移源对象后将其删除。
- 图层(L)：指定将偏移后的新对象放置在当前图层或源对象所在图层上。
- 多个(M)：在要偏移的一侧单击多次，就会创建多个等距对象。

## 2.2.3　打断线条

BREAK 命令可以删除对象的一部分，常用于打断线段、圆、圆弧及椭圆等。此命令既可

以在一个点处打断对象，也可以在指定的两点间打断对象。

1. 命令的启动方法

- 菜单命令：【修改】/【打断】。
- 面板：【默认】选项卡中【修改】面板上的 凹 按钮。
- 命令：BREAK 或缩写 BR。

【案例 2-12】 打开素材文件"dwg\项目 2\2-12.dwg"，如图 2-25（a）所示，利用 BREAK 等命令将图 2-25（a）修改为图 2-25（b）。

2-12 打断线条

（1）使用 BREAK 命令打断线条。

| | |
|---|---|
| 命令：_break | |
| 选择对象： | //在点 A 处选择对象，如图 2-26（a）所示 |
| 指定第二个打断点 或[第一点(F)]： | //在点 B 处选择对象 |
| 命令： | |
| BREAK | //重复命令 |
| 选择对象： | //在点 C 处选择对象 |
| 指定第二个打断点 或[第一点(F)]： | //在点 D 处选择对象 |
| 命令： | |
| BREAK | //重复命令 |
| 选择对象： | //选择线段 E |
| 指定第二个打断点 或[第一点(F)]：F | //选择"第一点(F)"选项 |
| 指定第一个打断点：INT | //捕捉交点 F |
| 指定第二个打断点：@ | //输入相对坐标符号，按 Enter 键，在同一点处打断对象 |

再将线段 E 修改到【虚线层】上，结果如图 2-26（b）所示。

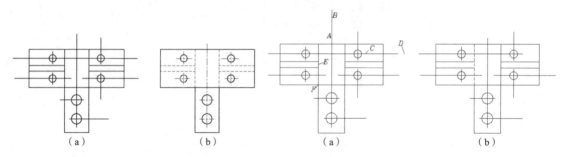

（a）　　　　　　　（b）　　　　　　　（a）　　　　　　　（b）

图 2-25　打断线条　　　　　图 2-26　打断线条及改变对象所在图层

（2）使用 BREAK 等命令继续修改图形的其他部分。

2. 命令的选项

- 指定第二个打断点：在图形对象上选择第二个打断点后，系统会将第一个打断点与第二个打断点之间的部分删除。
- 第一点(F)：该选项使用户可以重新指定第一个打断点。

BREAK 命令还有以下操作方式。

- 如果要删除线段、圆弧或多段线的一端，可以在选择要打断的对象后，将第二个打断点指定在要删除部分那端的外面。
- 当系统提示"指定第二个打断点"时，输入"@"，系统会将第一个打断点和第二个打断点视为同一点，这样就将一个对象拆分为两部分而没有删除其中任何一部分。

- 直接在一点处打断对象。单击【修改】面板上的 按钮，选择对象，再指定打断点，则对象在该点处被打断。

## 2.2.4 调整线段长度

调整线段长度可以采取以下 3 种方法。

（1）打开极轴追踪功能或正交模式，选择线段，线段上出现关键点，选中端点处的关键点后，移动十字光标，系统就会沿水平或竖直方向改变线段长度。

（2）选择线段，线段上出现关键点，将十字光标悬停在端点处的关键点上，弹出菜单，选择【拉长】命令，移动十字光标可调整线段长度。操作时，也可以输入数值来改变线段长度。

（3）LENGTHEN 命令既可以用于测量对象尺寸，也可以一次性改变线段、圆弧、椭圆弧等多个对象长度。在使用此命令时，经常采用的选项是"动态(DY)"，即通过直观地拖动对象来改变其长度。此外，也可以利用"增量(DE)"选项按指定值编辑线段长度，或者通过"总计(T)"选项设定对象总长。

### 1. 命令的启动方法

- 菜单命令：【修改】/【拉长】。
- 面板：【默认】选项卡中【修改】面板上的 按钮。
- 命令：LENGTHEN 或缩写 LEN。

2-13 调整线段
长度

【案例 2-13】 打开素材文件"dwg\项目 2\2-13.dwg"，如图 2-27（a）所示，利用 LENGTHEN 等命令将图 2-27（a）修改为图 2-27（b）。

（1）利用 LENGTHEN 等命令调整线段 *A*、*B* 的长度。

```
命令: _lengthen
选择对象或[增量(DE)/百分比(P)/总计(T)/动态(DY)]: DY    //选择"动态(DY)"选项
选择要修改的对象或[放弃(U)]:                          //在线段A的上端选中对象，如图2-28(a)所示
指定新端点:                                         //向下移动十字光标，单击
选择要修改的对象或[放弃(U)]:                          //在线段B的上端选中对象
指定新端点:                                         //向下移动十字光标，单击
选择要修改的对象或[放弃(U)]:                          //按  Enter  键结束
```

结果如图 2-28（b）所示。

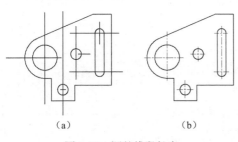

（a）　　　　　　　　　（b）

图 2-27　调整线段长度

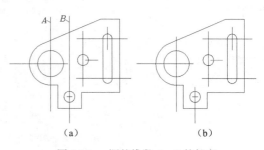

（a）　　　　　　　　（b）

图 2-28　调整线段 *A*、*B* 的长度

（2）利用 LENGTHEN 命令调整其他定位线的长度，然后将定位线修改到中心线层上。

**2. 命令的选项**

- 增量(DE)：以指定增量值改变线段或圆弧的长度。对于圆弧，还可通过设定角度增量改变其长度。
- 百分比(P)：以对象总长度的百分比形式改变对象长度。
- 总计(T)：通过指定线段或圆弧的新长度来改变对象总长度。
- 动态(DY)：拖动十字光标动态改变对象长度。

### 2.2.5　上机练习——使用 LINE、OFFSET 及 TRIM 命令绘图

【案例 2-14】利用 LINE 命令结合极轴追踪、对象捕捉及对象捕捉追踪功能绘制平面图形，如图 2-29 所示。

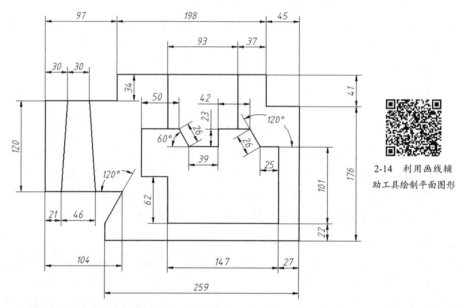

2-14　利用画线辅助工具绘制平面图形

图 2-29　利用 LINE 命令结合极轴追踪、对象捕捉及对象捕捉追踪功能绘制平面图形

主要作图步骤如图 2-30 所示。

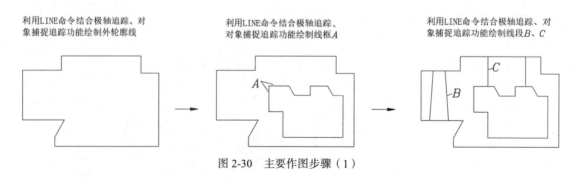

图 2-30　主要作图步骤（1）

【案例 2-15】利用 LINE、OFFSET 及 TRIM 等命令绘制平面图形，如图 2-31 所示。

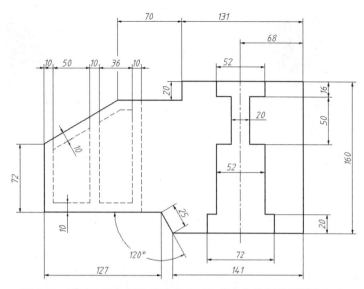

2-15 利用 LINE、
OFFSET 及 TRIM 等
命令绘制平面图形
（1）

图 2-31　利用 LINE、OFFSET 及 TRIM 等命令绘制平面图形（1）

主要作图步骤如图 2-32 所示。

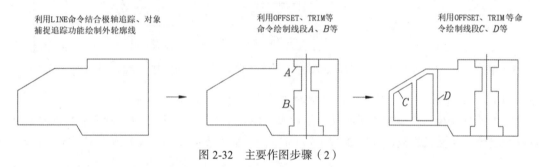

图 2-32　主要作图步骤（2）

【案例 2-16】　利用 LINE、OFFSET 及 TRIM 等命令绘制平面图形，如图 2-33 所示。

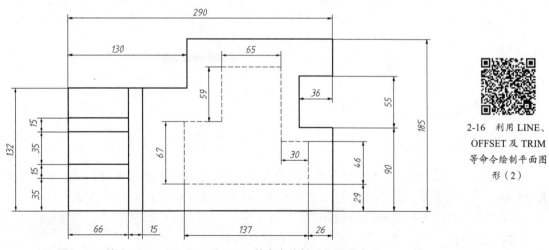

2-16 利用 LINE、
OFFSET 及 TRIM
等命令绘制平面图
形（2）

图 2-33　利用 LINE、OFFSET 及 TRIM 等命令绘制平面图形（2）

【案例 2-17】　利用 LINE、OFFSET 及 TRIM 等命令绘制平面图形，如图 2-34 所示。

【案例 2-18】　绘制五棱柱的三视图，如图 2-35 所示。

2-17 利用 LINE、
OFFSET 及 TRIM
等命令绘制平面图
形（3）

2-18 绘制五棱柱
的三视图

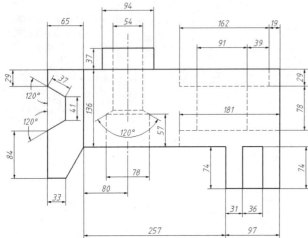

图 2-34 利用 LINE、OFFSET 及 TRIM 等命令绘制平面图形（3）

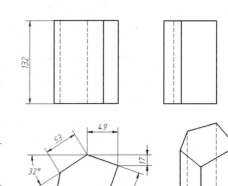

图 2-35 绘制五棱柱的三视图

（1）启动 LINE 命令，使用输入坐标的方式绘制俯视图，如图 2-36 所示。

（2）绘制五棱柱底面及顶面的投影，利用 LINE 命令结合极轴追踪、对象捕捉及对象捕捉追踪功能绘制竖直投影线，如图 2-37（a）所示。修剪多余线条，结果如图 2-37（b）所示。

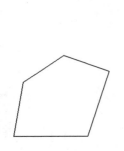

图 2-36 绘制俯视图

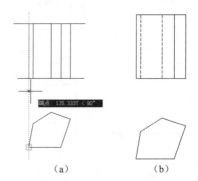

图 2-37 绘制主视图

（3）绘制 45°辅助线，利用 LINE 命令结合极轴追踪、对象捕捉及对象捕捉追踪功能绘制其他辅助线，如图 2-38（a）所示。修剪及删除多余线条，结果如图 2-38（b）所示。

（4）保存文件，文件名为 "2-18.dwg"。

【案例 2-19】 打开前面创建的文件 "2-9.dwg"，绘制俯视图。

（1）利用 LINE 命令结合极轴追踪、对象捕捉及对象捕捉追踪功能绘制俯视图主要轮廓，结果如图 2-39 所示。为保证俯视图与主视图之间 "长对正" 的关系，可以利用对象捕捉追踪功能从主视图沿竖直方向向俯视图追踪，从而确定俯视图中线段的位置。

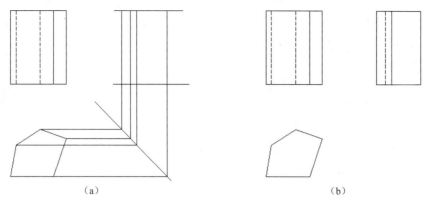

（a）　　　　　　　　　　　　　　　　（b）

图 2-38　绘制左视图

（2）利用 OFFSET 及 TRIM 命令绘制矩形槽及组合体上的缺口，结果如图 2-40 所示。

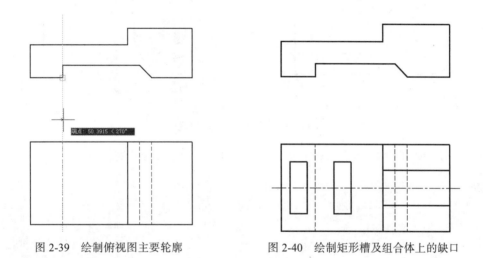

图 2-39　绘制俯视图主要轮廓　　　　　　图 2-40　绘制矩形槽及组合体上的缺口

（3）保存文件。

# 任务 2.3　绘制斜线、切线、圆及过渡曲线

本任务的主要内容包括绘制斜线、切线、圆及过渡曲线等。

## 2.3.1　利用 LINE 及 XLINE 命令绘制任意角度斜线

用户可以用以下两种方法绘制倾斜线段。

（1）利用 LINE 命令沿某一方向绘制任意长度的线段。启动 LINE 命令，当系统提示输入点时，输入一个小于符号（"<"）及角度，该角度表明了绘制线段的方向，系统将把十字光标锁定在此方向上。移动十字光标，线段的长度会发生变化，获取适当长度后，单击结束绘制。这种画线方式称为角度覆盖。

（2）利用 XLINE 命令绘制任意角度斜线。启动 XLINE 命令，既可以绘制无限长的构造线，又可以直接绘制出水平方向、竖直方向及倾斜方向的直线。在作图过程中，采用此命令绘制定位线或绘图辅助线非常方便。

### 1．命令的启动方法

- 菜单命令：【绘图】/【构造线】。
- 面板：【默认】选项卡中【绘图】面板上的 按钮。
- 命令：XLINE 或缩写 XL。

2-20　利用 LINE 及 XLINE 命令绘制任意角度斜线

【案例 2-20】　打开素材文件"dwg\项目 2\2-20.dwg"，如图 2-41（a）所示，利用 LINE、XLINE 及 TRIM 等命令将图 2-41（a）修改为图 2-41（b）。

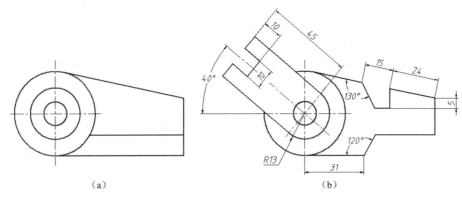

（a）　　　　　　　　　　　（b）

图 2-41　绘制任意角度斜线

（1）利用 XLINE 命令绘制直线 *G*、*H*、*I*，利用 LINE 命令绘制斜线 *J*，如图 2-42（a）所示。

```
命令: _xline
指定点或[水平(H)/垂直(V)/角度(A)/二等分(B)/偏移(O)]: V        //选择"垂直(V)"选项
指定通过点: EXT                                              //捕捉延伸点 B
于 24                                                        //输入点 B 与点 A 之间的距离
指定通过点:                                                  //按 Enter 键结束
命令:
XLINE                                                       //重复命令
指定点或[水平(H)/垂直(V)/角度(A)/二等分(B)/偏移(O)]: H        //选择"水平(H)"选项
指定通过点: EXT                                              //捕捉延伸点 C
于 5                                                         //输入点 C 与点 A 之间的距离
指定通过点:                                                  //按 Enter 键结束
命令:
XLINE                                                       //重复命令
指定点或[水平(H)/垂直(V)/角度(A)/二等分(B)/偏移(O)]: A        //选择"角度(A)"选项
输入构造线的角度 (0) 或[参照(R)]: R                          //选择"参照(R)"选项
选择直线对象:                                                //选择线段 AB
输入构造线的角度 <0>: 130                                    //输入构造线与线段 AB 的夹角
指定通过点: EXT                                              //捕捉延伸点 D
于 39                                                        //输入点 D 与点 A 之间的距离
指定通过点:                                                  //按 Enter 键结束
命令: _line
```

| 指定第一个点：EXT | //捕捉延伸点 F |
| 于 31 | //输入点 F 与点 E 之间的距离 |
| 指定下一点或[放弃(U)]：<60 | //设定画线的角度 |
| 指定下一点或[放弃(U)]： | //沿 60° 方向移动十字光标 |
| 指定下一点或[放弃(U)]： | //单击结束 |

结果如图 2-42（a）所示。修剪多余线条，结果如图 2-42（b）所示。

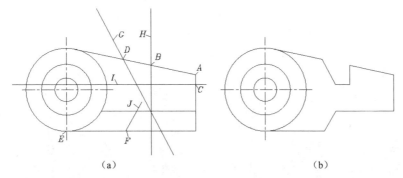

（a）　　　　　　　　　　　　　　（b）

图 2-42　绘制斜线及修剪多余线条

（2）利用 XLINE、OFFSET 及 TRIM 等命令绘制图形的其他部分。

2. 命令的选项

- 水平(H)：绘制水平方向的直线。
- 垂直(V)：绘制竖直方向的直线。
- 角度(A)：通过某点绘制一条与已知直线成一定角度的直线。
- 二等分(B)：绘制一条平分已知角度的直线。
- 偏移(O)：可以输入一个偏移距离来绘制平行线，或者指定直线通过的点来创建平行线。

## 2.3.2　绘制切线、圆及过渡曲线

用户可以利用 LINE 命令结合切点捕捉代号"TAN"来绘制切线。

用户可以利用 CIRCLE 命令绘制圆。默认绘制圆的方法是指定圆心和半径，此外还可以通过两点或三点来绘制圆。

1. 命令的启动方法

- 菜单命令：【绘图】/【圆】。
- 面板：【默认】选项卡中【绘图】面板上的⊙按钮。
- 命令：CIRCLE 或缩写 C。

【案例 2-21】　打开素材文件"dwg\项目 2\2-21.dwg"，如图 2-43（a）所示，利用 LINE、CIRCLE 等命令将图 2-43（a）修改为图 2-43（b）。

（1）绘制切线和圆。

2-21　绘制切线、
圆及过渡曲线

| 命令：_line | |
| 指定第一个点：TAN 到 | //捕捉切点 A |
| 指定下一点或[放弃(U)]：TAN 到 | //捕捉切点 B |
| 指定下一点或[放弃(U)]： | //按 Enter 键结束 |

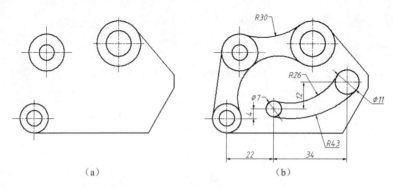

（a） （b）

图 2-43 绘制切线、圆及过渡曲线

```
命令：_circle
指定圆的圆心或[三点(3P)/两点(2P)/切点、切点、半径(T)]：3P
                                    //选择"三点(3P)"选项
指定圆上的第一点：TAN 到            //捕捉切点 D
指定圆上的第二点：TAN 到            //捕捉切点 E
指定圆上的第三点：TAN 到            //捕捉切点 F
命令：
CIRCLE                              //重复命令
指定圆的圆心或[三点(3P)/两点(2P)/切点、切点、半径(T)]：T
                                    //选择"切点、切点、半径(T)"选项
指定对象与圆的第一个切点：          //捕捉切点 G
指定对象与圆的第二个切点：          //捕捉切点 H
指定圆的半径 <10.8258>:30           //输入圆半径
命令：
CIRCLE                              //重复命令
指定圆的圆心或[三点(3P)/两点(2P)/切点、切点、半径(T)]：FROM
                                    //使用正交偏移捕捉
基点：INT                           //捕捉交点 C
于<偏移>：@22,4                     //输入相对直角坐标
指定圆的半径或[直径(D)] <30.0000>：3.5  //输入圆半径
```

结果如图 2-44（a）所示。修剪多余线条，结果如图 2-44（b）所示。

（2）利用 LINE、CIRCLE 及 TRIM 等命令绘制图形的其他部分。

2. 命令的选项

- 三点(3P)：输入 3 个点绘制圆。
- 两点(2P)：指定直径的两个端点绘制圆。

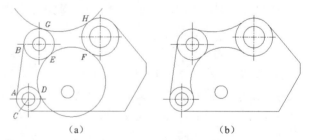

（a） （b）

图 2-44 绘制切线、圆、过渡曲线及修剪多余线条

- 切点、切点、半径(T)：选择与圆相切的两个对象，然后输入圆的半径。

### 2.3.3 倒圆角及倒角

FILLET 命令用于倒圆角，操作对象包括直线、多段线、样条曲线、圆及圆弧等。

CHAMFER 命令用于倒角。倒角时用户既可以输入每条边的倒角距离，也可以指定某条边上倒角的长度及与此边的夹角。

在利用 FILLET 及 CHAMFER 命令倒圆角和倒角时，系统将显示预览图形，这样用户可以直观感受到操作后的效果。

命令的启动方法见表 2-2。

表 2-2　命令的启动方法

| 方式 | 倒圆角 | 倒角 |
|---|---|---|
| 菜单命令 | 【修改】/【圆角】 | 【修改】/【倒角】 |
| 面板 | 【默认】选项卡中【修改】面板上的 按钮 | 【默认】选项卡中【修改】面板上的 按钮 |
| 命令 | FILLET 或缩写 F | CHAMFER 或缩写 CHA |

【案例 2-22】　打开素材文件 "dwg\项目 2\2-22.dwg"，如图 2-45（a）所示，利用 FILLET 及 CHAMFER 命令将图 2-45（a）修改为图 2-45（b）。

2-22　倒圆角及倒角

（1）倒圆角，圆角半径为 5。

```
命令: _fillet
选择第一个对象或[放弃(U)/多段线(P)/半径(R)/修剪(T)/多个(M)]: R        //选择"半径(R)"选项
指定圆角半径 <3.0000>: 5                                          //输入圆角半径
选择第一个对象或[放弃(U)/多段线(P)/半径(R)/修剪(T)/多个(M)]:        //选择线段 A
选择第二个对象，或按住 Shift 键选择对象以应用角点或 [半径(R)]:        //选择线段 B
```

（2）倒角，倒角距离分别为 "5" 和 "10"。

```
命令: _chamfer
选择第一条直线[放弃(U)/多段线(P)/距离(D)/角度(A)/修剪(T)/方式(E)/多个(M)]: D
                                                //选择"距离(D)"选项
指定第一个倒角距离 <3.0000>: 5                    //输入第一条边的倒角距离
指定第二个倒角距离 <5.0000>: 10                   //输入第二条边的倒角距离
选择第一条直线或[放弃(U)/多段线(P)/距离(D)/角度(A)/修剪(T)/方式(E)/多个(M)]:
                                                //选择线段 C
选择第二条直线，或按住 Shift 键选择直线以应用角点或 [距离(D)/角度(A)/方法(M)]: //选择线段 D
```

结果如图 2-46 所示。

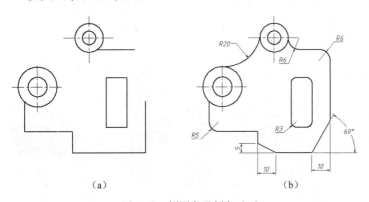

图 2-45　倒圆角及倒角（1）

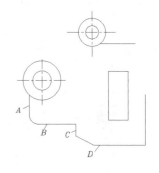

图 2-46　倒圆角及倒角（2）

（3）创建其他倒圆角及倒角。

命令常用的选项及其功能见表 2-3。

表 2-3　命令常用的选项及其功能

| 命令 | 选项 | 功能 |
|---|---|---|
| FILLET | 多段线(P) | 对多段线的每个顶点进行倒圆角操作 |
| | 半径(R) | 设定圆角半径。若圆角半径为 0，则被倒圆角的两个对象交于一点 |
| | 修剪(T) | 指定进行倒圆角操作后是否修剪对象 |
| | 多个(M) | 可以一次性创建多个圆角 |
| | 按住 [Shift] 键选择对象以应用角点 | 若按住 [Shift] 键选择第二个圆角对象，则以 0 替代当前的圆角半径 |
| CHAMFER | 多段线(P) | 对多段线的每个顶点执行倒角操作 |
| | 距离(D) | 设定倒角距离。若倒角距离为 0，则被倒角的两个对象交于一点 |
| | 角度(A) | 指定倒角距离及倒角角度 |
| | 修剪(T) | 指定进行倒角操作后是否修剪对象 |
| | 多个(M) | 可以一次性创建多个倒角 |
| | 按住 [Shift] 键选择直线以应用角点 | 若按住 [Shift] 键选择第二个倒角对象，则以 0 替代当前的倒角距离 |

## 2.3.4　移动及复制对象

移动及复制对象的命令分别是 MOVE 和 COPY，这两个命令的使用方法相似。启动 MOVE 或 COPY 命令后，首先选择要移动或复制的对象，然后通过两点或直接输入位移值来指定对象移动或复制的距离和方向，系统会将对象从原位置移动或复制到新位置。

命令的启动方法见表 2-4。

表 2-4　命令的启动方法

| 方式 | 移动 | 复制 |
|---|---|---|
| 菜单命令 | 【修改】/【移动】 | 【修改】/【复制】 |
| 面板 | 【修改】面板上的 ✛ 按钮 | 【修改】面板上的 按钮 |
| 命令 | MOVE 或缩写 M | COPY 或缩写 CO |

【案例 2-23】　打开素材文件 "dwg\项目 2\2-23.dwg"，如图 2-47（a）所示，利用 MOVE、COPY 等命令将图 2-47（a）修改为图 2-47（b）。

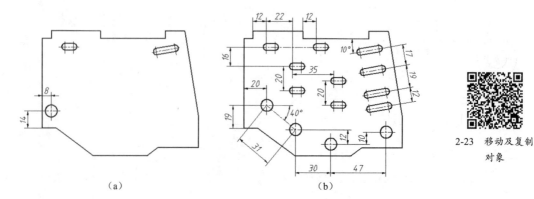

2-23　移动及复制对象

（a）　　　　　　　　（b）

图 2-47　移动及复制对象

（1）移动及复制对象。

| | |
|---|---|
| 命令：_move | //启动移动命令 |
| 选择对象：指定对角点：找到 3 个 | //选择对象 A，如图 2-48（a）所示 |
| 选择对象： | //按 Enter 键确认 |
| 指定基点或[位移(D)] <位移>：12,5 | //输入沿 x 轴、y 轴移动的距离 |
| 指定第二个点或 <使用第一个点作为位移>： | //按 Enter 键结束 |
| 命令：_copy | //启动复制命令 |
| 选择对象：指定对角点：找到 7 个 | //选择对象 B |
| 选择对象： | //按 Enter 键确认 |
| 指定基点或[位移(D)/模式(O)] <位移>： | //捕捉交点 C |
| 指定第二个点或[阵列(A)] <使用第一个点作为位移>： | //捕捉交点 D |
| 指定第二个点或[阵列(A)/退出(E)/放弃(U)] <退出>： | //按 Enter 键结束 |
| 命令：_copy | //启动复制命令 |
| 选择对象：指定对角点：找到 7 个 | //选择对象 E |
| 选择对象： | //按 Enter 键 |
| 指定基点或[位移(D)/模式(O)] <位移>：17<-80 | //指定复制的距离及方向 |
| 指定第二个点或[阵列(A)] <使用第一个点作为位移>： | //按 Enter 键结束 |

结果如图 2-48（b）所示。

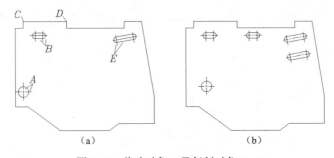

（a）                    （b）

图 2-48　移动对象 A 及复制对象 B、E

（2）绘制图形的其他部分。

在利用 MOVE 或 COPY 命令时，用户可以通过以下方式指明对象移动或复制的距离和方向。

- 在屏幕上指定两个点，这两个点之间的距离和方向代表了对象移动的距离和方向。当系统提示"指定基点"时，指定移动的基点。当系统提示"指定第二个点"时，捕捉第二个点或输入第二个点相对于基点的直角坐标或极坐标。

- 以"$X,Y$"方式输入对象沿 x 轴、y 轴移动的距离，或者以"距离<角度"方式输入对象位移的距离和方向。当系统提示"指定基点"时，输入位移值。当系统提示"指定第二个点"时，按 Enter 键确认，这样系统就会以输入的位移值来移动对象。

- 打开正交模式或极轴追踪功能，就能方便地将对象只沿 x 轴或 y 轴方向移动。当系统提示"指定基点"时，单击并把对象向水平或竖直方向移动，然后输入位移值。

- 使用"位移(D)"选项。选择该选项后，系统提示"指定位移"，此时以"$X,Y$"方式输入对象沿 x 轴、y 轴移动的距离，或者以"距离<角度"方式输入对象位移的距离和方向。

### 2.3.5  复制时阵列对象

利用 COPY 命令的"阵列(A)"选项可以在复制对象的同时阵列对象。启动该命令，指定复制的距离、方向及沿复制方向的阵列数目，就可创建出线性阵列。操作时，既可以设定两个对象之间的距离，也可以设定阵列的总距离。

利用 COPY 命令创建阵列时，可以一次性创建多个方向的阵列，阵列方向及阵列间距通过输入与基点的相对坐标来确定。

【案例 2-24】 利用 COPY 命令阵列对象。

（1）打开极轴追踪、对象捕捉及对象捕捉追踪功能。

（2）利用 COPY 命令阵列对象。

2-24  利用 COPY
命令阵列对象

```
命令：_copy
选择对象：找到 1 个                              //选择矩形 A
选择对象：                                      //按 ⌈Enter⌋ 键
指定基点或[位移(D)/模式(O)] <位移>：            //捕捉点 B
指定第二个点或[阵列(A)] <使用第一个点作为位移>：A  //选择"阵列(A)"选项
输入要进行阵列的项目数：6                       //输入阵列数目
指定第二个点或[布满(F)]：16                     //输入对象之间的距离
指定第二个点或[阵列(A)/退出(E)/放弃(U)] <退出>： //按 ⌈Enter⌋ 键结束
```

结果如图 2-49 所示。

图 2-49  复制时阵列对象

### 2.3.6  旋转对象

ROTATE 命令可以用来旋转对象，改变对象的方向。利用此命令时，用户指定旋转基点并输入旋转角度就可以转动对象。此外，用户也可以把某个方向作为参照方向，然后选择一个新对象或输入一个新角度来指明要旋转到的位置。

1. 命令的启动方法

- 菜单命令：【修改】/【旋转】。
- 面板：【默认】选项卡中【修改】面板上的 ↻ 按钮。
- 命令：ROTATE 或缩写 RO。

【案例 2-25】 打开素材文件"dwg\项目 2\2-25.dwg"，如图 2-50（a）所示，利用 LINE、CIRCLE 及 ROTATE 等命令将图 2-50（a）修改为图 2-50（b）。

2-25  旋转对象

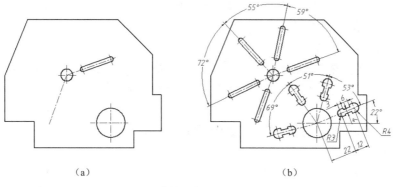

图 2-50　旋转对象

（1）利用 ROTATE 命令旋转对象 *A*。

| 命令：_rotate | |
|---|---|
| 选择对象：指定对角点：找到 7 个 | //选择对象 *A*，如图 2-51（a）所示 |
| 选择对象： | //按 Enter 键 |
| 指定基点： | //捕捉圆心 *B* |
| 指定旋转角度，或[复制(C)/参照(R)] <70>：C | //选择"复制(C)"选项 |
| 指定旋转角度，或[复制(C)/参照(R)] <70>：59 | //输入旋转角度 |
| 命令： | |
| ROTATE | //重复命令 |
| 选择对象：指定对角点：找到 7 个 | //选择对象 *A* |
| 选择对象： | //按 Enter 键 |
| 指定基点： | //捕捉圆心 *B* |
| 指定旋转角度，或[复制(C)/参照(R)] <59>：C | //选择"复制(C)"选项 |
| 指定旋转角度，或[复制(C)/参照(R)] <59>：R | //选择"参照(R)"选项 |
| 指定参照角 <0>： | //捕捉点 *B* |
| 指定第二点： | //捕捉点 *C* |
| 指定新角度或[点(P)] <0>： | //捕捉点 *D* |

结果如图 2-51（b）所示。

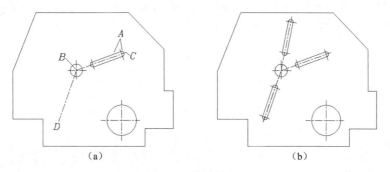

图 2-51　旋转对象 *A*

（2）绘制图形的其他部分。

## 2. 命令的选项

- 指定旋转角度：指定旋转基点并输入绝对旋转角度来旋转对象。旋转角度是基于当前用户坐标系测量的。若输入负的旋转角度，则选定的对象顺时针旋转；若输入正的旋转角度，则选定的对象逆时针旋转。

- 复制(C)：旋转对象的同时复制对象。
- 参照(R)：指定某个方向作为参照方向，然后拾取一个或两个点来指定源对象要旋转到的位置，也可以输入新角度来指明要旋转到的位置。

### 2.3.7 上机练习——绘制过渡曲线及倾斜图形

【案例 2-26】 利用 LINE、CIRCLE、OFFSET 及 TRIM 等命令绘制图 2-52 所示的图形。

（1）创建两个图层。

| 名称 | 颜色 | 线型 | 线宽 |
|------|------|------|------|
| 轮廓线层 | 白色 | Continuous | 0.50mm |
| 中心线层 | 红色 | CENTER | 默认 |

2-26 绘制包含圆、过渡曲线及切线的平面图形（1）

（2）通过【线型控制】下拉列表打开【线型管理器】对话框，在此对话框中设定线型的【全局比例因子】为"0.2"。

（3）打开极轴追踪、对象捕捉及对象捕捉追踪功能。设置极轴追踪增量角为【90】，设定对象捕捉模式为【端点】【交点】。

（4）设定绘图区域的大小为 100×100。单击导航栏上的 ![按钮]按钮，使绘图区域充满整个绘图窗口显示。

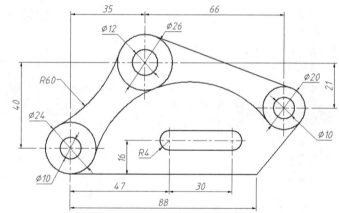

（5）切换到【中心线层】，利用 LINE 命令绘制圆的定位线 A、B，其长度约为"35"，再利用 OFFSET 及 LENGTHEN 命令形成其他定位线，结果如图 2-53 所示。

（6）切换到【轮廓线层】，绘制圆、过渡曲线及切线，结果如图 2-54 所示。

图 2-52 利用 LINE、CIRCLE 等命令绘制平面图形（1）

图 2-53 绘制圆的定位线

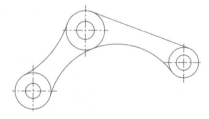

图 2-54 绘制圆、过渡曲线及切线

（7）利用 LINE 命令绘制线段 C、D，再利用 OFFSET 及 LENGTHEN 命令形成定位线 E、F 等，结果如图 2-55（a）所示。绘制线框 G，结果如图 2-55（b）所示。

【案例 2-27】 使用 LINE、CIRCLE、OFFSET 及 TRIM 等命令绘制图 2-56 所示的图形。

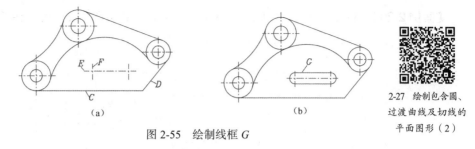

（a）　　　　　　　　　　　　　　　　　　（b）

图 2-55　绘制线框 G

2-27　绘制包含圆、
过渡曲线及切线的
平面图形（2）

**【案例 2-28】** 利用 LINE、CIRCLE、XLINE、OFFSET 及 TRIM 等命令绘制图 2-57 所示的
图形。

2-28　绘制倾斜
图形

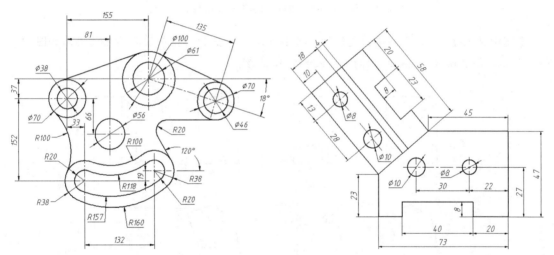

图 2-56　利用 LINE、CIRCLE 等命令绘制平面图形（2）　　图 2-57　利用 LINE、OFFSET 等命令绘制平面图形（3）

主要作图步骤如图 2-58 所示。

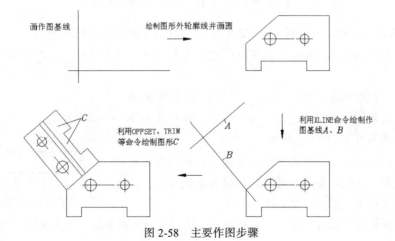

图 2-58　主要作图步骤

【案例 2-29】 利用 LINE、CIRCLE、COPY 及 ROTATE 等命令绘制图 2-59 所示的图形。

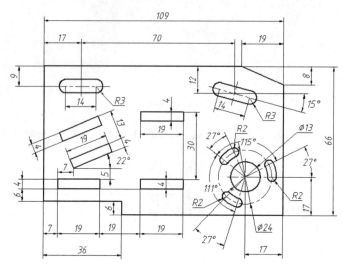

2-29 利用 COPY、
ROTATE 等命令
绘制平面图形

图 2-59 利用 COPY、ROTATE 等命令绘制平面图形

【案例 2-30】 打开已创建的文件 "2-18.dwg"，绘制五棱柱被截切后的三视图，如图 2-60（a）所示。图 2-60（b）显示了作图时要绘制的辅助线。

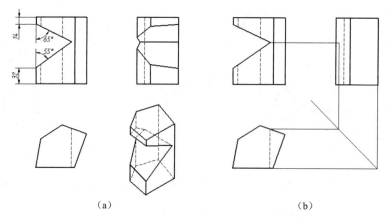

（a） （b）

图 2-60 绘制五棱柱被截切后的三视图及辅助线

【案例 2-31】 打开已创建的文件 "2-9.dwg"，绘制主视图及左视图等。

（1）利用 OFFSET 及 LENGTHEN 命令绘制主视图中圆的定位线，绘制圆及切线，结果如图 2-61 所示。

（2）复制俯视图并逆时针旋转 90°，利用 XLINE 命令绘制水平及竖直投影线，如图 2-62（a）所示。修剪及删除多余线条，结果如图 2-62（b）所示。

（3）使用 COPY 命令将圆的定位线复制到俯视图及左视图中，然后使用 LINE 命令结合对象捕捉追踪功能绘制孔的投影线及槽的主视图投影，结果如图 2-63 所示。

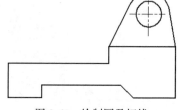

图 2-61 绘制圆及切线

（4）绘制倒圆角及倒角，再补画倒角的主视图及左视图投影线等，结果如图 2-64 所示。

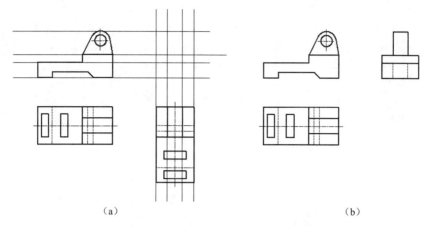

（a）　　　　　　　　　　　　（b）

图 2-62　绘制水平及竖直投影线、修剪及删除多余线条

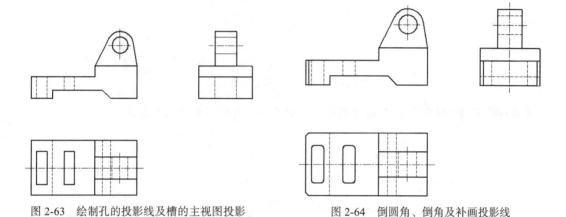

图 2-63　绘制孔的投影线及槽的主视图投影　　　　图 2-64　倒圆角、倒角及补画投影线

## 【综合实训】

# 综合实训 1——绘制三视图

【案例 2-32】 根据图 2-65 所示的视图轮廓及轴测图绘制完整三视图。

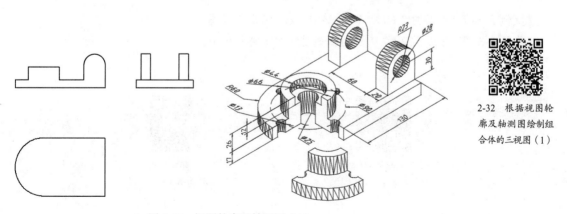

2-32　根据视图轮廓及轴测图绘制组合体的三视图（1）

图 2-65　视图轮廓及轴测图（1）

绘制主视图及俯视图后，可以将俯视图复制到新位置并逆时针旋转 90°，然后使用 XLINE 命令绘制水平及竖直投影线，利用这些线条形成左视图的主要轮廓，如图 2-66 所示。

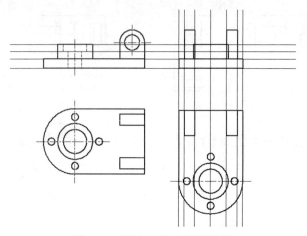

图 2-66　绘制水平及竖直投影线

【案例 2-33】　根据图 2-67 所示的视图轮廓及轴测图绘制完整三视图。

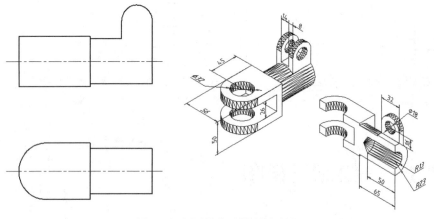

2-33　根据视图轮廓及轴测图绘制组合体的三视图（2）

图 2-67　视图轮廓及轴测图（2）

【案例 2-34】　根据图 2-68 所示的轴测图绘制完整三视图。

【案例 2-35】　根据图 2-69 所示的轴测图绘制完整三视图。

2-34　根据轴测图绘制组合体的三视图（1）

2-35　根据轴测图绘制组合体的三视图（2）

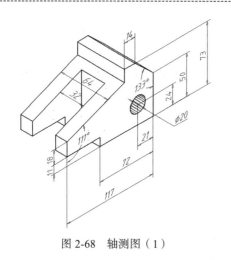

图 2-68　轴测图（1）

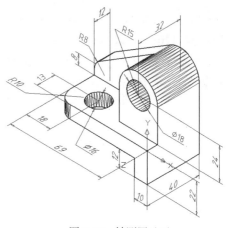

图 2-69　轴测图（2）

# 综合实训2——绘制曲轴零件图

【案例 2-36】　使用 LINE、OFFSET 及 TRIM 等命令绘制曲轴零件图，如图 2-70 所示。

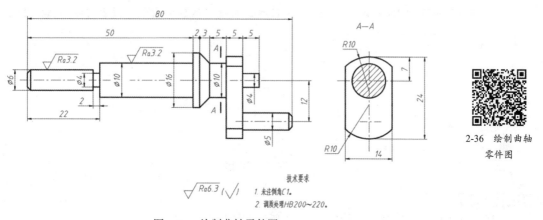

2-36　绘制曲轴零件图

图 2-70　绘制曲轴零件图

（1）创建 3 个图层。

| 名称 | 颜色 | 线型 | 线宽 |
| --- | --- | --- | --- |
| 轮廓线层 | 白色 | Continuous | 0.50mm |
| 虚线层 | 黄色 | DASHED | 默认 |
| 中心线层 | 红色 | CENTER | 默认 |

（2）通过【线型控制】下拉列表打开【线型管理器】对话框，在此对话框中设定线型的【全局比例因子】为 "0.1"。

（3）打开极轴追踪、对象捕捉及对象捕捉追踪功能。设置极轴追踪增量角为【90】，设定对象捕捉模式为【端点】【交点】。

（4）设定绘图区域的大小为 100×100。单击导航栏上的 按钮，使绘图区域充满整个绘图窗口显示。

（5）切换到【轮廓线层】，绘制两条作图基准线 A、B，结果如图 2-71（a）所示。线段 A 的长度约为"120"，线段 B 的长度约为"30"。

（6）以线段 A、B 为基准线，使用 OFFSET 及 TRIM 命令形成曲轴左边的第一段、第二段，结果如图 2-71（b）所示。

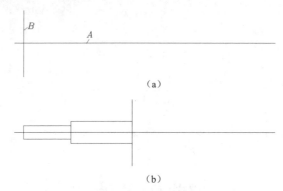

（a）

（b）

图 2-71　绘制作图基准线及形成曲轴左边的第一段、第二段

（7）使用同样方法绘制曲轴的其他段。

（8）绘制左视图定位线 C、D，然后绘制左视图细节，结果如图 2-72 所示。

（9）使用 LENGTHEN 命令调整轴线、定位线的长度，然后将它们修改到【中心线层】上。

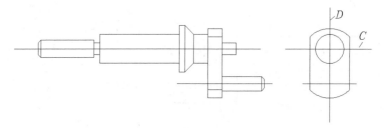

图 2-72　绘制左视图细节

## 【实战演练】

1. 利用点的相对坐标画线，绘制图 2-73 所示的图形。

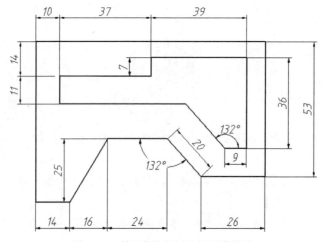

图 2-73　利用点的相对坐标画线绘图

2. 打开对象捕捉、极轴追踪及对象捕捉追踪功能，绘制图 2-74 所示的图形。

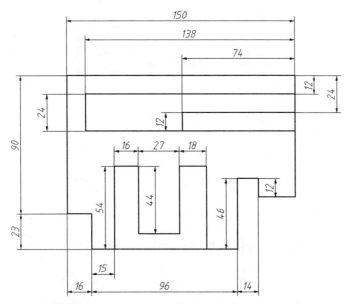

图 2-74　结合极轴追踪、对象捕捉及对象捕捉追踪等功能绘图

3. 使用 LINE、OFFSET 及 TRIM 命令绘制图 2-75 所示的图形。

4. 绘制图 2-76 所示的图形。

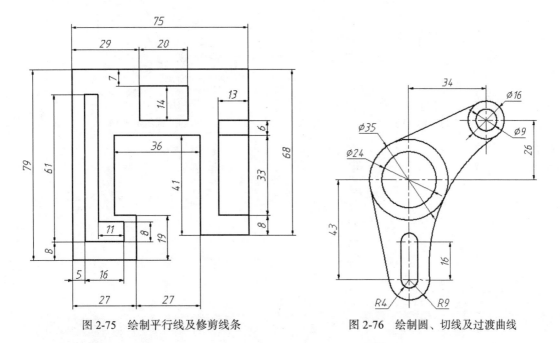

图 2-75　绘制平行线及修剪线条　　　　图 2-76　绘制圆、切线及过渡曲线

5. 使用 LINE、CIRCLE 及 OFFSET 等命令绘制图 2-77 所示的图形。

6. 根据图 2-78 所示的轴测图绘制三视图。

7. 根据图 2-79 所示的轴测图绘制三视图。

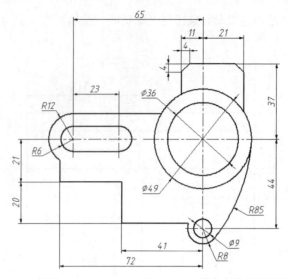

图 2-77　使用 LINE、CIRCLE 及 OFFSET 等命令绘制平面图形

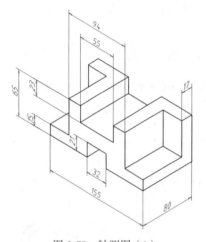

图 2-78　轴测图（1）

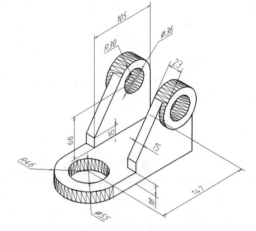

图 2-79　轴测图（2）

# 项目 3

# 绘制和编辑正多边形、椭圆及剖面图案

## 【项目导读】

在掌握使用 AutoCAD 绘制直线和圆弧等基本图形元素的基础上，学会绘制正多边形、椭圆等较复杂的图形元素，学会对齐、拉伸、缩放对象，以及使用关键点编辑方式编辑图形。这对提高绘图效率、实现设计目标有较好的帮助。

## 【学习目标】

通过学习本项目，读者应学会绘制正多边形、椭圆、样条曲线及填充剖面图案，掌握阵列和镜像对象的方法，并且能够灵活运用相应命令绘制简单图形。

## 【能力目标】

通过学习本项目，读者应学会绘制对称图形，学会利用拉伸命令、对齐命令、缩放命令、关键点编辑方式绘制图形，学会绘制三视图、剖视图及简单零件图，学会在绘图过程中分析绘制图形的步骤，培养与他人合作分析图形的能力。

# 任务 3.1　绘制、阵列及镜像对象

本任务的主要内容包括绘制矩形、正多边形及椭圆，阵列对象及镜像对象等。

## 3.1.1　绘制矩形、正多边形及椭圆

RECTANG 命令用于绘制矩形，用户只需指定矩形对角线的两个端点就能画出矩形。绘制时，可以指定顶点处的倒角距离及圆角半径。矩形的各边并非单一对象，它们共同构成一个单独对象（多段线）。

POLYGON 命令用于绘制正多边形，其边数为 3～1024 条。正多边形的各边并非单一对象，它们共同构成一个单独对象（多段线）。正多边形有以下两种画法。

- 指定正多边形边数及中心。
- 指定正多边形边数及某边的两个端点。

　　ELLIPSE 命令用于绘制椭圆。绘制椭圆的默认方法是指定椭圆第一条轴线的两个端点及另一条轴线的一半长度。另外，也可以通过指定椭圆中心、第一条轴线的端点及另一条轴线的一半长度来绘制椭圆。

　　命令的启动方法见表 3-1。

表 3-1　命令的启动方法

| 方式 | 矩形 | 正多边形 | 椭圆 |
|---|---|---|---|
| 菜单命令 | 【绘图】/【矩形】 | 【绘图】/【多边形】 | 【绘图】/【椭圆】 |
| 面板 | 【默认】选项卡中【绘图】面板上的□按钮 | 【默认】选项卡中【绘图】面板上的⬡按钮 | 【默认】选项卡中【绘图】面板上的⬭按钮 |
| 命令 | RECTANG 或缩写 REC | POLYGON 或缩写 POL | ELLIPSE 或缩写 EL |

　　**【案例 3-1】** 使用 LINE、RECTANG、POLYGON 及 ELLIPSE 等命令绘制平面图形，如图 3-1 所示。

　　（1）打开极轴追踪、对象捕捉及对象捕捉追踪功能。设置极轴追踪增量角为【90】，设定对象捕捉模式为【端点】【交点】。

3-1　绘制包含椭圆、正多边形等对象的平面图形

　　（2）使用 LINE、OFFSET 及 LENGTHEN 等命令绘制外轮廓线、正多边形和椭圆的定位线，如图 3-2（a）所示。

　　（3）绘制矩形、正五边形及椭圆。

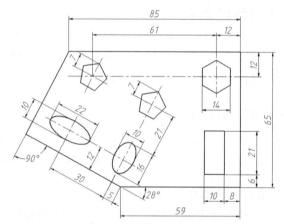

图 3-1　绘制平面图形

```
命令: _rectang                                              //绘制矩形
指定第一个角点或[倒角(C)/标高(E)/圆角(F)/厚度(T)/宽度(W)]: FROM   //使用正交偏移捕捉
基点:                                                       //捕捉交点 A
　<偏移>: @-8,6                                             //输入 B 点的相对直角坐标
指定另一个角点或[面积(A)/尺寸(D)/旋转(R)]: @-10,21            //输入 C 点的相对直角坐标
命令: _polygon 输入侧面数 <4>: 5                             //输入正多边形的边数
指定正多边形的中心点或[边(E)]:                               //捕捉交点 D
输入选项[内接于圆(I)/外切于圆(C)] <I>: I                     //按内接于圆的方式绘制正多边形
指定圆的半径: @7<62                                         //输入 E 点的相对极坐标
命令: _ellipse                                              //绘制椭圆
指定椭圆的轴端点或[圆弧(A)/中心点(C)]: C                     //选择"中心点(C)"选项
指定椭圆的中心点:                                           //捕捉点 F
指定轴的端点: @8<62                                         //输入 G 点的相对极坐标
指定另一条半轴长度或[旋转(R)]: 5                            //输入另一条轴线的一半长度
```

　　结果如图 3-2（b）所示。

　　（4）绘制图形的其他部分，然后修改定位线所在图层。

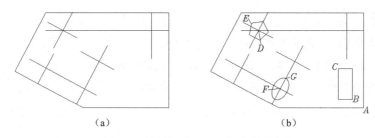

图 3-2　绘制矩形、正五边形及椭圆

命令常用的选项及其功能见表 3-2。

表 3-2　命令常用的选项及其功能

| 命令 | 选项 | 功能 |
|---|---|---|
| RECTANG | 倒角(C) | 指定矩形各顶点倒角的大小 |
| | 圆角(F) | 指定矩形各顶点倒圆角的半径 |
| | 宽度(W) | 设置矩形的线宽 |
| | 面积(A) | 先输入矩形面积，再输入矩形长度或宽度来创建矩形 |
| | 尺寸(D) | 输入矩形的长度、宽度来创建矩形 |
| | 旋转(R) | 设定矩形的旋转角度 |
| POLYGON | 边(E) | 输入正多边形边数后，再指定某条边的两个端点即可绘制出正多边形 |
| | 内接于圆(I) | 根据外接圆生成正多边形 |
| | 外切于圆(C) | 根据内切圆生成正多边形 |
| ELLIPSE | 圆弧(A) | 绘制一段椭圆弧。过程是先绘制一个完整的椭圆，随后系统提示用户指定椭圆弧的起始角及终止角 |
| | 中心点(C) | 通过椭圆中心点及长轴、短轴来绘制椭圆 |
| | 旋转(R) | 按旋转方式绘制椭圆，即系统将圆绕直径转动一定角度后，再投影到平面上形成椭圆 |

## 3.1.2　矩形阵列对象

ARRAYRECT 命令用于创建矩形阵列。矩形阵列是指将对象按行、列的方式排列。操作时，用户一般应提供阵列的行数、列数、行间距及列间距等。对于已生成的矩形阵列，可以利用旋转命令或通过关键点编辑方式改变阵列方向，生成倾斜的阵列。

除了可以在 $xy$ 平面阵列对象，还可以沿 $z$ 轴方向均匀排布对象，用户只需设定阵列的层数及层间距即可。默认层数为 1。

创建的阵列分为关联阵列和非关联阵列，前者包含的所有对象构成一个对象，后者中的每个对象都是独立的。

**命令的启动方法**

- 菜单命令:【修改】/【阵列】/【矩形阵列】。
- 面板:【默认】选项卡中【修改】面板上的 ⊞ 按钮。
- 命令: ARRAYRECT。

【案例 3-2】打开素材文件 "dwg\项目 3\3-2.dwg"，如图 3-3（a）所示，使用 ARRAYRECT 命令将图 3-3（a）修改为图 3-3（b）。

（1）启动矩形阵列命令，选择要阵列的对象 *A*，如图 3-3（a）所示，按 Enter 键后弹出【阵列创建】选项卡，如图 3-4 所示。

（2）分别在【行数】【列数】文本框中输入阵列的行数及列数，如图 3-4 所示。"行"的方向与坐标系的 *x* 轴平行，"列"的方向与 *y* 轴平行。每输入一个数值，按 Enter 键或单击其他文本框就可以预览效果。

（3）分别在【列】【行】面板的【介于】文本框中输入列间距及行间距，如图 3-4 所示。行、列间距的数值可为正或负。若为正值，则系统沿 *x* 轴、*y* 轴的正方向形成阵列；若为负值，则沿反方向形成阵列。

（4）【层级】面板的参数用于设定阵列的层数及层高，"层"的方向沿着 *z* 轴方向。默认情况下，■ 按钮是亮显的，表明创建的矩形阵列是一个整体对象，否则矩形阵列中的每个对象都是单独的。

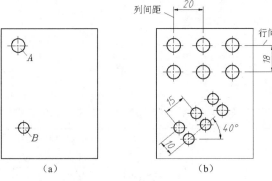

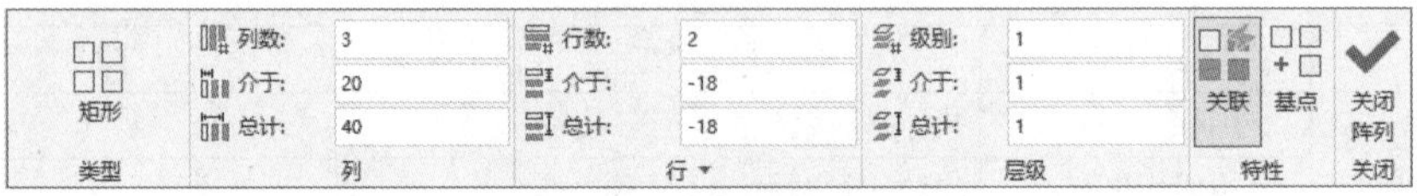

3-2 矩形阵列对象

图 3-3 创建矩形阵列

图 3-4 【阵列创建】选项卡

（5）创建圆的矩形阵列后，再选中圆，会弹出【阵列】选项卡，如图 3-5 所示。通过此选项卡可以编辑阵列参数，此外，还可以重新设定阵列基点，以及通过修改阵列中的某个对象使所有阵列对象发生变化。

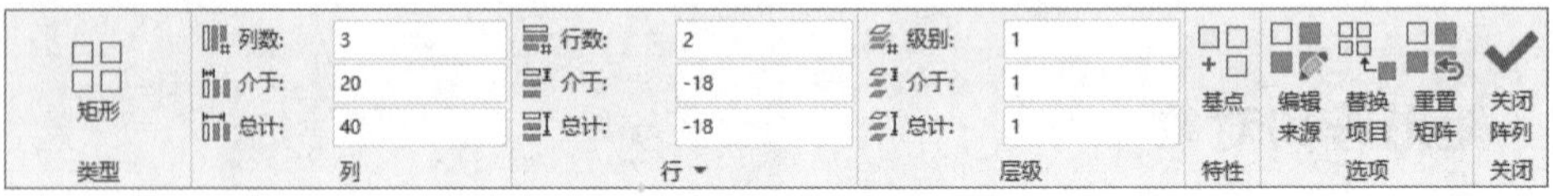

图 3-5 【阵列】选项卡

【阵列】选项卡中一些选项的功能介绍如下。

• 【基点】：设定阵列的基点。

• 【编辑来源】：选择阵列中的一个对象进行修改，完成后，将使所有对象更新。

• 【替换项目】：用新对象替换阵列中的多个对象。操作时，先选择新对象，并指定基点，再选择阵列中要替换的对象即可。若想一次替换所有对象，则可以选择命令行中的"源对象(S)"选项。

• 【重置矩阵】：对阵列中的对象进行替换操作时，若有错误，则按 Esc 键，再单击 ■ 按钮可进行恢复。

（6）创建对象 *B* 的矩形阵列，结果如图 3-6（a）所示。阵列参数为行数"2"、列数"3"、行间距"−10"、列间距"15"。创建完成后，使用 ROTATE 命令将该阵列旋转到指定的倾斜方向，结果如图 3-6（b）所示。

（7）利用关键点改变两个阵列方向的夹角。选中阵列对象，将十字光标移动到箭头形状的关键点处，这时出现菜单，如图 3-6（c）所示。利用【轴角度】命令可以设定行、列两个方向间的夹角。设置完成后，十字光标所处的阵列方向将变动，而另一方向不变。需要注意的是，该夹角是指沿 x 轴、y 轴正方向的夹角。对于对象 B 的矩形阵列，先设定水平阵列方向的轴角度为"50"（与 y 轴正方向的夹度），再设定竖直阵列方向的轴角度为"90"。

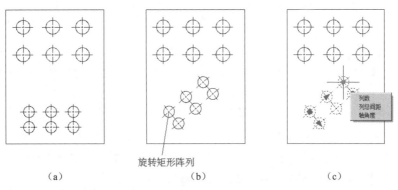

（a）　　　　　　　　　　（b）　　　　　　　　　　（c）

图 3-6　创建倾斜方向的矩形阵列

## 3.1.3　环形阵列对象

ARRAYPOLAR 命令用于创建环形阵列。环形阵列是指使对象绕阵列中心等角度均匀分布。决定环形阵列的主要参数有阵列中心、阵列总角度及阵列数目。此外，用户也可以通过输入阵列总数及每个对象之间的夹角来生成环形阵列。

如果要沿径向或 z 轴方向分布对象，那么还可以设定环形阵列的行数（同心分布的圈数）及层数。

**命令的启动方法**

- 菜单命令:【修改】/【阵列】/【环形阵列】。
- 面板:【默认】选项卡中【修改】面板上的 按钮。
- 命令: ARRAYPOLAR。

【**案例 3-3**】 打开素材文件"dwg\项目 3\3-3.dwg"，如图 3-7（a）所示，使用 ARRAYPOLAR 命令将图 3-7（a）修改为图 3-7（b）。

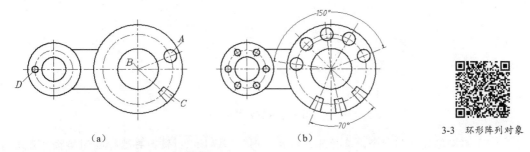

（a）　　　　　　　　　　　　（b）　　　　　　　　3-3　环形阵列对象

图 3-7　创建环形阵列

（1）启动环形阵列命令，选择要阵列的对象 A，再指定阵列中心点 B，弹出【阵列创建】选项卡，如图 3-8 所示。

（2）在【项目数】及【填充】文本框中输入阵列的数目及分布的总角度，也可以在【介于】

文本框中输入阵列对象间的夹角，如图 3-8 所示。

图 3-8 【阵列创建】选项卡

（3）单击▣按钮，设定环形阵列方向为逆时针方向。

（4）在【行】面板中可以设定环形阵列沿径向分布的数目及间距，在【层级】面板中可以设定环形阵列沿 z 轴方向阵列的数目及间距。

（5）创建对象 C、D 的环形阵列，结果如图 3-7（b）所示。

（6）默认情况下，▣按钮是亮显的，表明创建的阵列是一个整体对象，否则阵列中的对象是单独的。此外，还可以通过▣工具控制阵列时各个对象是否与源对象保持平行。

（7）选中已创建的环形阵列，弹出【阵列】选项卡，利用该选项卡可以编辑阵列参数。此外，还可以通过修改阵列中的某个对象，使得所有阵列对象发生变化。该选项卡中一些按钮的功能参见 3.1.2 小节的内容。

### 3.1.4 沿路径阵列对象

ARRAYPATH 命令用于沿路径阵列对象。沿路径阵列是指将对象沿路径均匀分布或按指定距离分布。路径对象可以是直线、多段线、样条曲线、圆弧及圆等。创建路径阵列时既可以指定阵列对象和路径是否关联，又可以设置对象在阵列时的方向及是否与路径对齐。

**命令的启动方法**

- 菜单命令:【修改】/【阵列】/【路径阵列】。
- 功能区:【默认】选项卡中【修改】面板上的▣按钮。
- 命令: ARRAYPATH 或缩写 AR。

【案例 3-4】 绘制圆、矩形、直线和曲线，如图 3-9（a）所示，将圆和矩形分别沿直线和曲线阵列，结果如图 3-9（b）所示。

3-4 沿路径阵列对象

图 3-9 沿路径阵列对象

（1）启动路径阵列命令，选择阵列对象"圆"，按 Enter 键，再选择阵列路径"直线"，弹出【阵列创建】选项卡，如图 3-10 所示。选择路径时，拾取点的位置不同，阵列方向就不同。从拾取点指向距离较远的线段端点是路径阵列的方向。

（2）单击▣按钮，再在【项目数】文本框中输入阵列数目，按 Enter 键预览阵列效果。也可单击▣按钮，然后输入对象间距生成阵列。

图 3-10 【阵列创建】选项卡

（3）用同样方法将矩形沿曲线均布阵列，阵列数目为"8"。在【阵列创建】选项卡中单击  按钮，设定矩形底边中点为阵列基点，再单击  按钮，指定矩形底边方向为切线方向。

（4）  按钮用于观察阵列时对齐的效果。若单击该按钮，则每个矩形底边都与曲线的切线方向一致；否则，各个对象都与第一个起始对象保持平行。

（5）若  按钮是亮显的，则创建的阵列是一个整体对象；否则，每个对象都是单独的。选中该对象，弹出【阵列】选项卡，利用该选项卡可以编辑阵列参数及路径。此外，还可以通过修改阵列中的某个对象，使所有阵列对象发生变化。

除了前面介绍的几种方法，还可以通过先执行 ARRAY 命令，选择要阵列的对象，再进行阵列类型的选择来阵列对象。

### 3.1.5 沿倾斜方向阵列对象

沿倾斜方向阵列对象如图 3-11 所示，此类阵列可采取以下方法进行绘制。

**1. 阵列（a）**

阵列（a）的绘制过程如图 3-12 所示。先沿水平、竖直方向阵列对象，然后利用旋转命令将阵列旋转到倾斜位置。

**2. 阵列（b）**

阵列（b）的绘制过程如图 3-13 所示。先沿水平、竖直方向阵列对象，然后选中阵列，将十字光标移动到箭头形状的关键点处，出现菜单，利用【轴角度】命令设定行、列两个方向之间的夹角。设置完成后，利用旋转命令将阵列旋转到倾斜位置。

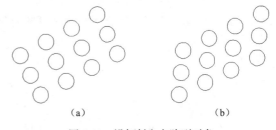

图 3-11 沿倾斜方向阵列对象

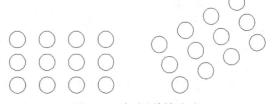

图 3-12 阵列及旋转（1）

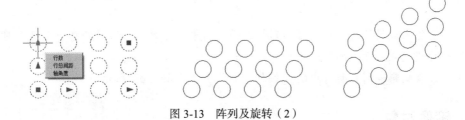

图 3-13 阵列及旋转（2）

**3. 阵列（a）、（b）**

阵列（a）、（b）都可使用 ARRAYPATH 命令进行绘制，如图 3-14 所示。首先绘制阵列路径，然后沿路径阵列对象。路径长度等于行、列的总间距值，阵列完成后，删除路径。

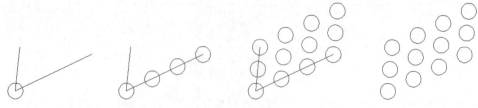

图 3-14　沿路径阵列

### 3.1.6　编辑关联阵列

选中关联阵列，弹出【阵列】选项卡，通过此选项卡可以修改阵列的以下属性。

- 阵列的行数、列数及层数，行间距、列间距及层间距。
- 阵列的数目、对象间的夹角。
- 沿路径分布的对象之间的距离、对齐方向。
- 修改阵列的源对象（其他对象自动改变），替换阵列中的个别对象。

【案例 3-5】　打开素材文件 "dwg\项目3\3-5.dwg"，沿路径阵列对象，如图 3-15（a）所示，然后将图 3-15（b）修改为图 3-15（c）。

（1）启动路径阵列命令，选择阵列对象 "矩形" 后按 Enter 键，再选择阵列路径 "曲线"（在曲线的左端选择），弹出【阵列创建】选项卡，如图 3-16 所示。

3-5　编辑关联阵列

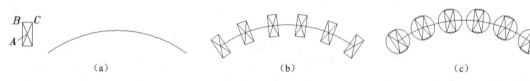

| （a） | （b） | （c） |

图 3-15　编辑关联阵列

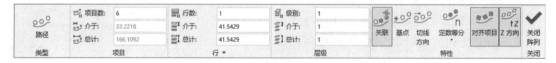

图 3-16　【阵列创建】选项卡

（2）单击 按钮，再在【项目数】文本框中输入阵列数目，按 Enter 键预览阵列效果。

（3）指定阵列基点。单击 按钮，捕捉矩形对角线交点 A。

（4）设定阵列对齐方向。单击 按钮，捕捉点 B 和点 C。单击 按钮，观察不同对齐形式的效果。

（5）选中已生成的阵列，弹出【阵列】选项卡，单击 按钮，选择任意一个阵列对象，然后以矩形对角线交点为圆心画圆。

（6）单击【编辑阵列】面板中的 按钮，结果如图 3-15（c）所示。

### 3.1.7　镜像对象

对于对称图形，用户只需画出图形的一半，另一半可用 MIRROR 命令镜像出来。操作时，用户需要先提供镜像的对象，然后指定镜像线的位置。

## 命令的启动方法

- 菜单命令：【修改】/【镜像】。
- 面板：【默认】选项卡中【修改】面板上的 ⚹ 按钮。
- 命令：MIRROR 或缩写 MI。

3-6 镜像对象

【案例3-6】 打开素材文件"dwg\项目3\3-6.dwg"，如图 3-17（a）所示，使用 MIRROR 命令将图 3-17（a）修改为图 3-17（b）。

| | |
|---|---|
| 命令：_mirror | //启动镜像命令 |
| 选择对象：指定对角点：找到 13 个 | //选择镜像对象 |
| 选择对象： | //按 Enter 键 |
| 指定镜像线的第一点： | //拾取镜像线上的第一点 |
| 指定镜像线的第二点： | //拾取镜像线上的第二点 |
| 要删除源对象吗？[是(Y)/否(N)] <N>： | //按 Enter 键，默认镜像时不删除源对象 |

结果如图 3-17（b）所示。若镜像时删除源对象，则结果如图 3-17（c）所示。

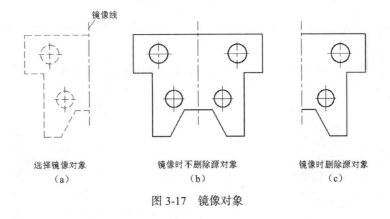

选择镜像对象　　　　镜像时不删除源对象　　　　镜像时删除源对象
（a）　　　　　　　　　　（b）　　　　　　　　　　（c）

图 3-17　镜像对象

## 3.1.8　上机练习——绘制对称图形

【案例3-7】 使用 LINE、OFFSET、ARRAY 及 MIRROR 等命令绘制对称图形，如图 3-18 所示。

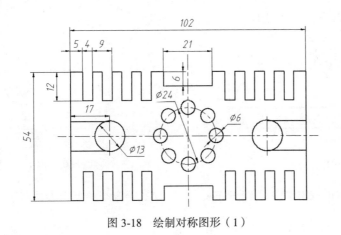

3-7 绘制对称
图形（1）

图 3-18　绘制对称图形（1）

主要作图步骤如图 3-19 所示。

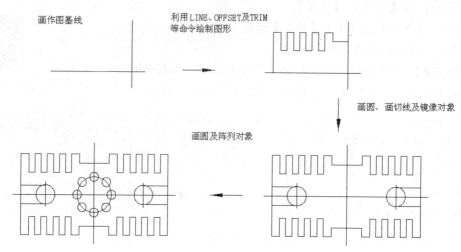

图 3-19　主要作图步骤

【案例 3-8】　使用 LINE、OFFSET、ARRAY 及 MIRROR 等命令绘制对称图形，如图 3-20 所示。

【案例 3-9】　使用 LINE、OFFSET、ARRAY 及 MIRROR 等命令绘制对称图形，如图 3-21 所示。

3-8　绘制对称图形
（2）

3-9　绘制对称图形
（3）

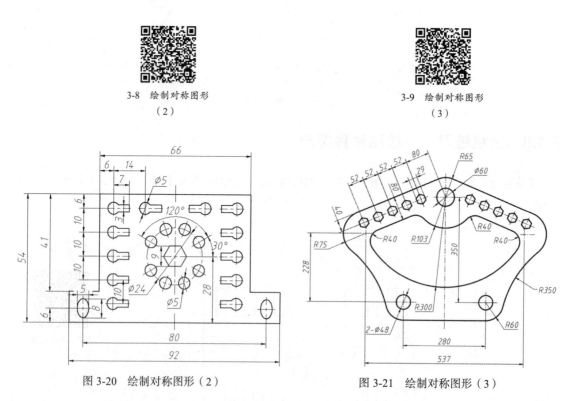

图 3-20　绘制对称图形（2）　　　　　图 3-21　绘制对称图形（3）

【案例 3-10】　使用 LINE、CIRCLE、OFFSET 及 ARRAY 等命令绘制平面图形，如图 3-22 所示。

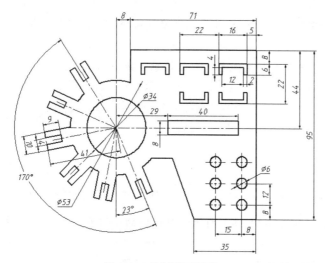

3-10 绘制平面
图形

图 3-22 绘制平面图形

【**案例 3-11**】 绘制圆锥体被截切后的三视图，如图 3-23（a）所示。图 3-23（b）显示了作图时需绘制的辅助线。

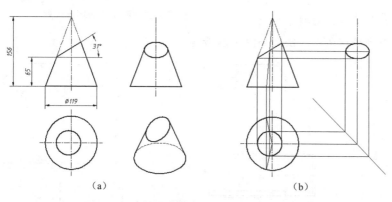

（a）                    （b）

图 3-23 绘制圆锥体被截切后的三视图及辅助线

3-11 绘制三视图

【**案例 3-12**】 根据图 3-24 所示的轴测图绘制组合体的主视图和俯视图。

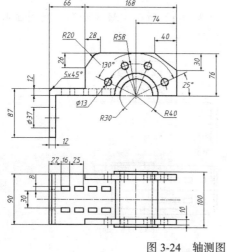

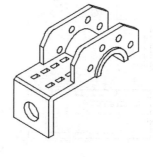

3-12 绘制组合体
的主视图和俯视图

图 3-24 轴测图

（1）使用 LINE 命令结合极轴追踪、对象捕捉及对象捕捉追踪功能绘制线框、圆的定位线及圆，结果如图 3-25 所示。

（2）使用 LINE 及 TRIM 等命令绘制主视图的大致轮廓，结果如图 3-26 所示。

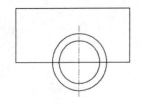

图 3-25　绘制线框、圆的定位线及圆

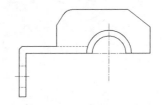

图 3-26　绘制主视图的大致轮廓

（3）绘制圆的定位线及圆，如图 3-27（a）所示。创建圆的环形阵列，结果如图 3-27（b）所示。

（4）绘制竖直投影线及俯视图对称线，如图 3-28（a）所示。使用 OFFSET 及 TRIM 等命令形成俯视图轮廓，结果如图 3-28（b）所示。

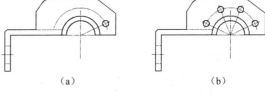

（a）　　　　　　　（b）

图 3-27　创建圆的环形阵列

（5）绘制 8 个小孔的投影线，再将立板上大孔的主视图投影线复制到俯视图中，结果如图 3-29 所示。

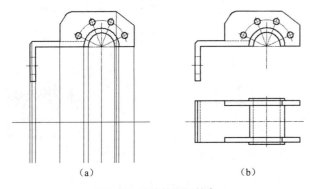

（a）　　　　　　　（b）

图 3-28　形成俯视图轮廓

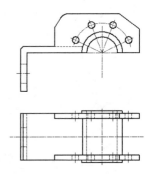

图 3-29　绘制投影线

（6）绘制小矩形，并创建该矩形的阵列，如图 3-30（a）所示。镜像矩形，再补画矩形槽的主视图投影线，结果如图 3-30（b）所示。

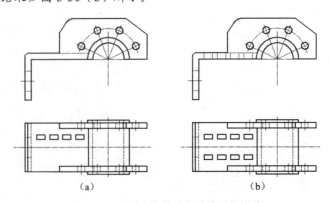

（a）　　　　　　　（b）

图 3-30　阵列、镜像对象及补画投影线

# 任务 3.2  对齐、拉伸及缩放对象

本任务的主要内容包括对齐、拉伸及缩放对象。

## 3.2.1  对齐对象

使用 ALIGN 命令可以同时移动、旋转一个对象，使之与另一个对象对齐。例如，用户可以使对象中的某个点、某条直线或某个面（三维实体）与另一个对象的点、线或面对齐。在操作过程中，用户按照系统提示指定源对象与目标对象的一点、两点或 3 点对齐就可以了。

*命令的启动方法*

- 菜单命令:【修改】/【三维操作】/【对齐】。
- 面板:【默认】选项卡中【修改】面板上的 凸 按钮。
- 命令: ALIGN 或缩写 AI。

【案例 3-13】使用 LINE、CIRCLE 及 ALIGN 等命令绘制平面图形，如图 3-31 所示。

（1）绘制外轮廓及图形 E，再用 XLINE 命令绘制定位线 C、D，如图 3-32（a）所示，然后用 ALIGN 命令将图形 E 定位到正确位置，结果如图 3-32（b）所示。

3-13  对齐对象

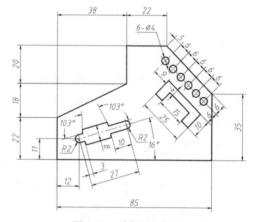

图 3-31  绘制平面图形

```
命令: _xline
指定点或[水平(H)/垂直(V)/角度(A)/二等分(B)/偏移(O)]: FROM
                                        //使用正交偏移捕捉
基点:                                   //捕捉基点 A
<偏移>: @12,11                          //输入点 B 的相对直角坐标
指定通过点: <16                         //设定线 D 的角度
指定通过点:                             //单击
指定通过点: <106                        //设定线 C 的角度
指定通过点:                             //单击
指定通过点:                             //按 Enter 键结束
命令: _align                            //启动对齐命令
选择对象: 指定对角点: 找到 15 个         //选择图形 E
选择对象:                               //按 Enter 键
指定第一个源点:                         //捕捉第一个源点 F
指定第一个目标点:                       //捕捉第一个目标点 B
指定第二个源点:                         //捕捉第二个源点 G
指定第二个目标点: NEA
```

| 到 | //在定位线 D 上捕捉一点 |
| 指定第三个源点或 <继续>： | //按 Enter 键 |
| 是否基于对齐点缩放对象？ [是(Y)/否(N)] <否>： | //按 Enter 键不缩放源对象 |

（2）绘制定位线 H、I 及图形 J，如图 3-33（a）所示，使用 ALIGN 命令将图形 J 定位到正确位置，结果如图 3-33（b）所示。

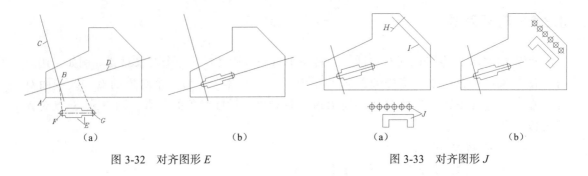

|  |  |
| :---: | :---: |
| （a）　（b） | （a）　（b） |
| 图 3-32　对齐图形 E | 图 3-33　对齐图形 J |

## 3.2.2　拉伸对象

利用 STRETCH 命令可以一次性将多个图形对象沿指定方向拉伸。在编辑过程中，必须用虚线矩形框选择对象，除被选中的对象外，其他对象的大小及相互间的几何关系保持不变。

**命令的启动方法**

- 菜单命令：【修改】/【拉伸】。
- 面板：【默认】选项卡中【修改】面板上的 按钮。
- 命令：STRETCH 或缩写 S。

【案例 3-14】打开素材文件"dwg\项目 3\3-14.dwg"，如图 3-34（a）所示，使用 STRETCH 命令将图 3-34（a）修改为图 3-34（b）。

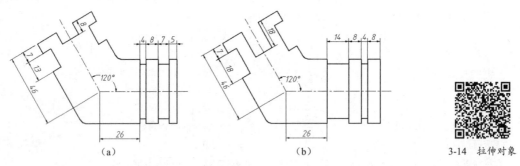

|  |  |  |
| :---: | :---: | :---: |
| （a） | （b） | 3-14　拉伸对象 |

图 3-34　拉伸图形

（1）打开极轴追踪、对象捕捉及对象捕捉追踪功能。

（2）调整槽 A 的宽度及槽 D 的深度。

| 命令：_stretch | //启动拉伸命令 |
| 选择对象： | //单击点 B |
| 指定对角点：找到 17 个 | //单击点 C |

| | |
|---|---|
| 选择对象： | //按 Enter 键 |
| 指定基点或[位移(D)] <位移>： | //单击 |
| 指定第二个点或 <使用第一个点作为位移>： 10 | //向右追踪并输入追踪距离 |
| 命令： STRETCH | //重复命令 |
| 选择对象： | //单击点 E |
| 指定对角点： 找到 5 个 | //单击点 F，如图 3-35（a）所示 |
| 选择对象： | //按 Enter 键 |
| 指定基点或[位移(D)] <位移>： 10<-60 | //输入拉伸的距离及方向 |
| 指定第二个点或 <使用第一个点作为位移>： | //按 Enter 键结束 |

结果如图 3-35（b）所示。

（3）使用 STRETCH 命令修改图形的其他部分。

在使用 STRETCH 命令时，首先应利用虚线矩形框选择对象，然后指定对象拉伸的距离和方向。凡在虚线矩形框中的对象的顶点都将被移动，而与虚线矩形框相交的对象将被延伸或缩短。

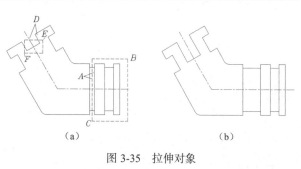

图 3-35　拉伸对象

设定拉伸距离和方向的方式如下。

- 在屏幕上指定两个点，这两个点之间的距离和方向代表了拉伸对象的距离和方向。

当系统提示"指定基点"时，指定拉伸的基点。当系统提示"指定第二个点"时，捕捉第二个点或输入第二个点相对于基点的直角坐标或极坐标。

- 以"$X,Y$"的方式输入对象沿 $x$ 轴、$y$ 轴拉伸的距离，或者以"距离<角度"的方式输入拉伸的距离和方向。

当系统提示"指定基点"时，输入拉伸值。当系统提示"指定第二个点"时，按 Enter 键确认，这样系统就以输入的拉伸值来拉伸对象。

- 打开正交模式或极轴追踪功能，就能方便地将对象只沿 $x$ 轴或 $y$ 轴方向拉伸。

当系统提示"指定基点"时，单击对象并将其向水平或竖直方向拉伸，然后输入拉伸值。

- 使用"位移(D)"选项。选择该选项后，系统提示"指定位移"，此时以"$X,Y$"的方式输入沿 $x$ 轴、$y$ 轴拉伸的距离，或者以"距离<角度"的方式输入拉伸的距离和方向。

## 3.2.3　按比例缩放对象

SCALE 命令用于将对象按指定的比例因子相对于基点放大或缩小。在使用此命令时，可以运用下面的两种方法缩放对象。

- 选择缩放对象的基点，然后输入缩放比例因子。在按比例变换图形的过程中，缩放基点在屏幕上的位置将保持不变，它周围的图形元素以此点为中心，按给定的比例因子放大或缩小。

- 输入一个数值或拾取两点来指定一个参考长度（第 1 个数值），然后输入新的数值或拾取另外两点来指定一个参考长度（第 2 个数值），系统会计算两个数值的比率，并以此比率为缩放比例因子。当用户想将某一对象放大到特定尺寸时，就可以运用这种方法。

## 1. 命令的启动方法

- 菜单命令：【修改】/【缩放】。
- 面板：【默认】选项卡中【修改】面板上的 □ 按钮。
- 命令：SCALE 或缩写 SC。

【案例 3-15】打开素材文件"dwg\项目 3\3-15.dwg"，如图 3-36（a）所示，使用 SCALE 命令将图 3-36（a）修改为图 3-36（b）。

3-15 按比例缩放对象

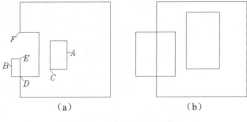

图 3-36 按比例缩放对象

| 命令： _scale | //启动缩放命令 |
|---|---|
| 选择对象：找到 1 个 | //选择矩形 A |
| 选择对象： | //按 Enter 键 |
| 指定基点： | //捕捉交点 C |
| 指定比例因子或[复制(C)/参照(R)] <1.0000>: 2 | //输入缩放比例因子 |
| 命令： | |
| SCALE | //重复命令 |
| 选择对象：找到 4 个 | //选择线框 B |
| 选择对象： | //按 Enter 键 |
| 指定基点： | //捕捉交点 D |
| 指定比例因子或[复制(C)/参照(R)]: R | //选择"参照(R)"选项 |
| 指定参照长度 <1.0000>: | //捕捉交点 D |
| 指定第二点： | //捕捉交点 E |
| 指定新的长度或[点(P)] <1.0000>: | //捕捉交点 F |

结果如图 3-36（b）所示。

## 2. 命令的选项

- 指定比例因子：直接输入缩放比例因子，系统根据此比例因子缩放对象。若比例因子小于 1，则缩小对象；若比例因子大于 1，则放大对象。
- 复制(C)：缩放对象的同时复制对象。
- 参照(R)：以参照方式缩放对象。用户输入参考长度及新长度，系统把二者的比值作为缩放比例因子进行缩放。
- 点(P)：使用两点来定义新长度。

# 3.2.4 上机练习——使用旋转、拉伸及对齐命令绘图

【案例 3-16】使用 LINE、CIRCLE、COPY、ROTATE 及 ALIGN 等命令绘制平面图形，如图 3-37 所示。

主要作图步骤如图 3-38 所示。

【案例 3-17】使用 LINE、OFFSET、COPY、ROTATE 及 STRETCH 等命令绘制平面图形，如图 3-39 所示。

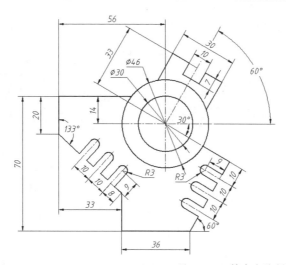

3-16 利用 ROTATE 及 ALIGN 等命令 绘制平面图形（1）

图 3-37 使用 LINE、CIRCLE、COPY、ROTATE 及 ALIGN 等命令绘制平面图形（1）

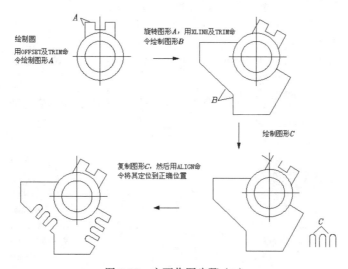

图 3-38 主要作图步骤（1）

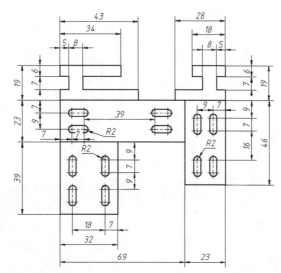

3-17 利用 ROTATE 及 STRETCH 等 命令绘制平面图形

图 3-39 使用 LINE、OFFSET、COPY、ROTATE 及 STRETCH 等命令绘制平面图形

主要作图步骤如图 3-40 所示。

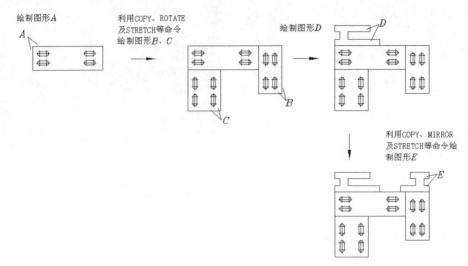

图 3-40  主要作图步骤（2）

【**案例 3-18**】 使用 LINE、OFFSET、COPY、ROTATE 及 ALIGN 等命令绘制平面图形，如图 3-41 所示。

【**案例 3-19**】 使用 LINE、OFFSET、COPY 及 STRETCH 等命令绘制平面图形，如图 3-42 所示。

3-18  利用 ROTATE
及 ALIGN 等命令
绘制平面图形（2）

3-19  利用 COPY
及 STRETCH 等
命令绘制平面图形

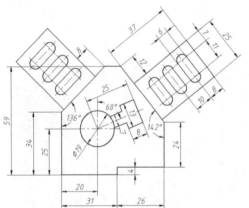

图 3-41  利用 LINE、OFFSET、COPY、ROTATE
及 ALIGN 等命令绘制平面图形（2）

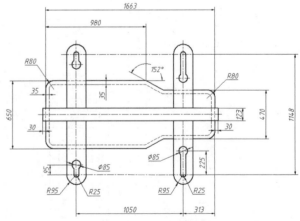

图 3-42  利用 LINE、OFFSET、COPY 及
STRETCH 等命令绘制平面图形

# 任务 3.3　绘制样条曲线及填充剖面图案

本任务的主要内容包括绘制样条曲线、填充封闭区域和不封闭区域、创建注释性填充图案。

## 3.3.1　绘制样条曲线

用户可以利用 SPLINE 命令绘制光滑曲线。样条曲线使用拟合点或控制点进行定义。默认情况下，拟合点与样条曲线重合，而控制点定义多边形控制框，如图 3-43 所示。利用控制框可以很方便地调整样条曲线的形状。

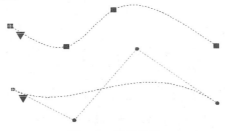

图 3-43　样条曲线

在绘制工程图时，用户可以利用 SPLINE 命令绘制样条曲线作为断裂线。

### 1. 命令的启动方法

* 菜单命令:【绘图】/【样条曲线】/【拟合点】或【绘图】/【样条曲线】/【控制点】。
* 面板:【默认】选项卡中【绘图】面板上的  或 按钮。
* 命令: SPLINE 或缩写 SPL。

【案例 3-20】　练习使用 SPLINE 命令。

单击【绘图】面板上的 按钮，绘制样条曲线。

3-20　绘制样条曲线

| 指定第一个点或 [方式(M)/节点(K)/对象(O)]: | //拾取点 A |
| 输入下一个点或 [起点切向(T)/公差(L)]: | //拾取点 B |
| 输入下一个点或 [端点相切(T)/公差(L)/放弃(U)]: | //拾取点 C |
| 输入下一个点或 [端点相切(T)/公差(L)/放弃(U)/闭合(C)]: | //拾取点 D |
| 输入下一个点或 [端点相切(T)/公差(L)/放弃(U)/闭合(C)]: | //拾取点 E |
| 输入下一个点或 [端点相切(T)/公差(L)/放弃(U)/闭合(C)]: | //按 Enter 键结束命令 |

结果如图 3-44 所示。

### 2. 命令的选项

* 方式(M): 控制是使用拟合点还是控制点来创建样条曲线。

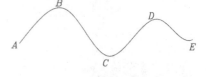

图 3-44　绘制样条曲线

* 节点(K): 指定节点参数化，它是一种计算方法，用来确定样条曲线中连续拟合点之间的曲线如何过渡。
* 对象(O): 将二维或三维的二次或三次样条曲线拟合多段线转换成等效的样条曲线。
* 起点切向(T): 指定在样条曲线起点的相切条件。
* 端点相切(T): 指定在样条曲线终点的相切条件。

- 公差(L)：指定样条曲线可以偏离指定拟合点的距离。
- 闭合(C)：使样条曲线闭合。

### 3.3.2 填充封闭区域

使用 HATCH 命令可以在闭合区域内生成填充图案。启动该命令后，选择图案类型，再指定填充比例、图案旋转角度及填充区域，就可以生成填充图案。

HATCHEDIT 命令用于编辑填充图案，如改变图案的角度、比例或用其他样式的图案填充图形等，其用法与 HATCH 命令类似。

命令的启动方法见表 3-3。

表 3-3 命令的启动方法

| 方式 | 填充图案 | 编辑填充图案 |
|------|----------|--------------|
| 菜单命令 | 【绘图】/【图案填充】 | 【修改】/【对象】/【图案填充】 |
| 面板 | 【默认】选项卡中【绘图】面板上的▨按钮 | 【默认】选项卡中【修改】面板上的▨按钮 |
| 命令 | HATCH 或缩写 BH | HATCHEDIT 或缩写 HE |

【案例 3-21】 打开素材文件 "dwg\项目 3\3-21.dwg"，如图 3-45（a）所示，使用 SPLINE、HATCH 等命令将图 3-45（a）修改为图 3-45（b）。

（1）绘制样条曲线作为断裂线。

```
命令: _spline                                    //绘制样条曲线
指定第一个点或[方式(M)/节点(K)/对象(O)]:          //单击点 A
输入下一个点或[起点切向(T)/公差(L)]:              //单击点 B
输入下一个点或[端点相切(T)/公差(L)/放弃(U)]:       //单击点 C
输入下一个点或[端点相切(T)/公差(L)/放弃(U)/闭合(C)]: //单击点 D
输入下一个点或[端点相切(T)/公差(L)/放弃(U)/闭合(C)]: //按 Enter 键结束
```

3-21 绘制断裂线
及填充剖面图案

结果如图 3-46（a）所示。修剪多余线条，结果如图 3-46（b）所示。

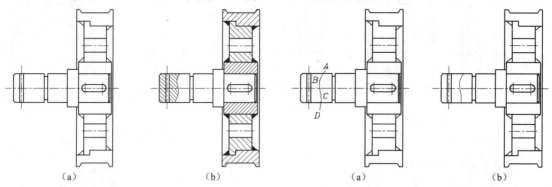

| （a） | （b） | （a） | （b） |
|------|------|------|------|

图 3-45 绘制断裂线及填充剖面图案　　　　图 3-46 绘制断裂线及修剪多余线条

（2）启动图案填充命令，打开【图案填充创建】选项卡，如图 3-47 所示。默认情况下，系统提示"拾取内部点"，将十字光标移动到填充区域，系统显示填充效果。

（3）在【图案】面板上选择剖面图案【ANSI31】，在【特性】面板的【角度】文本框中输入图案旋转角度"90"，在【比例】微调框中输入数值"1.5"，如图 3-47 所示。

图 3-47 【图案填充创建】选项卡

（4）单击  按钮，系统提示"选择对象"，选择构成闭合区域的图形对象，此区域将显示填充效果。再选择命令行中的"放弃(U)"选项，返回原来状态。

（5）单击 按钮（拾取点），系统提示"拾取内部点"，在想要填充的区域内单击点 *E*、*F*、*G* 及 *H*，系统显示填充效果，如图 3-48 所示。

> **要点提示**　在【特性】面板的【角度】文本框中输入的数值不是剖面线与 *x* 轴的夹角，而是剖面线以初始位置为起始位置的转动角度。该值可正、可负，若是正值，则剖面线按逆时针方向转动；否则，按顺时针方向转动。对于图案"ANSI31"，当分别输入角度"−45""90""15"时，剖面线与 *x* 轴的夹角分别是 0°、135°、60°。

（6）观察填充效果，若满意，则单击 按钮结束。

（7）默认情况下，【图案填充创建】选项卡中的 按钮是亮显的，表明填充图案与边界相关联，当边界发生变化时，图案随之改变。

（8）编辑剖面图案。选择剖面图案，系统打开【图案填充创建】选项卡，将该选项卡的【比例】微调框中的数值改为"0.5"，结果如图 3-49 所示，按 Esc 键退出【图案填充创建】选项卡。

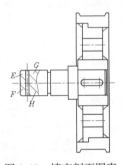

图 3-48　填充剖面图案

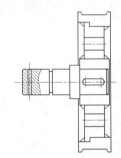

图 3-49　修改剖面图案比例

（9）创建其他填充图案。

## 3.3.3　填充不封闭区域

AutoCAD 允许用户填充不封闭区域，如图 3-50（a）所示，直线段和圆弧的端点不重合，而是存在间距。若该间距小于或等于设定的最大间距，则系统将忽略此间隙，认为边界是闭合的，从而生成填充图案。填充边界两端点之间的最大间距可以在【图案填充创建】选项卡的【选项】面板中设定，如图 3-50（b）所示。此外，该值也可通过系统变量 HPGAPTOL 设定。

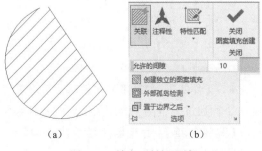

（a）　　　　　　　　　（b）

图 3-50　填充不封闭区域

### 3.3.4 创建注释性填充图案

在工程图中填充图案时，需要考虑打印比例对于最终图案疏密程度的影响。一般应设定图案填充比例为打印比例的倒数，这样打印出来后，图纸上图案的间距与最初系统的定义值一致。此外，也可以采用另一种方式，即创建注释性填充图案。在【图案填充创建】选项卡中单击 ⚞ 按钮，就会生成注释性填充图案。

注释性填充图案具有注释比例属性，比例为当前系统设置值。单击状态栏上的 ⚞ 1:2 ▾ 按钮可以设定当前注释比例。选择注释对象，单击鼠标右键，弹出快捷菜单，其中的【特性】命令可以用于添加或去除注释对象的注释比例。

可以认为注释比例就是打印比例，只要使注释对象的注释比例、系统当前注释比例与打印比例一致，就能保证出图后，图案的间距与系统的原始定义值相同。例如，在直径为30000 的圆内填充图案，出图比例为 1∶100，若采用非注释性对象进行填充，则图案的缩放比例一般应设定为"100"，打印后图案的外观才合适。若采用注释性对象进行填充，则图案的缩放比例仍是默认值"1"，只需设定当前注释比例为 1∶100，就能打印出合适的图案。

# 任务 3.4　关键点编辑方式

关键点编辑方式是一种集成的编辑模式，该模式包含 5 种编辑方式：拉伸、移动、旋转、比例缩放、镜像。

默认情况下，AutoCAD 的关键点编辑方式是开启的。当用户选择对象后，对象上将出现若干实心方框，这些实心方框被称为关键点。将十字光标靠近并捕捉关键点，然后单击，激活关键点编辑状态，此时系统自动进入拉伸编辑方式，连续按 Enter 键，就可以在所有编辑方式之间切换。此外，用户也可以在激活关键点后，单击鼠标右键，弹出快捷菜单，如图 3-51所示，通过此快捷菜单选择某种编辑方式。

在不同编辑方式之间切换时，系统为每种编辑方式提供的命令基本相同，其中【基点】【复制】命令是所有编辑方式共有的。

- 【基点】：选择该命令，用户可以拾取某个点作为编辑过程的基点。例如，当进入了旋转编辑方式需要指定一个点作为旋转中心时，就使用【基点】命令。默认情况下，编辑的基点是热关键点（选中的关键点）。

图 3-51　快捷菜单

- 【复制】：如果用户在编辑的同时需复制对象，就选择此命令。

下面通过一个例子介绍关键点的各种编辑方式。

【案例 3-22】　打开素材文件"dwg\项目 3\3-22.dwg"，如图 3-52（a）所示，利用关键点编辑方式将图 3-52（a）修改为图 3-52（b）。

3-22　关键点编辑方式

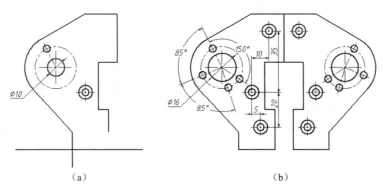

（a）                                （b）

图 3-52　利用关键点编辑方式修改图形

## 3.4.1　利用关键点拉伸对象

在拉伸编辑方式下，当热关键点是线段的端点时，用户可以有效地拉伸或缩短对象。如果热关键点是线段的中点、圆或圆弧的圆心，或者属于块、文字、尺寸数字等实体，这种编辑方式就只能移动对象。

利用关键点拉伸线段的操作如下。

打开极轴追踪、对象捕捉及对象捕捉追踪功能，设置极轴追踪增量角为【90】，设定对象捕捉模式为【端点】【圆心】【交点】。

| | |
|---|---|
| 命令: | //选择线段 A |
| 命令: | //选中关键点 B |
| ** 拉伸 ** | //进入拉伸编辑方式 |
| 指定拉伸点或[基点(B)/复制(C)/放弃(U)/退出(X)]: | //向下移动十字光标并捕捉点 C，如图 3-53（a）所示 |

继续调整【案例 3-22】中其他线段的长度，结果如图 3-53（b）所示。

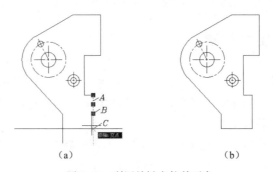

（a）                                （b）

图 3-53　利用关键点拉伸对象

 　　　　打开正交模式后，用户就可以利用关键点拉伸编辑方式很方便地改变水平线段或竖直线段的长度。

## 3.4.2　利用关键点移动及复制对象

在关键点移动编辑方式下，可以编辑单一对象或一组对象，选择"复制(C)"选项后，就能在移动对象的同时进行复制。这种编辑方式的使用方法与普通的 MOVE 命令很相似。

利用关键点移动及复制对象的操作如下。

| | |
|---|---|
| 命令： | //选择对象 D，如图 3-54（a）所示 |
| 命令： | //选中一个关键点 |
| ** 拉伸 ** | |
| 指定拉伸点或[基点(B)/复制(C)/放弃(U)/退出(X)]: | //进入拉伸编辑方式 |
| ** MOVE ** | //按 Enter 键进入移动编辑方式 |
| 指定移动点或[基点(B)/复制(C)/放弃(U)/退出(X)]: C | //选择"复制(C)"选项 |
| ** MOVE（多个）** | |
| 指定移动点或[基点(B)/复制(C)/放弃(U)/退出(X)]: B | //选择"基点(B)"选项 |
| 指定基点： | //捕捉对象 D 的圆心 |
| ** MOVE（多个）** | |
| 指定移动点或[基点(B)/复制(C)/放弃(U)/退出(X)]: @10,35 | //输入相对直角坐标 |
| ** MOVE（多个）** | |
| 指定移动点或[基点(B)/复制(C)/放弃(U)/退出(X)]: @5,-20 | //输入相对直角坐标 |
| 指定移动点或[基点(B)/复制(C)/放弃(U)/退出(X)]: | //按 Enter 键结束 |

结果如图 3-54（b）所示。

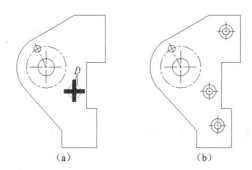

（a）　　　　　　　　　（b）

图 3-54　利用关键点移动及复制对象

### 3.4.3　利用关键点旋转对象

旋转对象是绕旋转中心进行的，当使用关键点编辑方式时，热关键点就是旋转中心，但用户也可以指定其他点作为旋转中心。这种编辑方式的使用方法与 ROTATE 命令相似，它的优点在于可以将对象一次性旋转且复制到多个位置。

有时旋转操作中的"参照(R)"选项非常实用，使用该选项可以旋转图形对象使其与某个新位置对齐。

利用关键点旋转对象的操作如下。

| | |
|---|---|
| 命令： | //选择对象 E，如图 3-55（a）所示 |
| 命令： | //选中一个关键点 |
| ** 拉伸 ** | //进入拉伸编辑方式 |
| 指定拉伸点或[基点(B)/复制(C)/放弃(U)/退出(X)]: _rotate | |
| //单击鼠标右键，在弹出的快捷菜单中选择【旋转】命令 | |
| ** 旋转 ** | //进入旋转编辑方式 |

| | |
|---|---|
| 指定旋转角度或[基点(B)/复制(C)/放弃(U)/参照(R)/退出(X)]: C | //选择"复制(C)"选项 |
| ** 旋转 (多重) ** | |
| 指定旋转角度或[基点(B)/复制(C)/放弃(U)/参照(R)/退出(X)]: B | //选择"基点(B)"选项 |
| 指定基点: | //捕捉圆心 F |
| ** 旋转 (多重) ** | |
| 指定旋转角度或[基点(B)/复制(C)/放弃(U)/参照(R)/退出(X)]: 85 | //输入旋转角度 |
| ** 旋转 (多重) ** | |
| 指定旋转角度或[基点(B)/复制(C)/放弃(U)/参照(R)/退出(X)]: 170 | //输入旋转角度 |
| ** 旋转 (多重) ** | |
| 指定旋转角度或[基点(B)/复制(C)/放弃(U)/参照(R)/退出(X)]: -150 | //输入旋转角度 |
| ** 旋转 (多重) ** | |
| 指定旋转角度或[基点(B)/复制(C)/放弃(U)/参照(R)/退出(X)]: | //按 Enter 键结束 |

结果如图 3-55（b）所示。

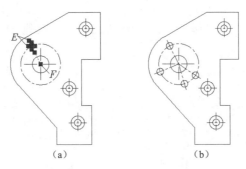

（a） （b）

图 3-55 利用关键点旋转对象

## 3.4.4 利用关键点缩放对象

关键点编辑方式也提供了缩放对象的功能，当切换到比例缩放编辑方式时，当前激活的热关键点是缩放的基点。用户既可以输入缩放比例对对象进行放大或缩小，也可以利用"参照(R)"选项将对象缩放到某一尺寸。

利用关键点缩放对象的操作如下。

| | |
|---|---|
| 命令: | //选择圆 G，如图 3-56（a）所示 |
| 命令: | //选中任意一个关键点 |
| ** 拉伸 ** | //进入拉伸编辑方式 |
| 指定拉伸点或[基点(B)/复制(C)/放弃(U)/退出(X)]: _scale | //单击鼠标右键，在弹出的快捷菜 |
| 单中选择【缩放】命令 | |
| ** 比例缩放 ** | //进入比例缩放编辑方式 |
| 指定比例因子或[基点(B)/复制(C)/放弃(U)/参照(R)/退出(X)]: B | //选择"基点(B)"选项 |
| 指定基点: | //捕捉圆 G 的圆心 |
| ** 比例缩放 ** | |
| 指定比例因子或[基点(B)/复制(C)/放弃(U)/参照(R)/退出(X)]: 1.6 | //输入缩放比例 |

结果如图 3-56（b）所示。

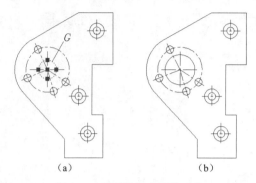

图 3-56　利用关键点缩放对象

### 3.4.5　利用关键点镜像对象

进入镜像编辑方式后，系统直接提示"指定第二点"。默认情况下，热关键点是镜像线的第一点，在拾取第二点后，此点便与第一点一起形成镜像线。如果用户要重新设定镜像线的第一点，就要利用"基点(B)"选项。

利用关键点镜像对象的操作如下。

| | |
|---|---|
| 命令： | //选择要镜像的对象，如图 3-57（a）所示 |
| 命令： | //选中关键点 H |
| ** 拉伸 ** | //进入拉伸编辑方式 |
| 指定拉伸点或[基点(B)/复制(C)/放弃(U)/退出(X)]：_mirror | |
| | //单击鼠标右键，在弹出的快捷菜单中选择【镜像】命令 |
| ** 镜像 ** | //进入镜像编辑方式 |
| 指定第二点或[基点(B)/复制(C)/放弃(U)/退出(X)]：C | //选择"复制(C)"选项 |
| ** 镜像（多重）** | |
| 指定第二点或[基点(B)/复制(C)/放弃(U)/退出(X)]： | //捕捉点 I |
| ** 镜像（多重）** | |
| 指定第二点或[基点(B)/复制(C)/放弃(U)/退出(X)]： | //按 Enter 键结束 |

结果如图 3-57（b）所示。

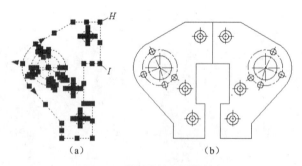

图 3-57　利用关键点镜像对象

### 3.4.6　利用关键点编辑功能改变线段、圆弧的长度

选中线段、圆弧等对象，出现关键点，将十字光标悬停在关键点上，弹出菜单，如图 3-58

所示。选择【拉长】命令，执行相应功能，此时可以输入正值或负值改变对象长度。连续按 Ctrl 键可在"拉长"与"拉伸"功能之间切换。

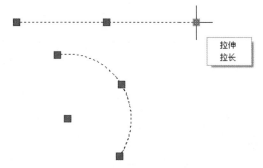

图 3-58　关键点编辑功能扩展

## 3.4.7　上机练习——利用关键点编辑方式绘图

【案例 3-23】　利用关键点编辑方式绘图，如图 3-59 所示。

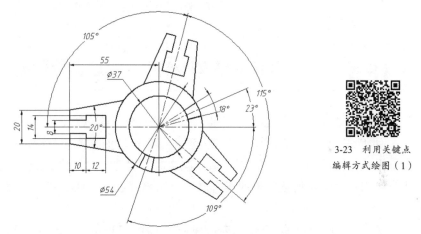

图 3-59　利用关键点编辑方式绘图（1）

3-23　利用关键点编辑方式绘图（1）

主要作图步骤如图 3-60 所示。

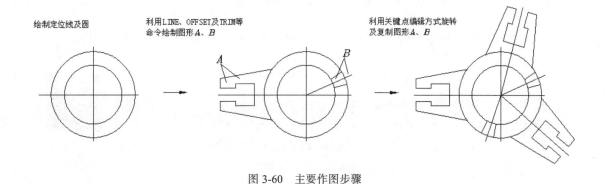

图 3-60　主要作图步骤

【案例 3-24】　利用关键点编辑方式绘图，如图 3-61 所示。

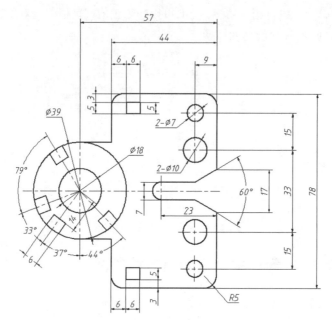

图 3-61　利用关键点编辑方式绘图（2）

# 任务 3.5　编辑对象属性

在 AutoCAD 中，对象属性是指系统赋予对象的颜色、线型、图层、高度及文字样式等特性，如直线和曲线具有图层、线型及颜色等属性，而文本具有图层、颜色、字体及字高等属性。一般可以使用 PROPERTIES 命令改变对象属性，执行该命令后，系统打开【特性】对话框，该对话框列出所选对象的所有属性，用户通过该对话框就可以很方便地对对象属性进行修改。

改变对象属性的另一种方法是采用 MATCHPROP 命令，该命令可以使被编辑对象的属性与指定源对象的属性完全相同，即把源对象的属性传递给目标对象。

## 3.5.1　使用 PROPERTIES 命令改变对象属性

下面通过修改非连续线当前线型比例因子的例子来说明 PROPERTIES 命令的用法。

**命令的启动方法**

- 菜单命令：【修改】/【特性】。
- 命令：PROPERTIES 或缩写 PR。

【案例 3-25】　打开素材文件"dwg\项目 3\3-25.dwg"，如图 3-62（a）所示，使用 PROPERTIES 命令将图 3-62（a）修改为图 3-62（b）。

（1）选择要编辑的非连续线，如图 3-62（a）所示。

（2）单击鼠标右键，在弹出的快捷菜单中选择【特性】命令，或者在命令行中执行 PR 命令，系统打开【特性】对话框，如图 3-63 所示。根据所选对象不同，【特性】对话框中显示的属性也不同，但有一些属性几乎是所有对象都有的，如颜色、图层、线型等。当在绘图区域中选择单个对象时，【特性】对话框就显示此对象的属性。若选择多个对象，则【特性】对话框将显示它们共有的属性。

（3）单击【线型比例】文本框，该比例因子默认是"1"，输入新线型比例因子"2"，按 Enter 键，绘图区域中的非连续线立即更新，显示修改后的结果，如图 3-62（b）所示。

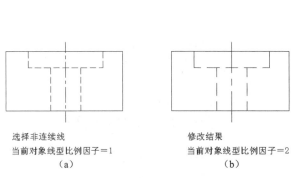

选择非连续线
当前对象线型比例因子＝1
（a）

修改结果
当前对象线型比例因子＝2
（b）

图 3-62　修改非连续线外观

图 3-63　【特性】对话框

## 3.5.2　对象特性匹配

MATCHPROP 命令非常实用，用户可以使用此命令将源对象的属性（如颜色、线型、图层及线型比例等）传递给目标对象。操作时，用户需要选择两个对象：第 1 个是源对象；第 2 个是目标对象。

命令的启动方法

- 菜单命令：【修改】/【特性匹配】。
- 面板：【默认】选项卡中【特性】面板上的  按钮。
- 命令：MATCHPROP 或缩写 MA。

【案例 3-26】　打开素材文件"dwg\项目 3\3-26.dwg"，如图 3-64（a）所示，使用 MATCHPROP 命令将图 3-64（a）修改为图 3-64（b）。

（1）单击【默认】选项卡中【特性】面板上的  按钮，或者输入MATCHPROP 命令，系统提示如下。

3-26　对象特性匹配

```
命令：'_matchprop
选择源对象：                    //选择源对象，如图 3-64（a）所示
选择目标对象或[设置(S)]：        //选择第 1 个目标对象
选择目标对象或[设置(S)]：        //选择第 2 个目标对象
选择目标对象或[设置(S)]：        //按 Enter 键结束
```

选择源对象后，十字光标变成类似刷子的形状，此时选择接受属性匹配的目标对象，结果如图 3-64（b）所示。

（2）如果用户仅希望使目标对象的部分属性与源对象相同，可以在选择源对象后，输入"S"，按 Enter 键，此时系统打开【特性设置】对话框，如图 3-65 所示。默认情况下，系统选中

该对话框中源对象的所有属性进行复制，但用户也可以指定仅将其中部分属性传递给目标对象。

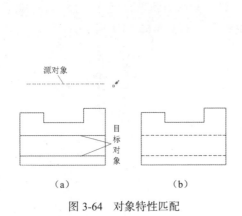

图 3-64　对象特性匹配

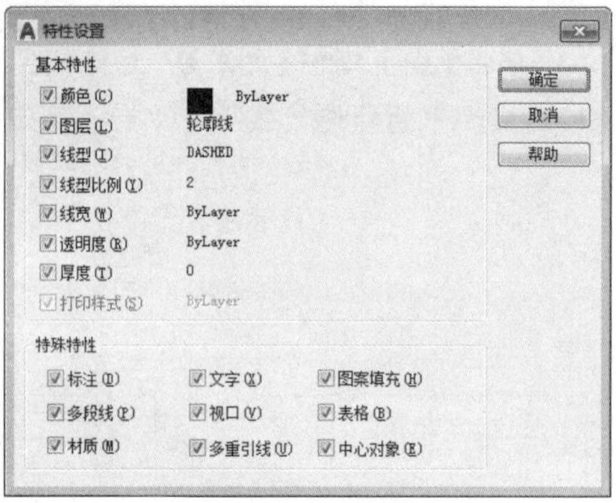

图 3-65　【特性设置】对话框

## 【综合实训】

# 综合实训1——巧用编辑命令绘图

【案例 3-27】　使用 LINE、CIRCLE 及 ARRAY 等命令绘制平面图形，如图 3-66 所示。

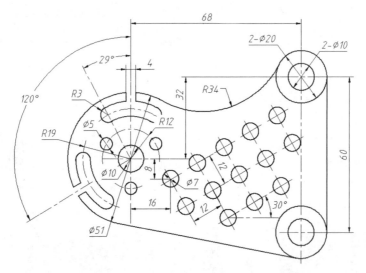

3-27　绘制包含矩形阵列及环形阵列的图形

图 3-66　使用 LINE、CIRCLE 及 ARRAY 等命令绘制平面图形

【案例 3-28】　使用 OFFSET、ROTATE 及 ALIGN 等命令绘制图 3-67 所示的图形。

主要作图步骤如图 3-68 所示。

【案例 3-29】　使用 LINE、CIRCLE、ROTATE、STRETCH 及 ALIGN 等命令绘制平面图形，如图 3-69 所示。

主要作图步骤如图 3-70 所示。

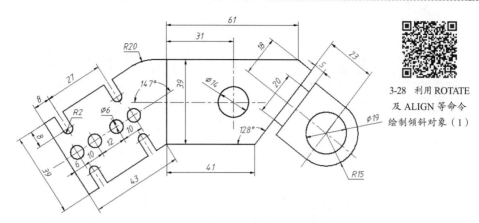

3-28 利用 ROTATE
及 ALIGN 等命令
绘制倾斜对象（1）

图 3-67 使用 OFFSET、ROTATE 及 ALIGN 等命令绘制平面图形

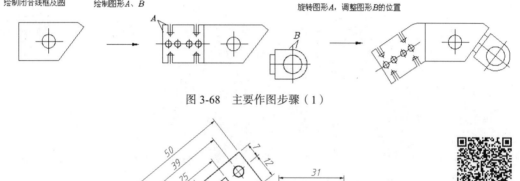

图 3-68 主要作图步骤（1）

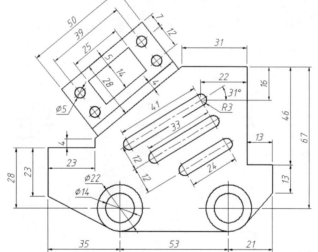

3-29 利用 ROTATE
及 ALIGN 等命令
绘制倾斜对象（2）

图 3-69 使用 LINE、CIRCLE、ROTATE、STRETCH 及 ALIGN 等命令绘制平面图形

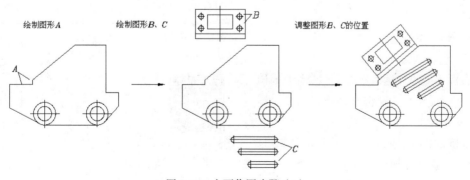

图 3-70 主要作图步骤（2）

# 综合实训 2——绘制三视图及剖视图

【案例 3-30】 参考轴测图，绘制圆锥体被截切后的三视图，如图 3-71 所示。被截切圆锥体的画法参考【案例 3-11】。

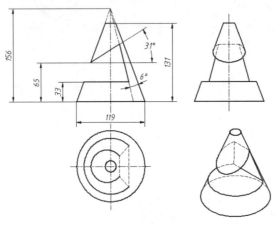

3-30 绘制圆锥体
被截切后的三视图

图 3-71 绘制圆锥体被截切后的三视图

【案例 3-31】 参考轴测图，绘制组合体的三视图，如图 3-72（a）所示。图 3-72（b）显示了相贯线的画法，可以利用 SPLINE 命令绘制相贯线。

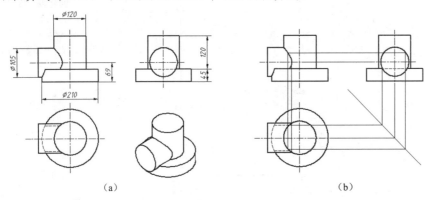

（a）　　　　　　　　　　　　　　　　（b）

3-31 绘制组合体
的三视图（1）

图 3-72 绘制组合体的三视图

【案例 3-32】 根据图 3-73 所示的轴测图绘制组合体的三视图。

【案例 3-33】 根据图 3-74 所示的视图轮廓及轴测图绘制三视图及剖视图。主视图采用全剖方式。

【案例 3-34】 参照图 3-75 所示轴测图，采用适当的表达方案将机件表达清楚。

3-32 绘制组合体
的三视图（2）

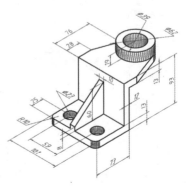

图 3-73 轴测图（1）

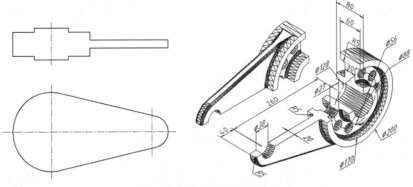

图 3-74　视图轮廓及轴测图

3-33　绘制三视图
及剖视图（1）

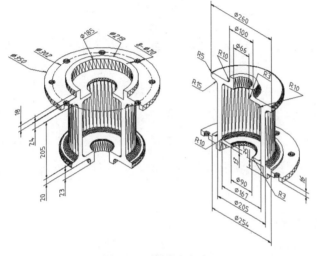

图 3-75　轴测图（2）

3-34　绘制三视图
及剖视图（2）

## 综合实训3——绘制简单零件图

【案例 3-35】　使用 LINE、OFFSET、ARRAY 等命令绘制滑动板零件图，如图 3-76 所示。

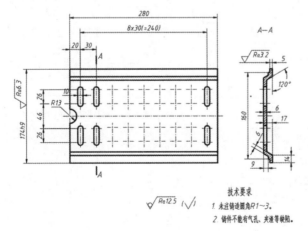

3-35　绘制简单
零件图（1）

图 3-76　绘制滑动板零件图

【案例 3-36】 使用 LINE、OFFSET 及 ARRAY 等命令绘制轮芯零件图，如图 3-77 所示。

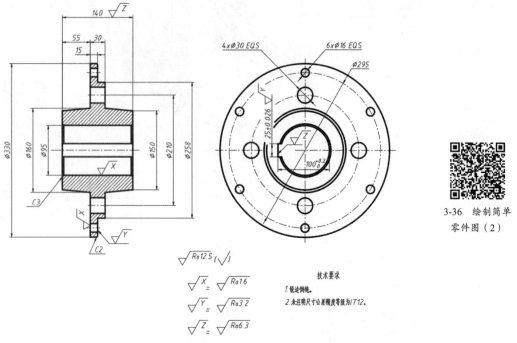

3-36 绘制简单
零件图（2）

图 3-77 绘制轮芯零件图

## 【实战演练】

1. 绘制图 3-78 所示的对称图形。

2. 绘制图 3-79 所示的图形。

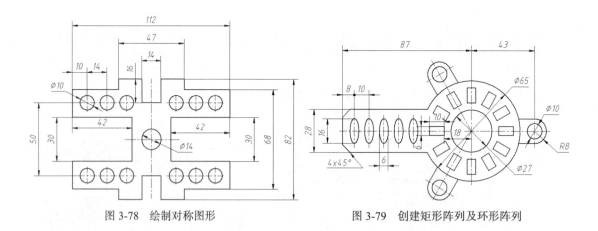

图 3-78 绘制对称图形       图 3-79 创建矩形阵列及环形阵列

3. 绘制图 3-80 所示的图形。

4. 绘制图 3-81 所示的图形。

5. 绘制图 3-82 所示的图形。

6. 绘制图 3-83 所示的图形。

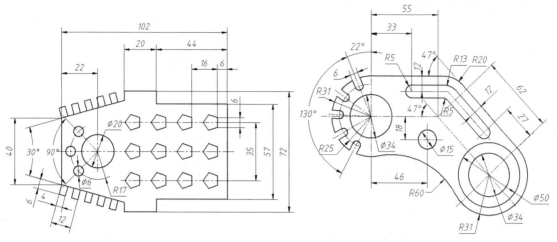

图 3-80　创建正多边形及阵列对象　　　　图 3-81　绘制圆、切线及阵列对象

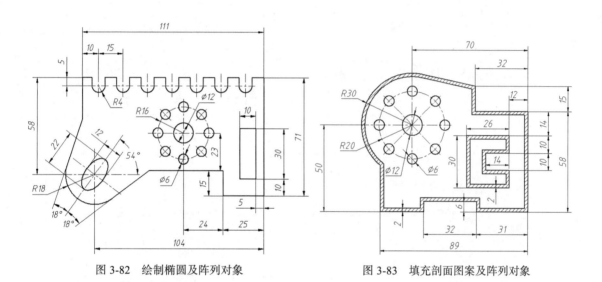

图 3-82　绘制椭圆及阵列对象　　　　图 3-83　填充剖面图案及阵列对象

7. 根据图 3-84 所示的轴测图绘制三视图。

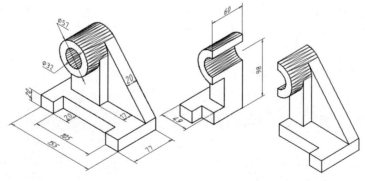

图 3-84　轴测图（1）

8. 根据图 3-85 所示的轴测图绘制三视图。

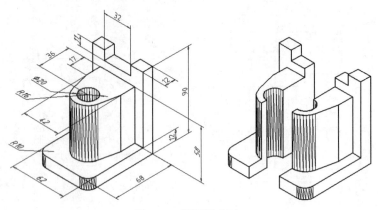

图 3-85　轴测图（2）

# 项目 4
## 绘制和编辑多段线、点对象及面域

## 【项目导读】

绘制平面图形时除了可以使用直线、圆、圆弧等，还可以使用多线、多段线、面域等。这样不但可以提高绘图效率，也有利于图形的后期编辑。

## 【学习目标】

通过学习本项目，读者应掌握创建多段线、多线、射线、点对象、等分点、测量点、圆环、圆点及面域等的方法。

## 【能力目标】

通过学习本项目，读者应学会绘制多线、多段线，学会使用面域造型法构建复杂图形，掌握各类工程图的绘制过程，提高分析及创建图形的能力。

# 任务 4.1　多段线、多线及射线

本任务将介绍多段线、多线和射线的绘制与编辑方法，以及合并对象、删除重复对象的方法。

## 4.1.1　创建及编辑多段线

PLINE 命令用来创建二维多段线。多段线是由几条线段和圆弧组成的连续线条，是一个单独的图形对象。二维多段线具有以下特点。

- 能够设定多段线中线段及圆弧的宽度。
- 可以利用有宽度的多段线形成实心圆、圆环或带锥度的粗线等。
- 能一次性对多段线的所有交点进行倒圆角或倒角处理。

在绘制图 4-1 所示图形的外轮廓时，可以利用多段线。首先使用 LINE、CIRCLE 等命令绘制外轮廓线框，然后使用 PEDIT 命令将此线框编辑成一条多段线，最后使用 OFFSET 命令偏移多段线形成内轮廓线框。图中的长槽或箭头可以使用 PLINE 命令一次性绘制出来。

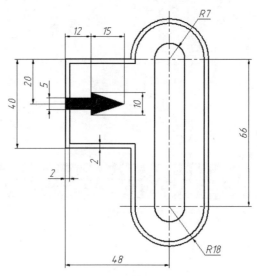

图 4-1　利用多段线绘图

命令的启动方法见表 4-1。

表 4-1　命令的启动方法

| 方式 | 绘制多段线 | 编辑多段线 |
|---|---|---|
| 菜单命令 | 【绘图】/【多段线】 | 【修改】/【对象】/【多段线】 |
| 面板 | 【默认】选项卡中【绘图】面板上的◯按钮 | 【默认】选项卡中【修改】面板上的按钮 |
| 命令 | PLINE 或缩写 PL | PEDIT 或缩写 PE |

【案例 4-1】　使用 LINE、PLINE、PEDIT 等命令绘制图 4-1 所示的图形。

（1）创建两个图层。

| 名称 | 颜色 | 线型 | 线宽 |
|---|---|---|---|
| 轮廓线层 | 白色 | Continuous | 0.50mm |
| 中心线层 | 红色 | CENTER | 默认 |

4-1　创建及编辑
多段线

（2）设定线型的【全局比例因子】为"0.2"。设定绘图区域的大小为 100×100，然后单击【视图】选项卡中【二维导航】面板上的按钮，使绘图区域充满整个绘图窗口显示。此外，也可以绘制一个直径为"100"的圆，双击鼠标中键使圆充满绘图窗口，则窗口高度与圆的直径相等。

（3）打开极轴追踪、对象捕捉及对象捕捉追踪功能。设置极轴追踪增量角为【90】，设定对象捕捉模式为【端点】【交点】。

（4）使用 LINE、CIRCLE、TRIM 等命令绘制定位中心线及闭合线框 A，结果如图 4-2 所示。

（5）使用 PEDIT 命令将线框 A 编辑成一条多段线。

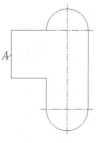

图 4-2　绘制定位中心
线及闭合线框 A

```
命令: _pedit                                    //启动编辑多段线命令
选择多段线或[多条(M)]:                           //选择线框 A 中的一条线段
是否将其转换为多段线? <Y>                         //按 Enter 键
输入选项[闭合(C)/合并(J)/宽度(W)/编辑顶点(E)/拟合(F)/样条曲线(S)/非曲线化(D)/线型生成(L)/
```

反转 (R) /放弃 (U)： J           //选择"合并 (J)"选项

选择对象：总计 11 个         //选择线框 A 中的其余线条

选择对象：             //按 Enter 键

输入选项[打开 (O) /合并 (J) /宽度 (W) /编辑顶点 (E) /拟合 (F) /样条曲线 (S) /非曲线化 (D) /线型生成 (L) /

反转 (R) /放弃 (U)]：           //按 Enter 键结束

（6）使用 OFFSET 命令向内偏移线框 A，偏移距离为 "2"，结果如图 4-3 所示。

（7）使用 PLINE 命令绘制长槽及箭头。

命令：_pline             //启动绘制多段线命令

指定起点： 7            //从点 B 向右追踪并输入追

踪距离

 指定下一个点或[圆弧 (A) /半宽 (H) /长度 (L) /放弃 (U) /宽度 (W)]：   //从点 C 向上追踪并捕捉点 D

 指定下一点或[圆弧 (A) /闭合 (C) /半宽 (H) /长度 (L) /放弃 (U) /宽度 (W)]： A  //选择"圆弧 (A)"选项

 指定圆弧的端点或[角度 (A) /圆心 (CE) /闭合 (CL) /方向 (D) /半宽 (H) /直线 (L) /半径 (R) /第二个点 (S) /放

弃 (U) /宽度 (W)]： 14          //从点 D 向左追踪并输入追

踪距离

 指定圆弧的端点或[角度 (A) /圆心 (CE) /闭合 (CL) /方向 (D) /半宽 (H) /直线 (L) /半径 (R) /第二个点 (S) /放

弃 (U) /宽度 (W)]： I           //选择"直线 (L)"选项

 指定下一点或[圆弧 (A) /闭合 (C) /半宽 (H) /长度 (L) /放弃 (U) /宽度 (W)]：   //从点 E 向下追踪并捕捉点 F

 指定下一点或[圆弧 (A) /闭合 (C) /半宽 (H) /长度 (L) /放弃 (U) /宽度 (W)]： A  //选择"圆弧 (A)"选项

 指定圆弧的端点或[角度 (A) /圆心 (CE) /闭合 (CL) /方向 (D) /半宽 (H) /直线 (L) /半径 (R) /第二个点 (S) /放

弃 (U) /宽度 (W)]：           //从点 F 向右追踪并捕捉点 C

 指定圆弧的端点或[角度 (A) /圆心 (CE) /闭合 (CL) /方向 (D) /半宽 (H) /直线 (L) /半径 (R) /第二个点 (S) /放

弃 (U) /宽度 (W)]：            //按 Enter 键结束

命令：PLINE             //重复命令

指定起点： 20            //从点 G 向下追踪并输入追

踪距离

 指定下一个点或[圆弧 (A) /半宽 (H) /长度 (L) /放弃 (U) /宽度 (W)]： W   //选择"宽度 (W)"选项

 指定起点宽度 <0.0000>： 5         //输入多段线起点宽度

 指定端点宽度 <5.0000>：         //按 Enter 键

 指定下一个点或[圆弧 (A) /半宽 (H) /长度 (L) /放弃 (U) /宽度 (W)]： 12  //向右追踪并输入追踪距离

 指定下一点或[圆弧 (A) /闭合 (C) /半宽 (H) /长度 (L) /放弃 (U) /宽度 (W)]： W  //选择"宽度 (W)"选项

 指定起点宽度 <5.0000>： 10         //输入多段线起点宽度

 指定端点宽度 <10.0000>： 0         //输入多段线终点宽度

 指定下一点或[圆弧 (A) /闭合 (C) /半宽 (H) /长度 (L) /放弃 (U) /宽度 (W)]： 15  //向右追踪并输入追踪距离

 指定下一点或[圆弧 (A) /闭合 (C) /半宽 (H) /长度 (L) /放弃 (U) /宽度 (W)]：   //按 Enter 键结束

结果如图 4-4 所示。

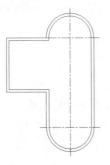

图 4-3 偏移线框

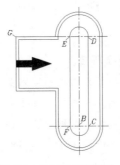

图 4-4 绘制长槽及箭头

## 4.1.2　创建多线样式及多线

MLINE 命令用于创建多线。多线是由多条平行线组成的对象，最多可包含 16 条平行线，线条间的距离、数量、颜色及类型等都可以调整。多线常用于绘制墙体、公路、管道等。

MLSTYLE 命令用于生成多线样式。多线的外观由多线样式决定，在多线样式中，用户不仅可以设定多线中线条的数量、每条线的颜色和线型、线条间的距离等，还能指定多线两个端头的形式，如弧形端头、平直端头等。

命令的启动方法见表 4-2。

表 4-2　命令的启动方法

| 方式 | 多线样式 | 多线 |
|---|---|---|
| 菜单命令 | 【格式】/【多线样式】 | 【绘图】/【多线】 |
| 命令 | MLSTYLE | MLINE 或缩写 ML |

**【案例 4-2】**　创建多线样式及多线。

（1）打开素材文件"dwg\项目 4\4-2.dwg"，如图 4-8（a）所示。

（2）启动 MLSTYLE 命令，弹出【多线样式】对话框，如图 4-5 所示。

（3）单击 新建(N)... 按钮，弹出【创建新的多线样式】对话框。在【新样式名】文本框中输入新样式的名称"样式-240"，在【基础样式】下拉列表中选择样板样式，默认的样板样式是【STANDARD】，如图 4-6 所示。

4-2　创建多线样式及多线

图 4-5　【多线样式】对话框

图 4-6　【创建新的多线样式】对话框

（4）单击 继续 按钮，弹出【新建多线样式：样式-240】对话框。在该对话框中完成以下设置，如图 4-7 所示。

- 在【说明】文本框中输入关于多线样式的说明文字。
- 在【图元】列表框中选中"0.5"，然后在【偏移】文本框中输入数值"120"。
- 在【图元】列表框中选中"−0.5"，然后在【偏移】文本框中输入数值"−120"。

（5）单击 确定 按钮，返回【多线样式】对话框，然后单击 置为当前(U) 按钮，使新样式成为当前样式。

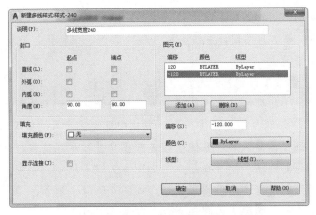

图 4-7 【新建多线样式：样式-240】对话框

（6）前面创建了多线样式，下面用 MLINE 命令生成多线。

```
命令: _mline
指定起点或[对正(J)/比例(S)/样式(ST)]: S          //选择"比例(S)"选项
输入多线比例 <20.00>: 1                           //输入缩放比例
指定起点或[对正(J)/比例(S)/样式(ST)]: J          //选择"对正(J)"选项
输入对正类型[上(T)/无(Z)/下(B)] <无>: Z          //选择"无(Z)"选项
指定起点或[对正(J)/比例(S)/样式(ST)]:            //捕捉点 A
指定下一点:                                       //捕捉点 B
指定下一点或[放弃(U)]:                            //捕捉点 C
指定下一点或[闭合(C)/放弃(U)]:                    //捕捉点 D
指定下一点或[闭合(C)/放弃(U)]:                    //捕捉点 E
指定下一点或[闭合(C)/放弃(U)]:                    //捕捉点 F
指定下一点或[闭合(C)/放弃(U)]: C                  //使多线闭合
命令:
MLINE                                            //重复命令
指定起点或[对正(J)/比例(S)/样式(ST)]:            //捕捉点 G
指定下一点:                                       //捕捉点 H
指定下一点或[放弃(U)]:                            //按 [Enter] 键结束
命令:
MLINE                                            //重复命令
指定起点或[对正(J)/比例(S)/样式(ST)]:            //捕捉点 I
指定下一点:                                       //捕捉点 J
指定下一点或[放弃(U)]:                            //按 [Enter] 键结束
```

结果如图 4-8（b）所示。保存文件，该文件在后面将继续使用。

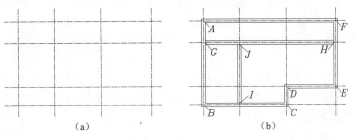

（a）　　　　　　　　　　　　　　　（b）

图 4-8　生成多线

【新建多线样式：样式-240】对话框中各选项的功能介绍如下。

- **添加(A)** 按钮：单击此按钮，系统会在多线中添加一条新线，该线的偏移量可以在【偏移】文本框中设置。
- **删除(D)** 按钮：删除【图元】列表框中选定的线元素。
- 【颜色】：通过此下拉列表修改【图元】列表框中选定线元素的颜色。
- **线型(Y)...** 按钮：指定【图元】列表框中选定线元素的线型。
- 【显示连接】：选择该复选项，系统会在多线拐角处显示连接线，如图4-9（a）所示。
- 【直线】：在多线的两端产生直线封口，如图4-9（b）所示。
- 【外弧】：在多线的两端产生外圆弧封口，如图4-9（b）所示。
- 【内弧】：在多线的两端产生内圆弧封口，如图4-9（b）所示。
- 【角度】：该角度是指多线某一端的端口连线与多线的夹角，如图4-9（b）所示。

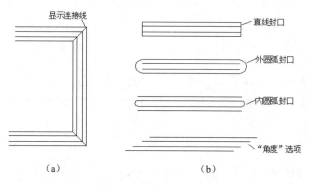

图4-9　多线的各种特性

- 【填充颜色】：通过此下拉列表设置多线的填充颜色。

MLINE命令的选项介绍如下。

- 对正(J)：设定多线的对正方式，即多线中哪条线段的端点与十字光标默认重合并随之移动。该选项有以下3个子选项。

上(T)：若自左向右绘制多线，则对正点将在顶端线段的端点处。

无(Z)：对正点位于多线中偏移量为"0"的位置处。多线中线条的偏移量可在多线样式中设置。

下(B)：若自左向右绘制多线，则对正点将在底端线段的端点处。

- 比例(S)：指定多线宽度相对于定义宽度（在多线样式中定义）的比例，该比例不影响线型比例。
- 样式(ST)：该选项用于设置多线样式，默认样式是"STANDARD"。

### 4.1.3　编辑多线

MLEDIT命令用于编辑多线，主要功能如下。

（1）改变两条多线的相交形式，如使它们相交成"十"字形或"T"形。

（2）在多线中加入顶点或删除顶点。

（3）将多线中的线条切断或接合。

命令的启动方法

- 菜单命令:【修改】/【对象】/【多线】。
- 命令:MLEDIT。

继续【案例4-2】的练习,下面使用MLEDIT命令编辑多线。

(1)启动MLEDIT命令,打开【多线编辑工具】对话框,如图4-10所示。该对话框中的小图形象地说明了各项编辑工具的功能。

(2)选择【T形合并】工具,系统提示如下。

```
命令: _mledit
选择第一条多线:                    //在点A处选择多线,如图4-11(a)所示
选择第二条多线:                    //在点B处选择多线
选择第一条多线 或[放弃(U)]:        //在点C处选择多线
选择第二条多线:                    //在点D处选择多线
选择第一条多线 或[放弃(U)]:        //在点E处选择多线
选择第二条多线:                    //在点F处选择多线
选择第一条多线 或[放弃(U)]:        //在点G处选择多线
选择第二条多线:                    //在点H处选择多线
选择第一条多线 或[放弃(U)]:        //按 Enter 键结束
```

结果如图4-11(b)所示。

图4-10 【多线编辑工具】对话框

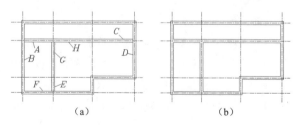

(a)　　　　　　　　　　(b)

图4-11 编辑多线

## 4.1.4 绘制射线

RAY命令用于创建无限延伸的单向射线。操作时,用户只需指定射线的起点及另一个通过点。使用该命令可以一次性创建多条射线。

命令的启动方法

- 菜单命令:【绘图】/【射线】。
- 面板:【默认】选项卡中【绘图】面板上的 按钮。
- 命令:RAY。

**【案例 4-3】** 绘制两个圆，然后利用 RAY 命令绘制射线。

| 命令：_ray 指定起点：CEN 于 | //捕捉圆心 |
|---|---|
| 指定通过点：<20 | //设定画线角度 |
| 指定通过点： | //单击点 A |
| 指定通过点：<110 | //设定画线角度 |
| 指定通过点： | //单击点 B |
| 指定通过点：<130 | //设定画线角度 |
| 指定通过点： | //单击点 C |
| 指定通过点：<-100 | //设定画线角度 |
| 指定通过点： | //单击点 D |
| 指定通过点： | //按 Enter 键结束 |

结果如图 4-12 所示。

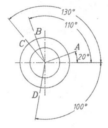

4-3　绘制射线

图 4-12　绘制射线

## 4.1.5　分解多线及多段线

EXPLODE 命令（缩写 X）可以将多线、多段线、块、标注及面域等复杂对象分解成 AutoCAD 基本图形对象。例如，连续的多段线是一个单独对象，使用 EXPLODE 命令将其分解后，多段线的每段都是独立对象。

**命令的启动方法**

- 菜单命令：【修改】/【分解】。
- 面板：【默认】选项卡中【修改】面板上的 按钮。
- 命令：EXPLODE 或缩写 X。

启动该命令，系统提示"选择对象"，选择图形对象后，AutoCAD 就会对其进行分解。

## 4.1.6　合并对象

JOIN 命令具有以下功能。

（1）将相连的直线段及圆弧等对象合并为一条多段线。

（2）将共线的、断开的线段连接为一条线段。

（3）将重叠的直线段或圆弧合并为单一对象。

**命令的启动方法**

- 菜单命令：【修改】/【合并】。
- 面板：【默认】选项卡中【修改】面板上的 按钮。

● 命令：JOIN。

启动该命令，选择首尾相连的线段及曲线对象，或者断开的共线对象，系统会分别将其创建成多段线或直线段，如图 4-13 所示。

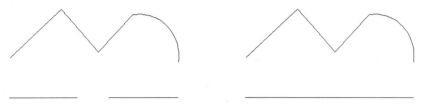

图 4-13  合并对象

### 4.1.7  删除重复对象

OVERKILL 命令用于删除重叠的线段、圆弧和多段线等对象。另外，此命令还能合并部分重叠或共线的连续对象。

*命令的启动方法*

● 菜单命令：【修改】/【删除重复对象】。
● 面板：【默认】选项卡中【修改】面板上的 按钮。
● 命令：OVERKILL。

启动 OVERKILL 命令，弹出【删除重复对象】对话框，如图 4-14 所示。通过此对话框可以控制处理重复对象的方式，包括以下几个方面。

（1）设置精度，以判断是否合并对象。

（2）处理重叠对象时可忽略对象的特性，如图层、颜色及线型等。

（3）将全部或部分重叠的共线对象合并为单一对象。

（4）将首尾相连的共线对象合并为单一对象。

图 4-14  【删除重复对象】对话框

### 4.1.8  上机练习——多段线的应用

【案例 4-4】  使用 LINE、CIRCLE、PEDIT 等命令绘制平面图形，如图 4-15 所示。该图形外轮廓线为多段线。

【案例 4-5】  使用 LINE、CIRCLE、PEDIT 等命令绘制平面图形，如图 4-16 所示。

【案例 4-6】  使用 LINE、CIRCLE、PLINE 及 RAY 等命令绘制平面图形，如图 4-17 所示。

4-4  绘制包含多段
线的平面图形（1）

4-5  绘制包含多段
线的平面图形（2）

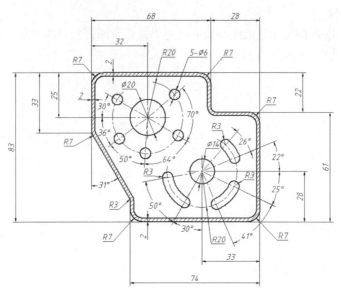

图 4-15　使用 LINE、CIRCLE、PEDIT 等命令绘制平面图形（1）

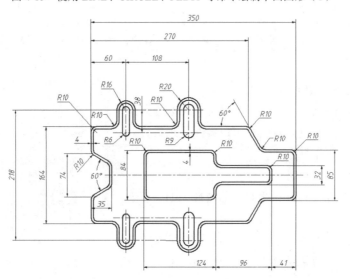

4-6　绘制包含多段
线的平面图形（3）

图 4-16　使用 LINE、CIRCLE、PEDIT 等命令绘制平面图形（2）

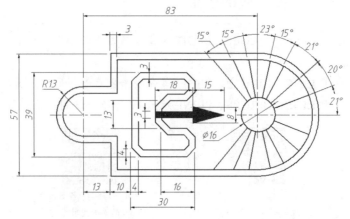

图 4-17　使用 LINE、CIRCLE、PLINE 及 RAY 等命令绘制平面图形

# 任务 4.2　创建点对象、等分点及测量点

在 AutoCAD 中，用户可以使用 POINT 命令创建单独的点对象，这些点可以使用捕捉代号 "NOD" 进行捕捉。点的外观由点样式控制，一般在创建点之前应先设置点的样式，但也可以先绘制点，再设置点样式。

DIVIDE 命令用于根据等分数目在图形对象上放置等分点，这些点并不分割对象，只是标明等分位置。AutoCAD 中可等分的图形对象包括线段、圆、圆弧、样条曲线及多段线等。

MEASURE 命令用于在图形对象上按指定距离放置点对象。对于不同类型的图形对象，测量距离的起始点也不同。当图形对象为线段、圆弧或多段线时，起始点位于距选择点最近的端点处。若是圆，则一般从 0° 开始测量。

命令的启动方法见表 4-3。

表 4-3　命令的启动方法

| 方式 | 点对象 | 等分点 | 测量点 |
| --- | --- | --- | --- |
| 菜单命令 | 【绘图】/【点】/【多点】 | 【绘图】/【点】/【定数等分】 | 【绘图】/【点】/【定距等分】 |
| 面板 | 【默认】选项卡中【绘图】面板上的 ⋯ 按钮 | 【默认】选项卡中【绘图】面板上的 ⚬ 按钮 | 【默认】选项卡中【绘图】面板上的 ⚬ 按钮 |
| 命令 | POINT 或缩写 PO | DIVIDE 或缩写 DIV | MEASURE 或缩写 ME |

【案例 4-7】　打开素材文件 "dwg\项目 4\4-7.dwg"，如图 4-18（a）所示，使用 POINT、DIVIDE、MEASURE 等命令将图 4-18（a）修改为图 4-18（b）。

4-7　创建等分点
及测量点

（1）设置点样式。选择菜单命令【格式】/【点样式】，打开【点样式】对话框，如图 4-19 所示。该对话框提供了多种样式的点，用户可以根据需要选择其中一种。此外，还可以通过【点大小】文本框指定点的大小，既可以相对于屏幕大小来设置点的大小，也可以直接输入点的绝对尺寸。

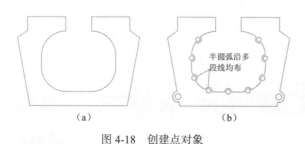

（a）　　　　　　　　　　（b）

图 4-18　创建点对象

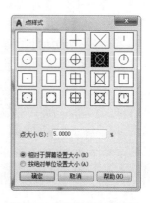

图 4-19　【点样式】对话框

（2）创建等分点及测量点。

```
命令：_divide                    //启动创建等分点命令
选择要定数等分的对象：           //选择多段线 A
```

| | |
|---|---|
| 输入线段数目或[块(B)]: 10 | //输入等分的数目 |
| 命令: _measure | //启动创建测量点命令 |
| 选择要定距等分的对象: | //在点 B 处选择线段 |
| 指定线段长度或[块(B)]: 36 | //输入测量长度 |
| 命令: | |
| MEASURE | //重复命令 |
| 选择要定距等分的对象: | //在点 C 处选择线段 |
| 指定线段长度或[块(B)]: 36 | //输入测量长度 |

结果如图 4-20（a）所示。

（3）绘制适当大小的圆及圆弧，结果如图 4-20（b）所示。

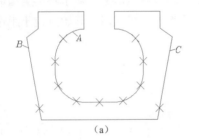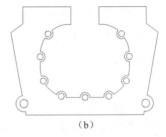

（a）                （b）

图 4-20  创建等分点并绘制圆、圆弧

# 任务 4.3  绘制圆环及圆点

DONUT 命令用于创建圆环或实心圆点。启动该命令后，用户依次输入圆环的内径、外径及圆心，系统就会生成圆环。若要绘制实心圆点，则指定内径为"0"即可。

**命令的启动方法**

- 菜单命令：【绘图】/【圆环】。
- 面板：【默认】选项卡中【绘图】面板上的 ◎ 按钮。
- 命令：DONUT 或缩写 DO。

4-8  练习使用
DONUT 命令

**【案例 4-8】** 练习使用 DONUT 命令。

| | |
|---|---|
| 命令: _donut | //启动创建圆环命令 |
| 指定圆环的内径 <2.0000>: 3 | //输入圆环内径 |
| 指定圆环的外径 <5.0000>: 6 | //输入圆环外径 |
| 指定圆环的中心点或<退出>: | //指定圆心 |
| 指定圆环的中心点或<退出>: | //按 Enter 键结束 |

结果如图 4-21 所示。

使用 DONUT 命令生成的圆环实际上是具有宽度的多段线，用户可以使用 PEDIT 命令编辑该对象。此外，还可以设定是否对圆环进行填充。当把变量 FILLMODE 设置为"1"时，系统将填充圆环，否则不填充。

图 4-21  绘制圆环

# 任务 4.4　面域造型

面域是指二维的封闭图形，它可以由线段、多段线、圆、圆弧及样条曲线等对象围成，但应保证相邻对象共享连接的端点，否则将不能创建面域。面域是一个单独对象，具有面积、周长、形心等几何特征，使用它作图与传统的作图方法截然不同，此时可以采用并运算、差运算、交运算等布尔运算来构造不同形状的面域。图 4-22 所示为 3 种布尔运算的结果。

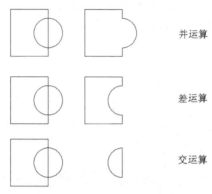

并运算

差运算

交运算

图 4-22　3 种布尔运算的结果

## 4.4.1　创建面域

REGION 命令用于生成面域。启动该命令后，用户选择一个或多个封闭图形，就能创建出面域。

【案例 4-9】　打开素材文件 "dwg\项目 4\4-9.dwg"，如图 4-23 所示，使用 REGION 命令将该图创建成面域。

单击【绘图】面板上的 ▣ 按钮，启动创建面域命令。

4-9　创建面域

```
命令: _region
选择对象: 找到 7 个    //选择矩形及两个圆，如图 4-23 所示
选择对象:             //按 Enter 键结束
```

图 4-23 中包含 3 个闭合区域，因而系统创建了 3 个面域。

图 4-23　创建面域

面域以线框的形式显示出来，用户既可以对面域进行移动、复制等操作，又可以利用 EXPLODE 命令分解面域，使其还原为原始图形对象。

### 4.4.2 并运算

并运算用于将所有参与运算的面域合并为一个新面域。

【案例 4-10】 打开素材文件"dwg\项目 4\4-10.dwg"，如图 4-24（a）所示，使用 UNION 命令将图 4-24（a）修改为图 4-24（b）。

选择菜单命令【修改】/【实体编辑】/【并集】，启动并运算命令。

4-10 并运算

```
命令：_union
选择对象：找到 7 个    //选择 5 个面域，如图 4-24（a）所示
选择对象：          //按 Enter 键结束
```

结果如图 4-24（b）所示。

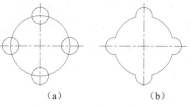

（a）　　　　　（b）

图 4-24　执行并运算

### 4.4.3 差运算

用户可以利用差运算从一个面域中去掉一个或多个面域，从而形成一个新面域。

【案例 4-11】 打开素材文件"dwg\项目 4\4-11.dwg"，如图 4-25（a）所示，使用 SUBTRACT 命令将图 4-25（a）修改为图 4-25（b）。

选择菜单命令【修改】/【实体编辑】/【差集】，启动差运算命令。

4-11 差运算

```
命令：_subtract
选择对象：找到 1 个    //选择大圆面域，如图 4-25（a）所示
选择对象：          //按 Enter 键
选择对象：总计 4 个    //选择 4 个小圆面域
选择对象          //按 Enter 键结束
```

结果如图 4-25（b）所示。

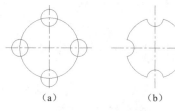

（a）　　　　　（b）

图 4-25　执行差运算

### 4.4.4 交运算

利用交运算可以求出各个相交面域的公共部分。

【案例 4-12】 打开素材文件"dwg\项目 4\4-12.dwg"，如图 4-26（a）所示，使用 INTERSECT 命令将图 4-26（a）修改为图 4-26（b）。

选择菜单命令【修改】/【实体编辑】/【交集】，启动交运算命令。

4-12 交运算

```
命令：_intersect
选择对象：找到 2 个    //选择圆面域及矩形面域，如图 4-26(a)
所示
选择对象：          //按 Enter 键结束
```

结果如图 4-26（b）所示。

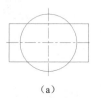

（a）　　　　　（b）

图 4-26　执行交运算

### 4.4.5 面域造型应用实例

面域造型的特点是通过面域对象的并运算、交运算或差运算来创建图形。当图形边界比较复杂时，这种作图方法的效率非常高。要采用这种方法作图，首先必须对图形进行分析，以确定应生成哪些面域对象，然后考虑如何进行布尔运算，从而形成最终图形。例如，图4-27所示的图形可以看成由一系列矩形面域组成，对这些面域进行并运算就形成了所需图形。

4-13 利用面域造型法绘制平面图形

【案例4-13】 利用面域造型法绘制图4-27所示的图形。

（1）绘制两个矩形并将它们创建成面域，结果如图4-28所示。

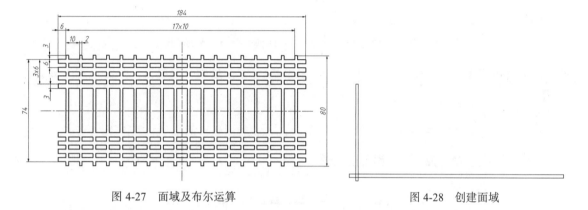

图4-27 面域及布尔运算                    图4-28 创建面域

（2）阵列矩形面域，再进行镜像操作，结果如图4-29所示。

（3）对所有矩形面域执行并运算，结果如图4-30所示。

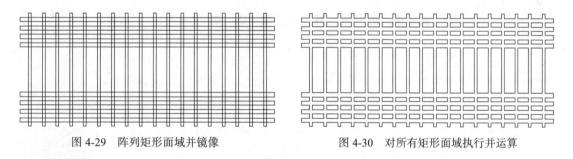

图4-29 阵列矩形面域并镜像              图4-30 对所有矩形面域执行并运算

## 【综合实训】

# 综合实训1——创建多段线、圆点及面域

【案例4-14】 使用 LINE、PLINE 及 DONUT 等命令绘制平面图形，如图4-31所示。图中箭头及实心矩形使用 PLINE 命令绘制。

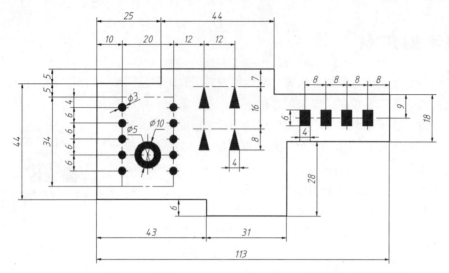

4-14 绘制包含圆点、多段线等对象的图形（1）

图 4-31 使用 LINE、PLINE 及 DONUT 等命令绘制平面图形（1）

**【案例 4-15】** 使用 PLINE、DONUT 及 ARRAY 等命令绘制平面图形，如图 4-32 所示。

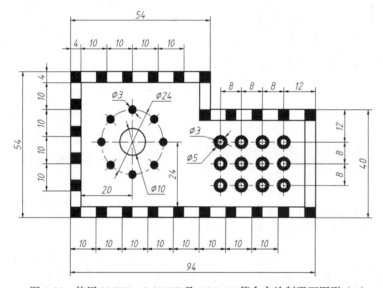

4-15 绘制包含圆点、多段线等对象的图形（2）

图 4-32 使用 PLINE、DONUT 及 ARRAY 等命令绘制平面图形（2）

**【案例 4-16】** 使用 LINE、PLINE、DONUT 及 ARRAYPATH 等命令绘制图 4-33 所示的图形。图中实心矩形可以用多段线命令创建，可以利用沿路径阵列命令对其进行均布。

4-16 绘制包含圆点、多段线等对象的图形（3）

**【案例 4-17】** 使用 LINE、PLINE 及 DONUT 等命令绘制平面图形，尺寸自定，如图 4-34 所示。图形轮廓及箭头都是多段线。

**【案例 4-18】** 使用 LINE、PEDIT 及 DIVIDE 等命令绘制平面图形，如图 4-35 所示。图中心线是多段线。

**【案例 4-19】** 使用面域造型法绘制图 4-36 所示的图形。

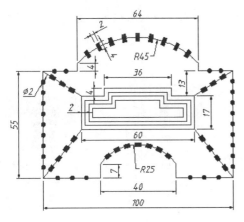

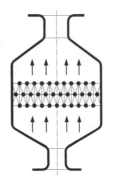

4-17 绘制包含
圆点、多段线等
对象的图形（4）

图 4-33　使用 PLINE、DONUT 等命令绘图（3）　　图 4-34　使用 PLINE、DONUT 等命令绘图（4）

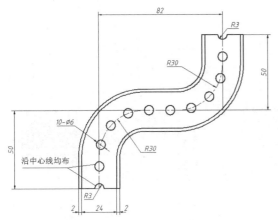

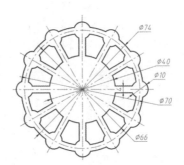

4-18 绘制多段线
及等分对象

4-19 面域造型

图 4-35　使用 PEDIT、DIVIDE 等命令绘图　　　图 4-36　创建面域后执行布尔运算

# 综合实训 2——绘制三视图及剖视图

【案例 4-20】 根据图 4-37 所示的视图轮廓及轴测图绘制三视图及剖视图。主视图采用全剖方式。

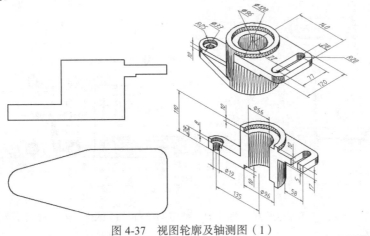

4-20 绘制组合体
三视图及剖视图
（1）

图 4-37　视图轮廓及轴测图（1）

【案例 4-21】 根据图 4-38 所示的视图轮廓及轴测图绘制三视图及剖视图。主视图采用阶梯剖方式。

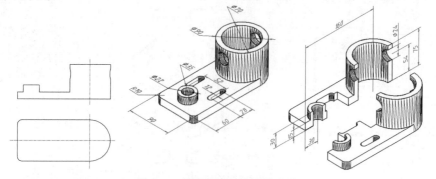

4-21 绘制组合体
三视图及剖视图
（2）

图 4-38 视图轮廓及轴测图（2）

【案例 4-22】 根据图 4-39 所示的轴测图绘制三视图。

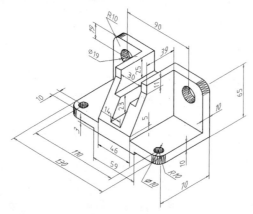

4-22 绘制组合体
三视图

图 4-39 轴测图

## 【实战演练】

1. 使用 LINE、PEDIT、OFFSET 等命令绘制平面图形，如图 4-40 所示。

2. 使用 MLINE、PLINE、DONUT 等命令绘制平面图形，如图 4-41 所示。

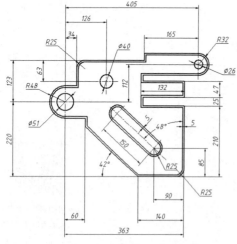

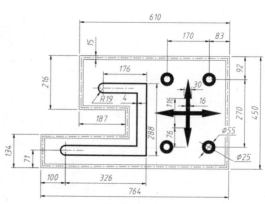

图 4-40 使用 LINE、PEDIT、OFFSET 等命令绘制 平面图形

图 4-41 使用 MLINE、PLINE、DONUT 等命令绘制 平面图形

3. 使用 DIVIDE、DONUT、REGION 及 UNION 等命令绘制平面图形，如图 4-42 所示。

4. 使用面域造型法绘制图 4-43 所示的图形。

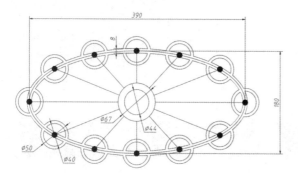

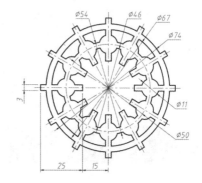

图 4-42　使用 DIVIDE、DONUT、REGION 及 UNION
等命令绘制平面图形

图 4-43　创建面域后执行布尔运算（1）

5. 使用面域造型法绘制图 4-44 所示的图形。

6. 使用面域造型法绘制图 4-45 所示的图形。

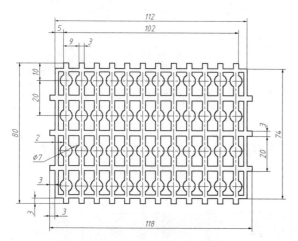

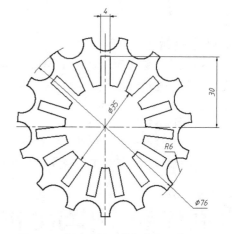

图 4-44　创建面域后执行布尔运算（2）

图 4-45　创建面域后执行布尔运算（3）

7. 根据图 4-46 所示的轴测图绘制三视图。

8. 根据图 4-47 所示的轴测图绘制三视图。

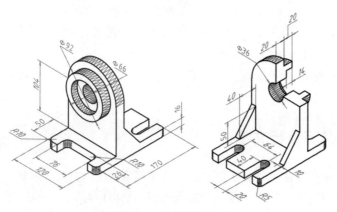

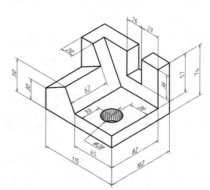

图 4-46　轴测图（1）

图 4-47　轴测图（2）

项目 5
书写文字及标注尺寸

## 【项目导读】

在机械制图中，只有对图形添加说明文字和尺寸标注，才能更好地表达设计者的意图，也才能使得读图人员更容易读懂图纸要表达的内容。使用 AutoCAD 书写文字和标注尺寸是高效表达图意的必需能力。

## 【学习目标】

通过学习本项目，读者应了解文字样式和标注样式的基本概念，学会创建单行文字和多行文字，并掌握标注各类尺寸的方法等。

## 【能力目标】

通过学习本项目，读者应学会创建、编辑单行文字及多行文字，学会创建各类尺寸，在书写文字和标注尺寸过程中掌握各类标注技巧，培养与他人合作标注图形的能力。

# 任务 5.1  书写文字的方法

AutoCAD 中有两类文字对象：一类是单行文字；另一类是多行文字。它们分别由 TEXT 和 MTEXT 命令来创建。一般来讲，比较简短的文字（如标题栏信息、尺寸标注说明等）常采用单行文字，而带有段落格式的信息（如工艺流程、技术条件等）常采用多行文字。

AutoCAD 生成的文字对象的外观由与它关联的文字样式决定。默认情况下，Standard 文字样式是当前样式，用户也可以根据需要创建新的文字样式。

本任务的主要内容包括：创建与修改文字样式，书写单行文字、多行文字，添加特殊字符等。

## 5.1.1  创建国标文字样式及书写单行文字

文字样式主要用于控制与文字连接的字体文件、字符宽度、文字倾斜角度及高度等属性。用户可以针对不同风格的文字创建对应的文字样式，这样在输入文字时就可以用相应的文字样式来控制文字外观。例如，用户可以建立专门用于控制尺寸标注文字和设计说明文字外观的文字样式。

TEXT 命令用于创建单行文字对象。发出此命令后，用户不仅可以设定文字的对齐方式和倾斜角度，还可以用十字光标在不同地方选取点以定位文字位置（系统变量 TEXTED 不等于 0）。该特性使用户只发出一次命令就能在图形的多个区域放置文字。

命令的启动方法见表 5-1。

表 5-1　命令的启动方法

| 方式 | 文字样式 | 单行文字 |
|------|----------|----------|
| 菜单命令 | 【格式】/【文字样式】 | 【绘图】/【文字】/【单行文字】 |
| 面板 | 【默认】选项卡中【注释】面板上的 A, 按钮 | 【默认】选项卡中【注释】面板上的 A 按钮 |
| 命令 | STYLE 或缩写 ST | TEXT 或缩写 DT |

【案例 5-1】　创建国标文字样式及添加单行文字。

（1）打开素材文件 "dwg\项目 5\5-1.dwg"。

（2）单击【注释】面板上的 A, 按钮，打开【文字样式】对话框。

（3）单击 新建(N)... 按钮，打开【新建文字样式】对话框，在【样式名】文本框中输入文字样式的名称"工程文字"，如图 5-1 所示。

5-1　创建国标文字样式及添加单行文字

（4）单击 确定 按钮，返回【文字样式】对话框，在【SHX 字体】下拉列表中选择【gbeitc.shx】选项，再选中【使用大字体】复选框，然后在【大字体】下拉列表中选择【gbcbig.shx】，如图 5-2所示。

图 5-1　【新建文字样式】对话框

图 5-2　【文字样式】对话框

AutoCAD 提供了符合国标的字体文件。在工程图中，中文字体采用"gbcbig.shx"，该字体文件包含长仿宋字；西文字体采用"gbeitc.shx"或"gbenor.shx"，前者是斜体，后者是正体。

（5）单击 应用(A) 按钮，然后关闭【文字样式】对话框。

（6）使用 TEXT 命令创建单行文字，如图 5-3 所示。

单击【注释】面板上的 A 按钮，启动创建单行文字命令。

```
命令: _text
指定文字的起点或[对正(J)/样式(S)]:          //单击点 A
指定高度 <3.0000>: 5                        //输入文字高度
指定文字的旋转角度 <0>:                      //按 Enter 键
```

横臂升降机构 　　　　　　　　　　　　//输入文字
行走轮 　　　　　　　　　　　　　　　//在点 *B* 处单击，并输入文字
行走轨道 　　　　　　　　　　　　　　//在点 *C* 处单击，并输入文字
行走台车 　　　　　　　　　　　　　　//在点 *D* 处单击，输入文字并按 `Enter` 键
台车行走速度 5.72m/min 　　　　　　//输入文字并按 `Enter` 键
台车行走电机功率 3kW 　　　　　　　//输入文字
立架 　　　　　　　　　　　　　　　　//在点 *E* 处单击，并输入文字
配重系统 　　　　　　　　　　　　　　//在点 *F* 处单击，输入文字并按 `Enter` 键
　　　　　　　　　　　　　　　　　　 //按 `Enter` 键结束

命令:
TEXT 　　　　　　　　　　　　　　　//重复命令
指定文字的起点或[对正(J)/样式(S)]: 　//单击点 *G*
指定高度 <5.0000>: 　　　　　　　　//按 `Enter` 键
指定文字的旋转角度 <0>: 90 　　　　//输入文字旋转角度
设备总高 5500 　　　　　　　　　　　//输入文字并按 `Enter` 键
　　　　　　　　　　　　　　　　　　 //按 `Enter` 键结束

再在点 *H* 处输入"横臂升降行程1500"，结果如图 5-3 所示。

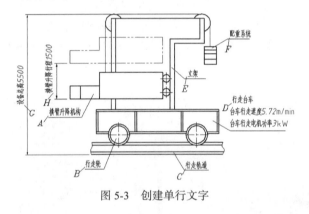

图 5-3　创建单行文字

 　　如果发现图形中的文字没有正确显示出来，多数情况是由于文字样式所连接的字体不合适。

（1）【文字样式】对话框中常用选项的功能介绍如下。

- [新建(N)...] 按钮：单击此按钮可以创建新文字样式。
- [删除(D)] 按钮：在【样式】列表框中选择一个文字样式，再单击此按钮，就可以将该文字样式删除。当前文字样式和正在使用的文字样式不能被删除。
- 【SHX 字体】：此下拉列表中罗列了所有字体。带有双"T"标志的字体是 Windows 系统提供的"TrueType"字体，其他字体是系统自己的字体（*.shx），其中"gbenor.shx"（正体西文）和"gbeitc.shx"（斜体西文）字体是符合国标的工程字体。
- 【使用大字体】：大字体是指专为亚洲国家设计的文字字体。其中"gbcbig.shx"字体是符合国标的工程汉字字体，该字体文件还包含一些常用的特殊符号。由于"gbcbig.shx"字体中不包含西文字体定义，因此可以将其与"gbenor.shx"和"gbeitc.shx"字体配合使用。
- 【高度】：输入字体高度。如果用户在该文本框中指定了文字高度，那么当使用 TEXT（单

行文字）命令时，系统将不再提示"指定高度"。

- 【颠倒】：选中此复选框，文字将上下颠倒显示，如图 5-4 所示。该复选框仅影响单行文字。

**AutoCAD 2020**
取消选中【颠倒】复选框

取消选中和选中【颠倒】复选框
选中【颠倒】复选框

图 5-4　取消选中和选中【颠倒】复选框

- 【反向】：选中此复选框，文字将首尾反向显示，如图 5-5 所示。该复选框仅影响单行文字。

**AutoCAD 2020**
取消选中【反向】复选框

选中【反向】复选框

图 5-5　取消选中和选中【反向】复选框

- 【垂直】：选中此复选框，文字将沿竖直方向排列，如图 5-6 所示。

AutoCAD
取消选中【垂直】复选框

A
u
t
o
C
A
D
选中【垂直】复选框

图 5-6　取消选中和选中【垂直】复选框

- 【宽度因子】：默认的宽度因子为 1。若输入小于 1 的数值，则文字变窄；若输入大于 1 的数值，则文字变宽，如图 5-7 所示。

**AutoCAD 2020**
宽度因子为 1

**AutoCAD 2020**
宽度因子为 0.7

图 5-7　调整宽度因子

- 【倾斜角度】：用于指定文字的倾斜角度。当角度值为正时，向右倾斜；当为负时，向左倾斜，如图 5-8 所示。

*AutoCAD 2020*
倾斜角度为 30°

AutoCAD2020
倾斜角度为-30°

图 5-8　设置文字倾斜角度

（2）TEXT 命令的常用选项介绍如下。

- 对正(J)：设定文字的对齐方式。

对齐(A)："对正(J)"选项的子选项。当使用此选项时，系统提示指定文字分布的起始点和结束点。当用户选定两点并输入文字后，系统会把文字压缩或扩展，使其充满指定的宽度范围，而文字高度按适当比例进行变化，以使文字不至于被扭曲，如图 5-9（a）所示。

布满(F)："对正(J)"选项的子选项。当使用此选项时，系统提示指定文字分布的起始点、结束点及文字高度。当用户选定两点并输入文字后，系统会把文字压缩或扩展，使其充满指定的宽度范围，如图 5-9（b）所示。

计算机辅助设计与制造
起始点
结束点
（a）
计算机辅助设计与制造
起始点
结束点
（b）

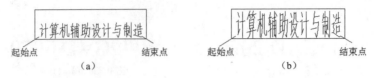

图 5-9　利用“对齐(A)”及“布满(F)”选项填写文字

- 样式(S)：指定当前文字样式。

## 5.1.2　修改文字样式

修改文字样式也是在【文字样式】对话框中进行的，其过程与创建文字样式相似，这里不再重复介绍。

在修改文字样式时，用户应注意以下几点。

（1）修改完成后，单击【文字样式】对话框中的 应用(A) 按钮，则修改生效，系统立即更新图样中与此文字样式关联的文字。

（2）当改变文字样式连接的字体文件时，系统会改变所有文字的外观。

（3）当修改文字的【颠倒】【反向】【垂直】特性时，系统将改变单行文字的外观；当修改文字的【高度】【宽度因子】【倾斜角度】时，不会使已有单行文字的外观改变，但将影响此后创建的文字对象。

（4）对于多行文字，只有【垂直】【宽度因子】【倾斜角度】选项才影响其外观。

## 5.1.3　在单行文字中加入特殊符号

工程图中用到的许多符号不能通过标准键盘直接输入，如文字的下画线、直径符号等。当用户使用 TEXT 命令创建文字注释时，必须输入特殊代码来产生特定符号。这些特殊代码及对应的特殊符号见表 5-2。

**表 5-2　特殊符号的代码**

| 代码 | 符号 |
|---|---|
| %%o | 文字的上画线 |
| %%u | 文字的下画线 |
| %%d | 角度的度符号 |
| %%p | 表示“±” |
| %%c | 直径符号 |

使用表 5-2 中的代码生成特殊符号的样例如图 5-10 所示。

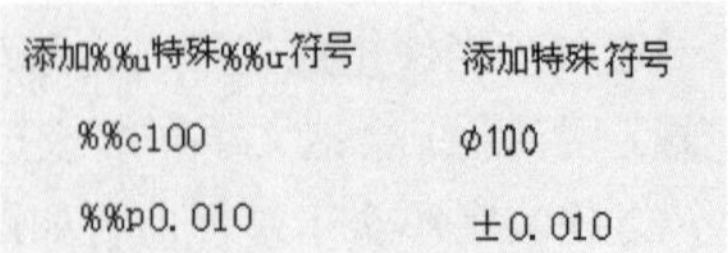
添加%%u特殊%%u符号
添加特殊符号
%%c100
ϕ100
%%p0.010
±0.010

图 5-10　创建特殊符号

## 5.1.4 创建多行文字

MTEXT 命令可以创建复杂的说明文字。使用 MTEXT 命令生成的段落文字称为多行文字，它可以由任意数目的文字行组成，所有文字构成一个单独对象。在使用 MTEXT 命令时，用户可以指定文字分布的宽度（文字可以沿竖直方向无限延伸）。另外，用户还能设置多行文字中单个文字或某一部分文字的属性（包括文字的字体、倾斜角度和高度等）。

**命令的启动方法**

- 菜单命令:【绘图】/【文字】/【多行文字】。
- 面板:【默认】选项卡中【注释】面板上的 **A** 按钮。
- 命令: MTEXT 或缩写 T。

【**案例 5-2**】 使用 MTEXT 命令创建多行文字，文字内容如图 5-11 所示。在使用该命令创建多行文字前，用户一般要设定当前绘图区域的大小（或绘图窗口高度），这样便于估计新建文字在绘图区域中显示的大致高度，避免其外观过大或过小。

（1）设定绘图窗口高度为 80 个图形单位。

（2）创建新文字样式，并使该文字样式成为当前文字样式。新文字样式的名称为"文字样式-1"，与其相连的字体文件是"gbeitc.shx"和"gbcbig.shx"。

5-2 利用 MTEXT
命令创建多行文字

（3）单击【注释】面板上的 **A** 按钮，系统提示如下。

```
命令: _mtext
指定第一角点:                  //在点 A 处单击
指定对角点:                    //在点 B 处单击
```

（4）系统弹出【文字编辑器】选项卡及多行文字编辑器。在【样式】面板的【文字高度】文本框中输入数值"3.5"，然后在多行文字编辑器中输入文字，如图 5-12 所示。

图 5-11　创建多行文字

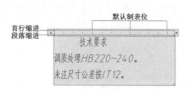

图 5-12　输入文字

多行文字编辑器顶部带有标尺，用户利用标尺既可以设置首行文字及段落文字的缩进，又可以设置制表位，操作方法如下。

- 拖动标尺上第 1 行的缩进滑块可以改变所选段落第 1 行的缩进位置。
- 拖动标尺上第 2 行的缩进滑块可以改变所选段落其余行的缩进位置。
- 标尺上显示了默认的制表位。如果要设置新的制表位，可以单击标尺；如果要删除创建的制表位，可以按住制表位，将其拖出标尺。

（5）选中"技术要求"文字，然后在【文字高度】文本框中输入数值"5"，按 Enter 键，结果如图 5-13 所示。

（6）选中其他文字，单击【段落】面板上 按钮右边的 按钮，在弹出的菜单中选择【以数字标记】命令，再利用标尺上第 2 行的缩进滑块调整标记数字与文字的距离，结果如图 5-14 所示。

图 5-13　修改文字高度　　　　　　　　图 5-14　添加标记数字

（7）单击【关闭】面板上的 ✔ 按钮，结果如图 5-11 所示。

## 5.1.5　添加特殊字符

以下案例演示了如何在多行文字中添加特殊字符，文字内容如下。

蜗轮分度圆直径=φ100
蜗轮蜗杆传动箱钢板厚度≥5

【案例 5-3】　添加特殊字符。

（1）设定绘图窗口高度为 50 个图形单位。

（2）创建新文字样式，并使该文字样式成为当前文字样式。新文字样式的名称为"样式 1"，与其相连的字体文件是"gbeitc.shx"和"gbcbig.shx"。

（3）单击【注释】面板上的 A 按钮，再指定文字分布宽度，系统打开【文字编辑器】选项卡，在【样式】面板的【文字高度】文本框中输入数值"3.5"，然后输入文字，如图 5-15 所示。

5-3　在多行文字中加入特殊字符

（4）在需要插入直径符号的地方单击，然后单击鼠标右键，在弹出的快捷菜单中选择【符号】/【直径】命令，结果如图 5-16 所示。

（5）在多行文字编辑器中单击鼠标右键，弹出快捷菜单，选择【符号】/【其他】命令，打开【字符映射表】对话框。

（6）在对话框的【字体】下拉列表中选择【Symbol】字体，然后选择需要的"≥"符号，如图 5-17 所示。

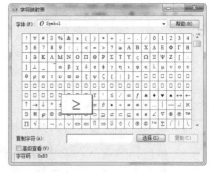

图 5-15　输入文字　　　图 5-16　插入直径符号　　　图 5-17　【字符映射表】对话框

 　　若要标注沉孔、孔深或锥度等，则可以在【字符映射表】对话框中选择【GDT】字体。

（7）单击 选择(S) 按钮，再单击 复制(C) 按钮。

（8）返回多行文字编辑器，在需要插入"≥"符号的地方单击，然后单击鼠标右键，在弹出的快捷菜单中选择【粘贴】命令，结果如图 5-18 所示。粘贴"≥"符号后，系统将自动换行。

（9）把"≥"符号的高度修改为"3.5"，再将光标放置在此符号的后面，按 Delete 键，结果如图 5-19 所示。

图 5-18　插入"≥"符号

图 5-19　修改字符高度等

（10）单击【关闭】面板上的 ✔ 按钮。

工程图中用到的特殊字符一般包含在 GDT 字体文件中。进入多行文字编辑器后，指定当前字体文件为 GDT，输入相关字母就可得到对应符号，见表 5-3。

表 5-3　GDT 字体符号表

| 字母 | 符号 | 说明 | 字母 | 符号 | 说明 |
| --- | --- | --- | --- | --- | --- |
| a | a | 倾斜度（斜度） | n | n | 直径 |
| b | b | 垂直度 | o | o | 正方形 |
| c | c | 平面度 | p | p | 延伸公差 |
| d | d | 面轮廓度 | q | q |  |
| e | e | 圆度 | r | r | 同轴度 |
| f | f | 平行度 | s | s | 独立原则 |
| g | g | 圆柱度 | t | t | 全跳动 |
| h | h | 圆跳动 | u | u | 直线度 |
| i | i | 对称度 | v | v | 沉孔或锪平 |
| j | j | 位置度 | w | w | 倒角型沉孔 |
| k | k | 线轮廓度 | x | x | 孔深 |
| l | l | 最小实体要求 | y | y | 圆锥锥度 |
| m | m | 最大实体要求 | z | z | 斜坡度 |

## 5.1.6　创建分数及公差形式文字

下面使用多行文字编辑器创建分数及公差形式文字，文字内容如图 5-20 所示。

【案例 5-4】　创建分数及公差形式文字。

（1）打开【文字编辑器】选项卡，设置字体为【gbeitc.shx】，输入多行文字，如图 5-21 所示。

$\varnothing 100 \frac{H7}{m6}$

$200^{+0.020}_{-0.016}$

图 5-20　文字内容

图 5-21　输入多行文字

5-4　创建分数及公差形式文字

（2）选择文字"H7/m6"，单击鼠标右键，在弹出的快捷菜单中选择【堆叠】命令，结果如图 5-22 所示。

（3）选择文字"＋0.020^－0.016"，单击鼠标右键，在弹出的快捷菜单中选择【堆叠】命令，结果如图 5-23 所示。

图 5-22　创建分数形式文字　　　　　　　　　图 5-23　　创建公差形式文字

（4）单击【关闭】面板上的 ✔ 按钮。

通过堆叠文字的方法也可以创建文字的上标或下标，输入方式为"上标^"或"^下标"。例如，输入"53^"，选中"3^"，单击鼠标右键，在弹出的快捷菜单中选择【堆叠】命令，结果为"$5^3$"。

## 5.1.7　编辑文字

编辑文字的常用方法有以下 3 种。

（1）双击文字就可以编辑。对于单行文字及多行文字，将分别打开文字编辑框及【文字编辑器】选项卡。

（2）使用 TEDIT 命令编辑单行文字或多行文字。选择单行文字，系统显示文字编辑框；选择多行文字，系统打开【文字编辑器】选项卡。

（3）使用 PROPERTIES 命令修改文字。选择需要修改的文字后，单击鼠标右键，弹出快捷菜单，选择【特性】命令，启动 PROPERTIES 命令，打开【特性】对话框。在此对话框中，用户不仅能修改文字内容，还能编辑文字的其他许多属性，如倾斜角度、对齐方式、高度及文字样式等。

【案例 5-5】　打开素材文件"dwg\项目 5\5-5.dwg"，如图 5-24（a）所示，修改文字内容、字体及高度，结果如图 5-24（b）所示。图 5-24（b）中的文字特性如下。

- "技术要求"：文字高度为"5"，字体文件为"gbeitc.shx""gbcbig.shx"。
- 其余文字：文字高度为"3.5"，字体文件为"gbeitc.shx""gbcbig.shx"。

（1）创建新文字样式，新文字样式的名称为"工程文字"，与其相连的字体文件是"gbeitc.shx""gbcbig.shx"。

（2）双击"蓄能器""行程开关"等单行文字，修改其内容，再使用 PROPERTIES 命令将这些文字高度修改为"3.5"，并使其与文字样式"工程文字"相连，结果如图 5-25（a）所示。

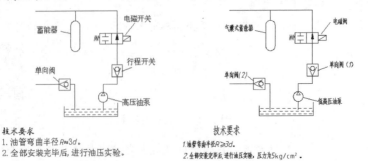

5-5　修改文字
内容、字体及高度

（a）　　　　　　　　　　　　　　（b）

图 5-24　编辑文字

（3）双击"技术要求"等多行文字，修改其内容，再改变文字高度，并使其与文字样式"工程文字"相连，结果如图5-25（b）所示。

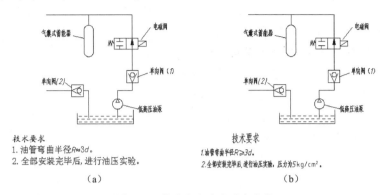

（a）　　　　　　　　　　　　　　（b）

图 5-25　修改文字内容及高度等

## 5.1.8　在零件图中使用注释性文字

在零件图中书写一般文字对象时，需要注意的一个问题是文字高度应设置为图纸上的实际高度与打印比例倒数的乘积。例如，文字在图纸上的高度为"3.5"，打印比例为1∶2，则书写文字时，文字高度应设定为"7"。

若采用注释性文字标注工程图，则方便得多。只需设置注释性文字，当前注释比例等于出图比例，就能保证出图后文字高度与最初设定的高度一致。例如，设定文字高度为"3.5"，设置系统当前注释比例为1∶2，创建文字后，其注释比例也为1∶2，以1∶2比例出图后，文字在图纸上的高度仍为"3.5"。

创建注释性文字的过程如下。

（1）创建注释性文字样式。若文字样式是注释性的，则与其关联的文字就是注释性的。在【文字样式】对话框中选中【注释性】复选框，就可以将文字样式修改为注释性文字样式，如图5-26所示。

（2）单击 AutoCAD 状态栏中的 ![] 1:1 ▾ 按钮，设定当前注释比例，该比例等于打印比例。

（3）创建文字，文字高度设定为图纸上的实际高度。该文字对象是注释性文字，具有注释比例属性，比例为当前注释比例。

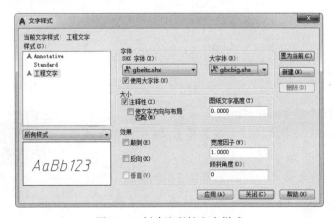

图 5-26　创建注释性文字样式

## 5.1.9 上机练习——填写明细表及创建单行文字和多行文字

**【案例 5-6】** 在表格中添加文字的技巧。

5-6 在表格中添加文字的技巧

（1）打开素材文件“dwg\项目 5\5-6.dwg”。

（2）创建新文字样式，并使其成为当前文字样式。新文字样式的名称为“工程文字”，与其相连的字体文件是“gbeitc.shx”“gbcbig.shx”。

（3）使用 TEXT 命令在明细表底部最后一行第一列中书写文字“序号”，文字高度为“5”，结果如图 5-27 所示。

（4）使用 COPY 命令将“序号”由点 *A* 复制到点 *B*、*C*、*D*、*E*，结果如图 5-28 所示。

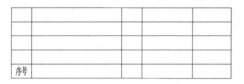

图 5-27 书写文字“序号”

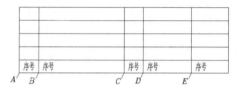

图 5-28 复制对象

（5）双击文字，编辑文字内容，再使用 MOVE 命令调整“名称”“材料”等文字的位置，结果如图 5-29 所示。

（6）将已经填写的文字向上阵列，结果如图 5-30 所示。

| | | | | |
|---|---|---|---|---|
| | | | | |
| | | | | |
| | | | | |
| | | | | |
| 序号 | 名称 | 数量 | 材料 | 备注 |

图 5-29 编辑文字内容

| | | | | |
|---|---|---|---|---|
| 序号 | 名称 | 数量 | 材料 | 备注 |
| 序号 | 名称 | 数量 | 材料 | 备注 |
| 序号 | 名称 | 数量 | 材料 | 备注 |
| 序号 | 名称 | 数量 | 材料 | 备注 |
| 序号 | 名称 | 数量 | 材料 | 备注 |

图 5-30 阵列文字

（7）双击文字，修改文字内容，结果如图 5-31 所示。

（8）将序号及数量数字移动到表格的中间位置，结果如图 5-32 所示。

| | | | | |
|---|---|---|---|---|
| 4 | 转轴 | 1 | 45 | |
| 3 | 定位板 | 2 | Q235 | |
| 2 | 轴承盖 | 1 | HT200 | |
| 1 | 轴承座 | 1 | HT200 | |
| 序号 | 名称 | 数量 | 材料 | 备注 |

图 5-31 修改文字内容

| | | | | |
|---|---|---|---|---|
| 4 | 转轴 | 1 | 45 | |
| 3 | 定位板 | 2 | Q235 | |
| 2 | 轴承盖 | 1 | HT200 | |
| 1 | 轴承座 | 1 | HT200 | |
| 序号 | 名称 | 数量 | 材料 | 备注 |

图 5-32 移动文字

**【案例 5-7】** 打开素材文件“dwg\项目 5\5-7.dwg”，在图中添加单行文字，如图 5-33 所示。文字高度为“3.5”，字体采用“楷体”。

**【案例 5-8】** 打开素材文件“dwg\项目 5\5-8.dwg”，在图中添加单行文字和特殊符号，如图 5-34 所示。文字高度为“5”，中文字体文件采用“gbcbig.shx”，西文字体文件采用“gbenor.shx”。

5-7 添加单行文字

5-8 添加单行文字和特殊符号

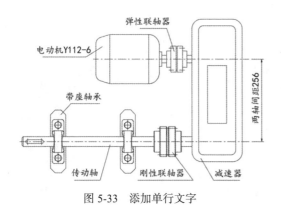

图 5-33　添加单行文字

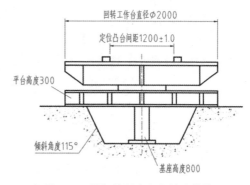

图 5-34　添加单行文字和特殊符号

**【案例 5-9】** 打开素材文件 "dwg\项目 5\5-9.dwg"，在图中添加多行文字和特殊符号，如图 5-35 所示。图中的文字特性如下。

- "$\alpha$" "$\lambda$" "$\delta$" "$\approx$" "$\geqslant$"：字体高度为 "4"，字体采用 "Symbol"。
- 其他文字：字体高度为 "5"，中文字体文件采用 "gbcbig.shx"，西文字体文件采用 "gbeitc.shx"。

5-9　添加多行文字和特殊符号

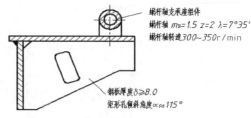

图 5-35　添加多行文字和特殊符号

# 任务 5.2　创建表格对象

在 AutoCAD 中，用户可以创建表格对象。当创建该对象时，系统先生成一个空白表格，用户可以在该表格中填入文字信息。用户既可以很方便地修改表格的宽度、高度及表格中的文字，又可以按行、列的方式删除表格单元或合并表格中的相邻单元。

## 5.2.1　表格样式

表格对象的外观由表格样式控制。默认情况下，表格样式是 "Standard"，用户也可以根据需要创建新的表格样式。应用 "Standard" 表格样式的表格外观如图 5-36 所示，第 1 行是标题行，第 2 行是表头行，其他行是数据行。

图 5-36　表格外观

在表格样式中，用户既可以设定表格单元文字的文字样式、文字高度、对齐方式及表格单元的填充颜色，又可以设定单元边框的线宽、颜色，以及控制是否将边框显示出来。

**命令的启动方法**

- 菜单命令：【格式】/【表格样式】。
- 面板：【默认】选项卡中【注释】面板上的 ▦ 按钮。
- 命令：TABLESTYLE。

【案例 5-10】 创建新的表格样式。

（1）创建新的文字样式，新文字样式的名称为"工程文字"，与其相连的字体文件是 "gbeitc.shx" "gbcbig.shx"。

5-10 创建新的
表格样式

（2）单击【注释】面板上的 ▦ 按钮，打开【表格样式】对话框，如图 5-37
所示，利用该对话框可以新建、修改及删除表格样式。

（3）单击 新建(N)... 按钮，弹出【创建新的表格样式】对话框，在【基础样式】下拉列表中
选择原始样式【Standard】，该原始样式为新样式提供默认设置；在【新样式名】文本框中输入
新表格样式的名称"表格样式-1"，如图 5-38 所示。

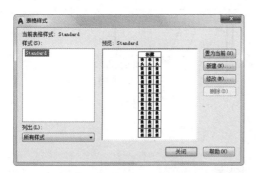

图 5-37 【表格样式】对话框

图 5-38 【创建新的表格样式】对话框

（4）单击 继续 按钮，打开【新建表格样
式：表格样式-1】对话框。在【单元样式】下拉
列表中分别选择【数据】【标题】【表头】选项，
在【文字】选项卡中指定文字样式为【工程文字】，
文字高度为 "3.5"，如图 5-39 所示，在【常规】
选项卡中指定文字的对齐方式为【正中】。

（5）单击 确定 按钮，返回【表格样式】
对话框，单击 置为当前(U) 按钮，使新的表格样式成
为当前表格样式。

【新建表格样式：表格样式-1】对话框中常用
选项的功能介绍如下。

（1）【常规】选项卡。

图 5-39 【新建表格样式：表格样式-1】对话框

- 【填充颜色】：指定表格单元的背景颜色，默认为【无】。
- 【对齐】：设置表格单元中文字的对齐方式。
- 【水平】：设置单元文字与左右单元边界的距离。
- 【垂直】：设置单元文字与上下单元边界的距离。

（2）【文字】选项卡。

- 【文字样式】：选择文字样式，单击 按钮，打开【文字样式】对话框，利用该对话框可以创建新的文字样式。
- 【文字高度】：设置文字高度。
- 【文字角度】：设置文字的倾斜角度。逆时针为正，顺时针为负。

（3）【边框】选项卡。

- 【线宽】：指定表格单元的边界线宽。
- 【颜色】：指定表格单元的边界颜色。
- 按钮：将边界特性设置应用于所有单元。
- 按钮：将边界特性设置应用于单元的外部边界。
- 按钮：将边界特性设置应用于单元的内部边界。
- 、、、按钮：将边界特性设置应用于单元的底、左、上、右边界。
- 按钮：隐藏单元边界。

（4）【表格方向】下拉列表。

- 【向下】：创建自上向下读取的表格对象。标题行和表头行位于表格上部。
- 【向上】：创建自下向上读取的表格对象。标题行和表头行位于表格下部。

## 5.2.2 创建及修改空白表格

TABLE 命令用于创建空白表格，空白表格的外观由当前表格样式决定。在使用该命令时，用户需要输入的主要参数有行数、列数、行高及列宽等。

【案例 5-11】 创建图 5-40 所示的空白表格。

（1）创建新文字样式，新文字样式的名称为"工程文字"，与其相连的字体文件是"gbeitc.shx""gbcbig.shx"。

（2）创建新表格样式，新表格样式的名称为"表格样式-1"，与其相连的文字样式为"工程文字"，文字高度设定为"3.5"。

5-11 创建及修改
空白表格

（3）单击【注释】面板上的 按钮，打开【插入表格】对话框，如图 5-41 所示。在该对话框中，用户可以选择表格样式并指定表格的行数、列数及相关尺寸来创建表格。

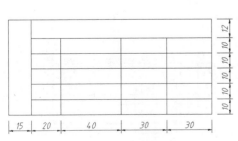

图 5-40 空白表格

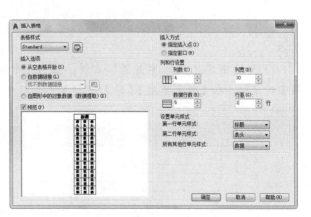

图 5-41 【插入表格】对话框

（4）单击 确定 按钮，再关闭文字编辑器，创建图 5-42 所示的空白表格。

（5）在表格内按住鼠标左键并拖动十字光标，选中第 1 行和第 2 行，弹出【表格单元】选项卡，单击【行】面板上的 按钮，删除选中的两行，结果如图 5-43 所示。

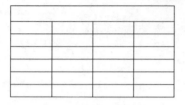

图 5-42　创建空白表格

图 5-43　删除第 1 行和第 2 行

（6）选中第 1 列的任意一个单元，单击鼠标右键，弹出快捷菜单，选择【列】/【在左侧插入】命令，插入新的一列，结果如图 5-44 所示。

（7）选中第 1 行的任意一个单元，单击鼠标右键，弹出快捷菜单，选择【行】/【在上方插入】命令，插入新的一行，结果如图 5-45 所示。

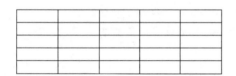

图 5-44　插入新的一列

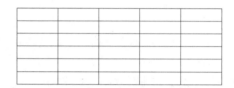

图 5-45　插入新的一行

（8）按住鼠标左键并拖动十字光标，选中第 1 列的所有单元，然后单击鼠标右键，弹出快捷菜单，选择【合并】/【全部】命令，结果如图 5-46 所示。

（9）按住鼠标左键并拖动十字光标，选中第 1 行中除第 1 列以外的所有单元，然后单击鼠标右键，弹出快捷菜单，选择【合并】/【全部】命令，结果如图 5-47 所示。

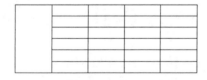

图 5-46　合并第 1 列的所有单元

图 5-47　合并第 1 行中除第 1 列以外的所有单元

（10）分别选中单元 A、B，然后利用关键点拉伸编辑方式调整单元尺寸，结果如图 5-48 所示。

（11）选中单元 C，单击鼠标右键，在弹出的快捷菜单中选择【特性】命令，打开【特性】对话框，在【单元宽度】【单元高度】文本框中分别输入数值"20""10"，结果如图 5-49 所示。

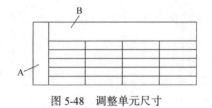

图 5-48　调整单元尺寸

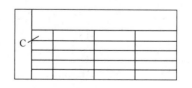

图 5-49　调整单元的宽度及高度

（12）使用类似方法修改表格其他单元尺寸。

## 5.2.3 创建及填写标题栏

在表格单元中，用户可以很方便地填写文字信息。使用 TABLE 命令创建表格后，系统会高亮显示表格的第 1 个单元，同时打开文字编辑器，此时可以输入文字；此外，双击某一单元也能将其激活，从而在其中填写或修改文字。当需要移动到相邻的下一个单元时，按 Tab 键，或者按方向键即可。

**【案例 5-12】** 创建及填写标题栏，如图 5-50 所示。

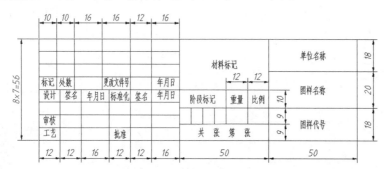

10 10 16 16 12 16
8×7=56
标记 处数 更改文件号 年月日
设计 签名 年月日 标准化 签名 年月日
审核
工艺 批准
材料标记
12 12
阶段标记 重量 比例
10 9 9
共 张 第 张
单位名称 18
图样名称 20
图样代号 18
12 12 16 12 12 16 50 50

图 5-50 创建及填写标题栏

5-12 创建及填写标题栏

（1）创建新的表格样式，样式名为"工程表格"。设定表格单元中的文字采用字体文件"gbeitc.shx""gbcbig.shx"，文字高度为"5"，对齐方式为【正中】，文字与单元边界的距离为"0.1"。

（2）指定"工程表格"为当前表格样式，使用 TABLE 命令创建 4 个表格，如图 5-51（a）所示。使用 MOVE 命令将这些表格组合成标题栏，结果如图 5-51（b）所示。

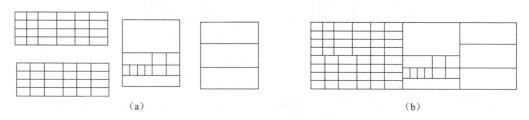

（a） （b）

图 5-51 创建 4 个表格并将其组合成标题栏

（3）双击表格的某一单元以将其激活，在其中输入文字，按方向键移动到其他单元，继续填写文字，结果如图 5-52 所示。

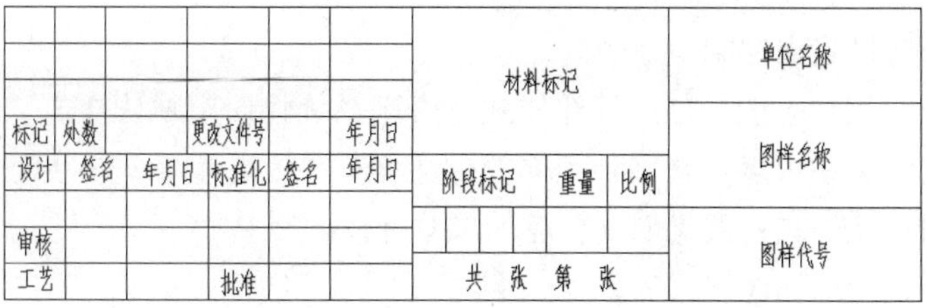

标记 处数 更改文件号 年月日
设计 签名 年月日 标准化 签名 年月日
审核
工艺 批准
材料标记
阶段标记 重量 比例
共 张 第 张
单位名称
图样名称
图样代号

图 5-52 在表格中填写文字

**要点提示** 　　双击"更改文件号"单元，选择所有文字，然后在【格式】面板的 微调框中输入文字的宽度比例因子"0.8"，这样表格单元就有足够宽度来容纳文字。

# 任务 5.3　标注尺寸的方法

AutoCAD 的尺寸标注命令很丰富，利用它可以轻松创建出各种类型的尺寸标注。所有尺寸标注与标注样式关联，通过调整标注样式，就能控制与该标注样式关联的尺寸标注的外观。下面通过【案例 5-13】介绍创建标注样式的方法和练习使用 AutoCAD 的尺寸标注命令。

【**案例 5-13**】打开素材文件"dwg\项目 5\5-13.dwg"，创建标注样式并标注尺寸，如图 5-53 所示。

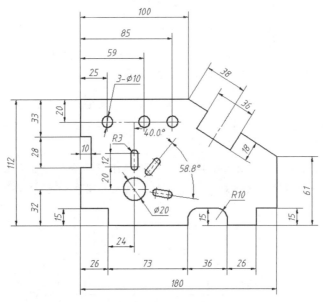

5-13　创建标注样式并标注尺寸

图 5-53　创建标注样式并标注尺寸

## 5.3.1　创建国标标注样式

尺寸标注是一个复合体，它以图块的形式存储在图形中（项目 6 将讲解图块的概念），其组成部分包括尺寸线、尺寸线两端起止符号（箭头或斜线等）、尺寸界线及标注文字等，这些组成部分的格式都由标注样式来控制。

在标注尺寸前，用户一般应创建标注样式，否则系统将使用默认样式"ISO-25"来生成尺寸标注。在 AutoCAD 中可以定义多种不同的标注样式并为之命名，标注时，用户只需指定某个标注样式为当前标注样式，就能创建相应的尺寸标注。

建立符合国标规定的标注样式的步骤如下。

（1）建立新文字样式，样式名为"工程文字"，与该文字样式相连的字体文件是"gbeitc.shx"

（或 "gbenor.shx"）"gbcbig.shx"。

（2）单击【注释】面板上的 按钮或选择菜单命令【格式】/【标注样式】，打开【标注样
式管理器】对话框，如图 5-54 所示。通过该对话框可以命名新的标注样式或修改样式中的尺寸
变量。

（3）单击 新建(N)... 按钮，打开【创建新标注样式】对话框，如图 5-55 所示。在该对话框的
【新样式名】文本框中输入新标注样式的名称 "工程标注"，在【基础样式】下拉列表中指定某
个标注样式作为新标注样式的基础样式，则新标注样式将包含基础样式的所有设置。此外，用
户还可以在【用于】下拉列表中设定新标注样式对某种尺寸的特殊控制。默认情况下，【用于】下
拉列表框显示的是【所有标注】，是指新标注样式将控制所有类型的尺寸。

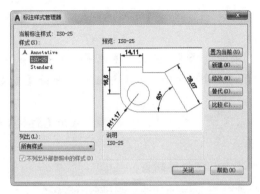

图 5-54 【标注样式管理器】对话框

图 5-55 【创建新标注样式】对话框

（4）单击 继续 按钮，打开【新建标注样式：工程标注】对话框。

（5）在【线】选项卡的【基线间距】【超出尺寸线】【起点偏移量】微调框中分别输入 "7"
"2" "0"，如图 5-56 所示。

● 【基线间距】：此选项决定了平行尺寸线之间的距离。例如，当创建基线型尺寸标注时，
相邻尺寸线之间的距离由该选项控制，如图 5-57 所示。

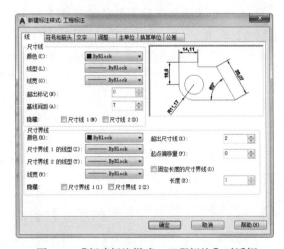

图 5-56 【新建标注样式：工程标注】对话框

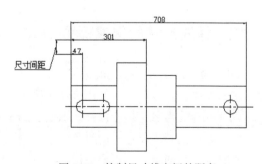

图 5-57 控制尺寸线之间的距离

● 【超出尺寸线】：控制尺寸界线超出尺寸线的长度，如图 5-58 所示。国标中规定，尺寸
界线一般超出尺寸线 2～3mm。

- 【起点偏移量】：控制尺寸界线起点与标注对象端点的距离，如图 5-59 所示。

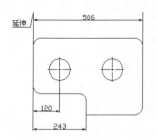

图 5-58　设定尺寸界线超出尺寸线的长度　　　图 5-59　控制尺寸界线起点与标注对象端点的距离

（6）在【符号和箭头】选项卡的【第一个】下拉列表中选择【实心闭合】选项，在【箭头大小】微调框中输入"2"，该值用于设定箭头长度。

（7）在【文字】选项卡的【文字样式】下拉列表中选择【工程文字】选项，在【文字高度】【从尺寸线偏移】微调框中分别输入"2.5"和"0.8"，在【文字对齐】分组框中选择【与尺寸线对齐】单选项。

- 【文字样式】：在此下拉列表中选择文字样式或单击其右边的 按钮，打开【文字样式】对话框，利用该对话框创建新的文字样式。
- 【从尺寸线偏移】：该选项用于设定标注文字与尺寸线的距离。
- 【与尺寸线对齐】：使标注文字与尺寸线对齐。对于国标标注，应选择此单选项。

（8）在【调整】选项卡的【使用全局比例】微调框中输入"2"，该值将影响尺寸标注所有组成元素的大小，如标注文字、尺寸箭头等，如图 5-60 所示。当用户欲以 1：2 的比例将图样打印在标准幅面的图纸上时，为保证尺寸外观合适，应设定标注的全局比例为打印比例的倒数，即"2"。

全局比例为 1　　　全局比例为 2

图 5-60　全局比例对尺寸标注的影响

（9）进入【主单位】选项卡，在【线性标注】分组框的【单位格式】【精度】【小数分隔符】下拉列表中分别选择【小数】【0.00】【"."（句点）】选项，在【角度标注】分组框的【单位格式】【精度】下拉列表中分别选择【十进制度数】【0.0】选项。

（10）单击　确定　按钮，得到一个新的标注样式，单击 置为当前(U) 按钮，使新标注样式成为当前标注样式。

## 5.3.2　标注尺寸的集成命令 DIM

DIM 命令是一种集成化的标注命令，可以一次性创建多种类型的标注，如长度、对齐、角度、直径及半径尺寸等。在使用该命令标注尺寸时，一般可采用以下两种方法。

（1）在标注对象上指定尺寸线的起始点及终止点，创建尺寸标注。

（2）直接选择需要标注的对象。

标注完一个对象后，不要退出命令，可以继续标注新的对象。

命令的启动方法

- 面板：【默认】选项卡中【注释】面板上的 按钮。
- 命令：DIM。

### 5.3.3　标注水平、竖直及对齐尺寸

启动 DIM 命令并指定标注对象后，可上、下、左、右移动十字光标创建相应方向的水平或竖直尺寸。在标注倾斜对象时，沿倾斜方向移动十字光标就会生成对齐尺寸。对齐尺寸的尺寸线平行于倾斜对象。若用户通过选择两个点来创建对齐尺寸，则尺寸线与两点间的连线平行。

在标注过程中，不仅可以随时修改标注文字及文字的倾斜角度，还可以动态调整尺寸线的位置。

标注长度型尺寸的步骤如下。

（1）创建一个名为"尺寸标注"的图层，并使该图层成为当前图层。

（2）打开对象捕捉功能，设置捕捉模式为【端点】【圆心】【交点】。

（3）启动 DIM 命令。

```
命令：_dim
选择对象或指定第一个尺寸界线原点或 [角度(A)/基线(B)/连续(C)/坐标(O)/对齐(G)/分发(D)/图层
(L)/放弃(U)]：                           //捕捉端点 A，如图 5-61 所示
指定第二个尺寸界线原点或 [放弃(U)]：          //捕捉端点 B
指定尺寸界线位置或第二条线的角度 [多行文字(M)/文字(T)/文字角度(N)/放弃(U)]：
                    //向左移动十字光标将尺寸线放置在适当位置，单击确认
选择对象或指定第一个尺寸界线原点或 [角度(A)/基线(B)/连续(C)/坐标(O)/对齐(G)/分发(D)/图层
(L)/放弃(U)]：                           //选择线段 C
指定尺寸界线位置或第二条线的角度 [多行文字(M)/文字(T)/文字角度(N)/放弃(U)]：
                    //向上移动十字光标，将尺寸线放置在适当位置，单击确认
```

（4）使用同样方法标注尺寸"180"和"61"等，结果如图 5-61 所示。不要退出 DIM 命令，在 5.3.4 小节中将继续标注其他类型的尺寸。

若标注文字的位置不合适，则可以在结束 DIM 命令后，激活尺寸关键点进行调整。

DIM 命令的选项介绍如下。

- 角度(A)：标注角度尺寸。
- 基线(B)：创建基线型尺寸。
- 连续(C)：创建连续型尺寸。
- 坐标(O)：生成坐标标注。
- 对齐(G)：使多条尺寸线对齐。
- 分发(D)：使平行尺寸线均布。
- 图层(L)：忽略当前图层设置。通过选择一个对象或输入图层名称指定尺寸标注放置的图层。

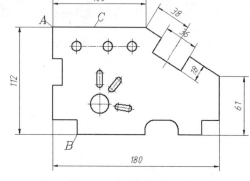

图 5-61　标注长度型尺寸

- 多行文字(M)：使用此选项时会打开多行文字编辑器，利用此编辑器可输入新的标注文字。

 要点提示　　　若用户修改了系统自动标注的文字，则会失去尺寸标注的关联性，即标注文字不随标注对象的改变而改变。

- 文字(T)：此选项可以使用户在命令行中输入新的标注文字。
- 文字角度(N)：通过此选项可以设置文字的放置角度。

### 5.3.4　创建连续型及基线型尺寸

连续型尺寸是一系列首尾相连的标注形式，而基线型尺寸是指所有尺寸都从同一点开始标注，即它们共用一条尺寸界线。DIM 命令的"连续(C)""基线(B)"选项可用于创建这两种尺寸。

- 连续(C)：选择该选项，选择已有尺寸的尺寸线的一端作为标注起始点，生成连续型尺寸。
- 基线(B)：选择该选项，选择已有尺寸的尺寸线的一端作为标注起始点，生成基线型尺寸。

继续前面的练习，创建连续型及基线型尺寸。

```
选择对象或指定第一个尺寸界线原点或 [角度(A)/基线(B)/连续(C)/坐标(O)/对齐(G)/分发(D)/图层
(L)/放弃(U)]:B                                          //选择"基线(B)"选项

   指定作为基线的第一个尺寸界线原点或 [偏移(O)]:         //选择尺寸界线 D
   指定第二个尺寸界线原点或 [选择(S)/偏移(O)/放弃(U)] <选择>: //捕捉下一条尺寸界线的起点
   指定第二个尺寸界线原点或 [选择(S)/偏移(O)/放弃(U)] <选择>: //捕捉下一条尺寸界线的起点
   指定第二个尺寸界线原点或 [选择(S)/偏移(O)/放弃(U)] <选择>: //捕捉下一条尺寸界线的起点
   指定第二个尺寸界线原点或 [选择(S)/偏移(O)/放弃(U)] <选择>:*取消*       //按 Esc 键，返回命令起始行
选择对象或指定第一个尺寸界线原点或 [角度(A)/基线(B)/连续(C)/坐标(O)/对齐(G)/分发(D)/图层
(L)/放弃(U)]:B                                          //选择"基线(B)"选项
   指定作为基线的第一个尺寸界线原点或 [偏移(O)]:         //选择尺寸界线 E
   指定第二个尺寸界线原点或 [选择(S)/偏移(O)/放弃(U)] <选择>: //捕捉下一条尺寸界线的起点
   指定第二个尺寸界线原点或 [选择(S)/偏移(O)/放弃(U)] <选择>:*取消*    //按 Esc 键，返回命令起始行
选择对象或指定第一个尺寸界线原点或 [角度(A)/基线(B)/连续(C)/坐标(O)/对齐(G)/分发(D)/图层
(L)/放弃(U)]:C                                          //选择"连续(C)"选项
   指定第一个尺寸界线原点以继续:                         //捕捉下一条尺寸界线的起点
   指定第二个尺寸界线原点或 [选择(S)/放弃(U)] <选择>:    //捕捉下一条尺寸界线的起点
   指定第二个尺寸界线原点或 [选择(S)/放弃(U)] <选择>:    //捕捉下一条尺寸界线的起点
   指定第二个尺寸界线原点或 [选择(S)/放弃(U)] <选择>:    //捕捉下一条尺寸界线的起点
   指定第二个尺寸界线原点或 [选择(S)/放弃(U)] <选择>: *取消* //按 Esc 键，返回命令起始行
```

结果如图 5-62 所示。不要退出 DIM 命令，在 5.3.5 小节中将继续标注其他类型尺寸。

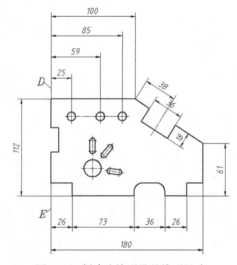

图 5-62　创建连续型及基线型尺寸

## 5.3.5 利用标注样式覆盖方式标注角度尺寸

DIM 命令的"角度(A)"选项用于创建角度尺寸。选择该选项后，选择角的两边、3 个点或一段圆弧即可生成角度尺寸。利用 3 点生成角度尺寸时，第一个选择点是角的顶点。

国标中对于角度标注有规定，如图 5-63 所示，角度数字一律水平书写，一般注写在尺寸线的中断处，必要时既可以注写在尺寸线的上方或外面，也可以画引线标注。显然，角度尺寸文字的注写方式与线性尺寸文字不同。

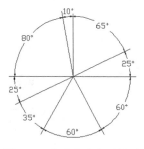

为使角度数字的放置形式符合国标规定，用户可以采用当前样式覆盖方式标注角度。此方式是指临时修改标注样式，修改后，仅影响此后创建的尺寸外观。标注完成后，再设定以前的标注样式为当前样式继续标注。

图 5-63　角度文本注写规则

继续前面的练习，在 DIM 命令运行过程中切换到当前样式覆盖方式标注角度尺寸。

（1）单击【注释】面板上的 按钮，打开【标注样式管理器】对话框。

（2）单击 替代(O)... 按钮，打开【替代当前样式：工程标注】对话框。

（3）进入【文字】选项卡，在【文字对齐】分组框中选中【水平】单选按钮，如图 5-64 所示。

（4）返回绘图窗口，利用 DIM 命令的"角度(A)"选项创建角度尺寸，角度数字将水平放置。再利用"连续(C)"选项创建连续型角度尺寸，结果如图 5-65 所示。不要退出 DIM 命令，在 5.3.6 小节中将继续标注其他类型的尺寸。

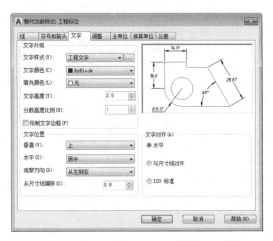

图 5-64　【替代当前样式：工程标注】对话框

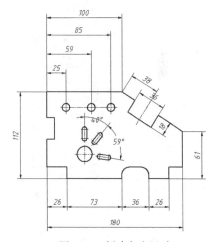

图 5-65　创建角度尺寸

若想利用当前样式的覆盖方式改变已有尺寸的外观，可以使用尺寸更新命令更新尺寸。单击【注释】选项卡中【标注】面板上的 按钮，启动该命令，然后选择尺寸即可。

## 5.3.6 创建直径和半径尺寸

当 DIM 命令运行时，直接选择圆或圆弧就能创建直径或半径尺寸。系统会自动在标注文字前面加入"$\phi$"或"$R$"符号。在实际标注中，直径和半径尺寸的标注形式多种多样，通过当前样式的覆盖方式进行标注就非常方便，如使得标注文字水平放置等。

5.3.5 小节已设定标注样式的覆盖方式，使尺寸数字水平放置。继续前面的练习，在 DIM 命令运行过程中标注直径和半径尺寸，这些尺寸的标注文字将在水平方向上。

（1）将十字光标移动到圆或圆弧上，系统自动提示创建直径或半径尺寸；若未提示，则需利用相关选项进行切换，然后选择圆或圆弧生成直径和半径尺寸。

> 选择对象或指定第一个尺寸界线原点或 [角度(A)/基线(B)/连续(C)/坐标(O)/对齐(G)/分发(D)/图层(L)/放弃(U)]:   //选择图形左上角小圆
> 选择圆以指定直径或 [半径(R)/折弯(J)/角度(A)]:
> 指定直径标注位置或 [半径(R)/多行文字(M)/文字(T)/文字角度(N)/放弃(U)]:T  //选择"文字(T)"选项
> 输入标注文字 <10>: 3-%%C10   //输入标注文字
> 指定直径标注位置或 [半径(R)/多行文字(M)/文字(T)/文字角度(N)/放弃(U)]:
>   //移动十字光标，指定标注文字的位置

继续标注其他直径和半径尺寸，结果如图 5-66（a）所示。

图 5-66（a）中半径"R10"的尺寸线与圆心相连，接下来利用尺寸更新命令进行修改。

（2）打开【标注样式管理器】对话框，单击 替代(D)... 按钮，切换到【符号和箭头】选项卡，设置圆心标记为【无】，再进入【调整】选项卡，取消选中【在尺寸界线之间绘制尺寸线】复选框。

（3）返回绘图窗口，单击【注释】选项卡中【标注】面板上的 按钮，启动尺寸更新命令，然后选择半径"R10"进行更新，结果如图 5-66（b）所示。

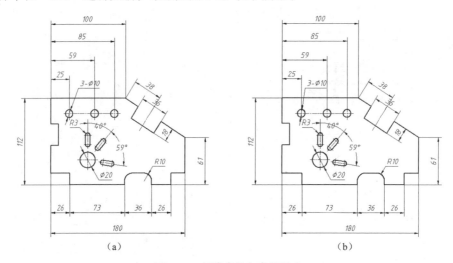

图 5-66 创建直径和半径尺寸

（4）取消当前样式的覆盖方式，恢复原来的样式。单击 按钮，打开【标注样式管理器】对话框，在此对话框的列表框中选择【工程标注】，然后单击 置为当前(U) 按钮，此时系统打开一个提示性对话框，继续单击 确定 按钮。

（5）标注其他尺寸，然后利用关键点编辑方式调整尺寸线及标注文字的位置，结果如图 5-67 所示。

DIM 命令启动后，当将十字光标移动到圆或圆弧上时，系统会显示标注预览效果，同时命令提示窗口中列出相应功能的选项。

- 半径(R)、直径(D)：生成半径或直径尺寸。

- 折弯(J)：创建折线形式的标注，如图 5-68（a）所示。
- 中心标记(C)：生成圆心标记。
- 弧长(L)：标注圆弧长度，如图 5-68（b）所示。
- 角度(A)：标注圆弧的圆心角或圆上一段圆弧的角度。

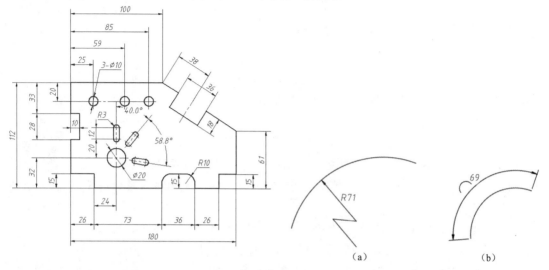

图 5-67　利用关键点编辑方式调整尺寸线及标注文字的位置

图 5-68　折线及圆弧标注

## 5.3.7　使多个尺寸线共线

DIM 命令的"对齐(G)"选项可以使多条尺寸线对齐。选择该选项，先指定一条尺寸线为基准线，然后选择其他尺寸线，使其与基准线共线，如图 5-69 所示。

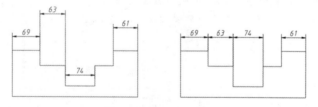

图 5-69　使尺寸线对齐

## 5.3.8　均布尺寸线及设定尺寸线之间的距离

DIM 命令的"分发(D)"选项可以使平行尺寸线在某一范围内均匀分布或按指定间距分布，如图 5-70 所示。"分发(D)"选项有以下两个子选项。

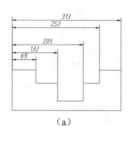

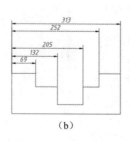

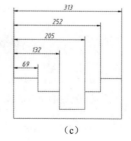

（a）　　　　　　　　　　（b）　　　　　　　　　　（c）

图 5-70　均布尺寸线

- 相等(E): 将所有选择的平行尺寸线均匀分布，但分布的总范围不变，如图 5-70（b）所示。
- 偏移(O): 设定偏移距离，先选择一条基准线，再选择其他尺寸线，则尺寸线按指定偏移距离分布，如图 5-70（c）所示。

# 任务 5.4　利用样式簇标注角度

对于某种类型的尺寸，其标注外观可能需要做一些调整。例如，创建角度尺寸时要求文字放置在水平位置，标注直径时想生成圆的中心标记。在 AutoCAD 中，用户可以通过样式簇对某种特定类型的尺寸进行控制。样式簇是已有标注样式（父样式）的子样式。

除了利用标注样式覆盖方式标注角度，用户还可以建立专门用于控制角度标注外观的样式簇。下面的案例说明了如何利用样式簇创建角度尺寸。

【案例 5-14】　打开素材文件 "dwg\项目 5\5-14.dwg"，利用样式簇标注角度，如图 5-71 所示。

（1）单击【注释】面板上的 ⊔ 按钮，打开【标注样式管理器】对话框，再单击 新建(N)… 按钮，打开【创建新标注样式】对话框，在【用于】下拉列表中选择【角度标注】选项，如图 5-72 所示。

（2）单击 继续 按钮，打开【新建标注样式：工程标注：角度】对话框，进入【文字】选项卡，在该选项卡的【文字对齐】分组框中选中【水平】单选按钮。

（3）选择【主单位】选项卡，在【角度标注】分组框中设置【单位格式】为【度/分/秒】、【精度】为【0d00′】，如图 5-73 所示。

5-14　利用样式簇标注角度

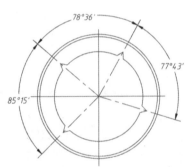

图 5-71　标注角度

图 5-72　【创建新标注样式】对话框

图 5-73　【新建标注样式：工程标注：角度】对话框

（4）返回绘图窗口，启动 DIM 命令，利用 "角度(A)" 及 "连续(C)" 选项创建角度尺寸，结果如图 5-71 所示。所有这些角度尺寸的外观由样式簇控制。

# 任务 5.5　标注尺寸公差及形位公差

创建尺寸公差的方法有以下两种。

（1）利用标注样式的覆盖方式标注尺寸公差，公差的上偏差值、下偏差值可以在【替代当前样式】对话框的【公差】选项卡中设置。

（2）标注时，利用"多行文字(M)"选项打开文字编辑器，然后采用堆叠文字的方式标注公差。

标注形位公差可以使用 TOLERANCE 及 QLEADER（缩写 LE）命令，前者只能形成公差框格，而后者既能形成公差框格，又能形成标注指引线。

【案例 5-15】　打开素材文件"dwg\项目5\5-15.dwg"，利用当前样式覆盖方式标注尺寸公差，如图 5-74 所示。

5-15　利用当前样式覆盖方式标注尺寸公差

（1）打开【标注样式管理器】对话框，单击 替代(0)... 按钮，打开【替代当前样式：工程标注】对话框，进入【公差】选项卡，如图 5-75 所示。

（2）在【方式】【精度】【垂直位置】下拉列表中分别选择【极限偏差】【0.000】【中】选项，在【上偏差】【下偏差】【高度比例】微调框中分别输入"0.039""0.015""0.75"，如图 5-75 所示。需要注意的是，默认情况下，系统自动在上偏差前面添加符号"+"，在下偏差前面添加符号"−"。若在输入偏差值时加上符号"+"或"−"，则最终标注的符号将是默认符号与输入符号相乘的结果。

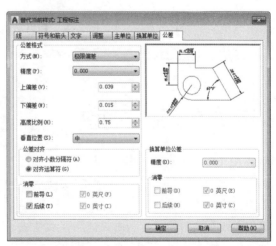

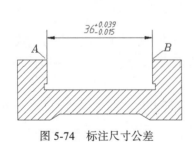

图 5-74　标注尺寸公差　　　　　　图 5-75　【替代当前样式：工程标注】对话框

（3）返回绘图窗口，启动 DIM 命令，标注 A、B 两点之间的距离，结果如图 5-74 所示。

【案例 5-16】　打开素材文件"dwg\项目5\5-16.dwg"，使用 QLEADER 命令标注形位公差，如图 5-76 所示。

5-16　用 QLEADER 命令标注形位公差

（1）执行 QLEADER（缩写为 LE）命令，系统提示"指定第一个引线点或[设置(S)]<设置>: "，直接按 Enter 键，打开【引线设置】对话框，在【注释】选项卡中选中【公差】单选按钮，如图 5-77 所示。

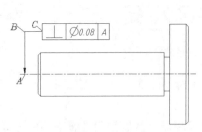

图 5-76 标注形位公差

图 5-77 【引线设置】对话框

（2）单击 确定 按钮，系统提示如下。

```
指定第一个引线点或[设置(S)]<设置>：NEA
到                              //在轴线上捕捉点 A，如图 5-76 所示
指定下一点：<正交 开>          //打开正交模式并在点 B 处单击
指定下一点：                    //在点 C 处单击
```

系统打开【形位公差】对话框，在此对话框中输入公差值，如图 5-78 所示。

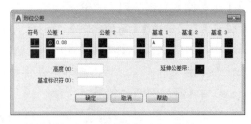

图 5-78 【形位公差】对话框

（3）单击 确定 按钮，结果如图 5-76 所示。

# 任务 5.6 引线标注

MLEADER 命令用于创建引线标注，引线标注由箭头、引线、基线（引线与标注文字之间的线）、多行文字或图块组成，如图 5-79 所示。其中，箭头形式、引线外观、文字属性及图块形状等由引线样式控制。

选中引线标注对象，若利用关键点移动基线，则引线、文字和图块随之移动；若利用关键点移动箭头，则只有引线跟随移动，基线、文字和图块不动。

【案例 5-17】 打开素材文件 "dwg\项目 5\5-17.dwg"，使用 MLEADER 命令创建引线标注，如图 5-80 所示。

（1）单击【默认】选项卡中【注释】面板上的 按钮，打开【多重引线样式管理器】对话框，如图 5-81 所示，利用该对话框可以新建、修改、重命名或删除引线样式。

（2）单击 修改(M)... 按钮，打开【修改多重引线样式：Standard】对话框，如图 5-82 所示，在该对话框中完成以下设置。

5-17 创建引线标注

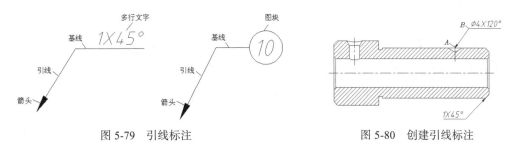

图 5-79　引线标注　　　　　　　　　　图 5-80　创建引线标注

- 在【内容】选项卡中设置的选项如图 5-82 所示。其中,【基线间隙】微调框中的数值表示基线与标注文字的距离。

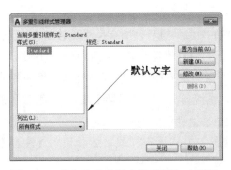

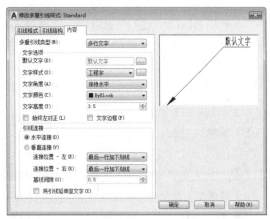

图 5-81　【多重引线样式管理器】对话框　　图 5-82　【修改多重引线样式：Standard】对话框

- 在【引线格式】选项卡中设置的选项如图 5-83 所示。
- 在【引线结构】选项卡中设置的选项如图 5-84 所示。【设置基线距离】微调框中的数值表示基线长度。【指定比例】微调框中的数值表明引线标注全局缩放比例因子。

图 5-83　【引线格式】选项卡　　　　图 5-84　【引线结构】选项卡

（3）单击【注释】面板上的 ⌀ 按钮,启动创建引线标注命令。

```
命令: _mleader
指定引线箭头的位置或[引线基线优先(L)/内容优先(C)/选项(O)] <选项>:
                        //指定引线起始点 A
指定引线基线的位置:       //指定引线下一个点 B
                        //启动多行文字编辑器,然后输入标注文字"φ4×120°"
```

重复命令,创建另一个引线标注,结果如图 5-80 所示。

　　当创建引线标注时,若文字或引线的位置不合适,则可以利用关键点编辑方式进行调整。

# 任务 5.7　编辑尺寸标注

编辑尺寸标注主要包括以下几方面。

（1）修改标注文字。不仅双击尺寸标注可以修改标注文字，使用 TEDIT 命令也可以修改标注文字。

（2）调整标注位置。关键点编辑方式非常适用于移动尺寸线和标注文字，进入这种编辑方式后，一般利用尺寸线两端或标注文字所在处的关键点来调整标注位置。

（3）利用 DIM 命令的"分发(D)"选项或 DIMSPACE 命令调整平行尺寸线之间的距离，这两个命令可以使平行尺寸线按用户指定的数值等间距分布。单击【注释】选项卡中【标注】面板上的  按钮，启动 DIMSPACE 命令。

（4）对于连续的线性标注，可以利用 DIM 命令的"对齐(G)"选项使所有尺寸线对齐。对于连续的线性标注及角度标注，可以通过 DIMSPACE 命令对齐尺寸线，此时设定尺寸线间距为"0"即可。

（5）编辑尺寸标注属性。使用 PROPERTIES 命令可以非常方便地编辑尺寸标注属性。用户一次性选择多个尺寸标注后，启动 PROPERTIES 命令，系统打开【特性】对话框，在此对话框中可以修改标注文字高度、文字样式及全局比例等属性。

（6）修改某一尺寸标注的外观。先通过标注样式的覆盖方式调整样式，然后利用【注释】选项卡中【标注】面板上的 按钮更新尺寸标注。

【案例 5-18】　打开素材文件"dwg\项目 5\5-18.dwg"，如图 5-85（a）所示。修改标注文字及调整标注位置等，结果如图 5-85（b）所示。

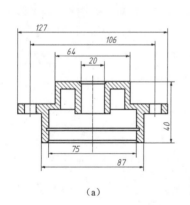

（a）

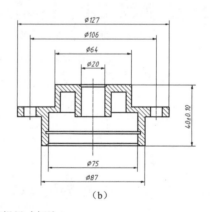

（b）

5-18　修改标注文字
及调整标注位置等

图 5-85　编辑尺寸标注

（1）双击标注文字"40"，将其修改为"40±0.10"。

（2）选择文字"40±0.10"，并激活文字所在处的关键点，系统自动进入拉伸编辑方式，向右移动十字光标，调整文字位置，结果如图 5-86 所示。

（3）单击【默认】选项卡中【注释】面板上的 按钮，打开【标注样式管理器】对话框，再单击 替代(0)... 按钮，打开【替代当前样式: GB-35】对话框，进入【主单位】选项卡，在【前缀】文本框中输入直径符号的代码"%%c"。

（4）返回绘图窗口，单击【注释】选项卡中【标注】面板上的 按钮，系统提示"选择对象"，选择尺寸"127""106"等，按 Enter 键，结果如图 5-87 所示。

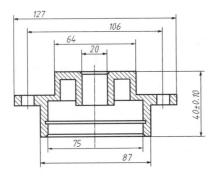

图 5-86　修改标注文字并调整标注位置

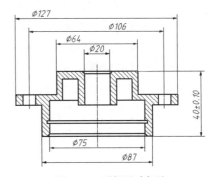

图 5-87　更新尺寸标注

（5）调整平行尺寸线之间的距离。

单击【标注】面板上的 按钮，启动 DIMSPACE 命令。

```
命令: _DIMSPACE
选择基准标注:                                //选择"φ20"
选择要产生间距的标注:找到1个                //选择"φ64"
选择要产生间距的标注:找到1个,总计2个       //选择"φ106"
选择要产生间距的标注:找到1个,总计3个       //选择"φ127"
选择要产生间距的标注:                       //按 Enter 键
输入值或[自动(A)] <自动>: 12               //输入间距并按 Enter 键
```

结果如图 5-88 所示。

（6）使用 PROPERTIES 命令将所有标注文字的高度修改为"3.5"，然后利用关键点编辑方式调整部分标注文字的位置，结果如图 5-89 所示。

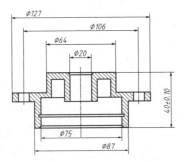

图 5-88　调整平行尺寸线之间的距离

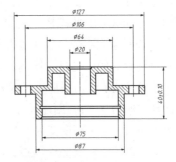

图 5-89　修改标注文字的高度并调整标注文字的位置

# 任务 5.8　在零件图中标注注释性尺寸

在零件图中创建尺寸标注时，需要注意的一个问题是标注文字的高度及箭头大小应如何设置。若设置不当，则打印出图后，由于打印比例的影响，尺寸外观往往不合适。要解决这个问题，可以采用以下方法。

（1）在标注样式中将标注文字的高度及箭头大小等设置成与图纸上的真实大小一致，再设定标注全局比例因子为打印比例的倒数即可。例如，打印比例为 1：2，标注全局比例因子就为"2"。标注时，尺寸外观放大一倍；打印时，缩小为原来的 1/2。

（2）创建注释性尺寸，此类对象具有注释比例属性。只需设置注释对象的当前注释比例等于出图比例，就能保证出图后尺寸外观与最初设定一致。

创建注释性尺寸的步骤如下。

（1）创建新的标注样式并使其成为当前标注样式。既可以在【创建新标注样式】对话框中选中【注释性】复选框，设定新样式为注释性标注样式，如图 5-90（a）所示，也可以在【新建标注样式：工程标注】对话框中修改已有标注样式为注释性标注样式，如图 5-90（b）所示。

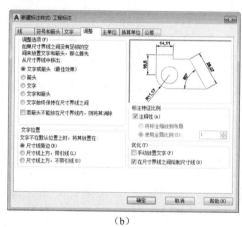

（a）　　　　　　　　　　　　　　　　（b）

图 5-90　创建注释性标注样式

（2）在注释性标注样式中设定标注文字的高度、箭头大小与图纸上一致。

（3）单击 AutoCAD 状态栏中的 ⚲ 1:1 ▾ 按钮，设定当前注释比例等于打印比例。

（4）创建尺寸标注，该尺寸为注释性尺寸，具有注释比例属性，其注释比例为当前设置值。

（5）单击 AutoCAD 状态栏中的 ⚲ 按钮，改变当前注释比例，系统将自动把新的比例赋予注释性对象，该对象大小随之发生变化。

可以认为注释比例就是打印比例，创建注释性尺寸后，系统自动以当前注释比例的倒数缩放其外观，这样就保证了输出图形后尺寸外观与设定的一样。例如，设定标注文字的高度为"3.5"，设置当前注释比例为 1：2，创建尺寸后，该尺寸的注释比例就为 1：2，显示在绘图窗口中的尺寸外观将放大一倍，文字高度变为"7"。这样当以 1：2 比例出图后，文字高度变为"3.5"。

注释对象可以具有一个或多个注释比例，设定其中之一为当前注释比例，则注释对象的外观以该比例的倒数为缩放因子变大或变小。选择注释对象，通过快捷菜单上的【特性】命令可以添加或删除注释比例。单击 AutoCAD 状态栏中的 ⚲ 1:1 ▾ 按钮，可以指定注释对象的某个比例为当前注释比例。

## 【综合实训】

# 综合实训——尺寸标注综合训练

下面进行平面图形及零件图的标注练习，内容包括标注尺寸、创建尺寸公差和形位公差、标注表面结构符号及选用图幅等。

# 一、采用普通尺寸或注释性尺寸标注平面图形

【案例 5-19】 打开素材文件 "dwg\项目 5\5-19.dwg"，标注该图形，结果如图 5-91 所示。图幅选用 A3 幅面，绘图比例为 1∶1.5，标注文字高度为 "2.5"，字体文件为 "gbeitc.shx"。

（1）打开包含标准图框的图形文件 "dwg\项目 5\A3.dwg"，把 A3 图框复制到要标注的图形中，使用 SCALE 命令把 A3 图框放大 1.5 倍。

（2）使用 MOVE 命令将图样放入图框内。

（3）建立一个名为 "标注层" 的图层，设置图层颜色为绿色，线型为【Continuous】，并使其成为当前图层。

（4）创建新文字样式，样式名为 "标注文字"，与该样式相连的字体文件是 "gbeitc.shx" "gbcbig.shx"。

（5）创建一个标注样式，名称为 "国标标注"，对该样式做以下设置。

- 标注文字连接【标注文字】，文字高度为 "2.5"，精度为【0.0】，小数点格式为【"."（句点）】。
- 标注文字与尺寸线的距离为 "0.8"。
- 箭头大小为 "2"。
- 尺寸界线超出尺寸线的长度为 "2"。
- 尺寸线起始点与标注对象端点的距离为 "0"。
- 标注基线尺寸时，平行尺寸线之间的距离为 "7"。
- 标注全局比例因子为 "1.5"。
- 使【国标标注】成为当前标注样式。

（6）打开对象捕捉功能，设置捕捉模式为【端点】【交点】。标注尺寸，结果如图 5-91 所示。

【案例 5-20】 打开素材文件 "dwg\项目 5\5-20.dwg"，采用注释性尺寸标注该图形，结果如图 5-92 所示。图幅选用 A3 幅面，绘图比例为 2∶1，标注文字高度为 "2.5"，字体文件为 "gbeitc.shx"。

5-20 采用注释性
尺寸标注平面图形

（1）打开包含标准图框的图形文件 "dwg\项目 5\A3.dwg"，把 A3 图框复制到要标注的图形中，使用 SCALE 命令缩放 A3 图框，比例因子为 "0.5"。

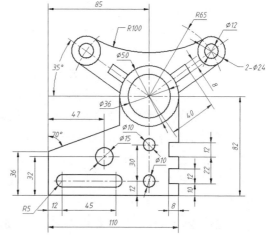

图 5-91 标注平面图形（1）

5-19 采用普通
尺寸标注平面图形

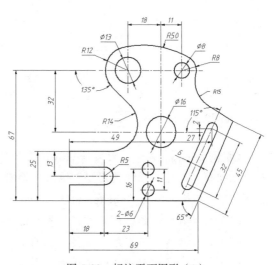

图 5-92 标注平面图形（2）

（2）使用 MOVE 命令将图样放入图框内。

（3）建立一个名为"标注层"的图层，设置图层颜色为绿色，线型为【Continuous】，并使其成为当前图层。

（4）创建新文字样式，样式名为"标注文字"，与该样式相连的字体文件是"gbeitc.shx""gbcbig.shx"。

（5）创建一个注释性标注样式，名称为"国标标注"，对该样式做以下设置。

- 标注文字连接【标注文字】，文字高度为"2.5"，精度为【0.0】，小数点格式为【"."】（句点）】。
- 标注文字与尺寸线的距离为"0.8"。
- 箭头大小为"2"。
- 尺寸界线超出尺寸线的长度为"2"。
- 尺寸线起始点与标注对象端点的距离为"0"。
- 标注基线尺寸时，平行尺寸线之间的距离为"7"。
- 使【国标标注】成为当前标注样式。

（6）设置当前注释比例为 2∶1。

（7）打开对象捕捉功能，设置捕捉模式为【端点】【交点】。标注尺寸，结果如图 5-92所示。

【案例 5-21】 打开素材文件"dwg\项目 5\5-21.dwg"，标注该图形，结果如图 5-93 所示。

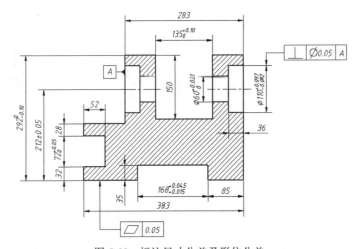

5-21　标注尺寸
公差及形位公差

图 5-93　标注尺寸公差及形位公差

## 二、标注组合体尺寸

【案例 5-22】 打开素材文件"dwg\项目 5\5-22.dwg"，如图 5-94 所示，标注该组合体尺寸。图幅选用 A3 幅面，绘图比例为 1∶1.5，标注文字高度为"2.5"，字体文件为"gbeitc.shx"。

5-22　标注组合体
尺寸（1）

（1）标注圆柱体的定形尺寸，结果如图 5-95 所示。

（2）标注底板的定形尺寸及其上孔的定位尺寸，结果如图 5-96 所示。

（3）标注三角形肋板与右顶板的定形尺寸及定位尺寸，结果如图 5-97 所示。

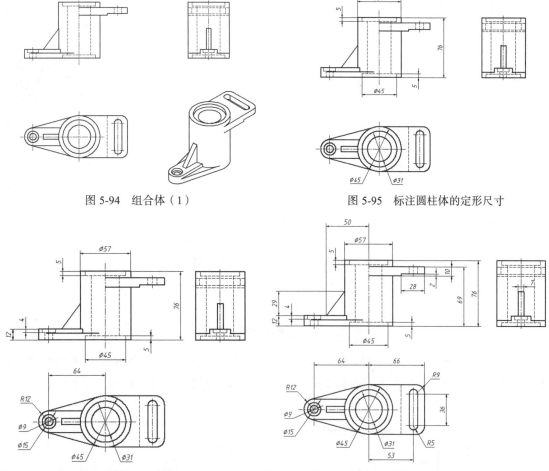

图 5-94　组合体（1）　　　　　　　图 5-95　标注圆柱体的定形尺寸

图 5-96　标注底板的定形尺寸及其上孔的定位尺寸　　图 5-97　标注三角形肋板与右顶板的定形尺寸及定位尺寸

【案例 5-23】　打开素材文件 "dwg\项目 5\5-23.dwg"，如图 5-98 所示，标注该组合体尺寸。图幅选用 A3 幅面，绘图比例自定，标注文字高度为 "2.5"，字体文件为 "gbeitc.shx"。

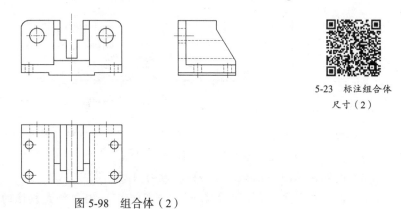

5-23　标注组合体
尺寸（2）

图 5-98　组合体（2）

## 三、插入图框、标注零件尺寸及表面结构符号

【案例 5-24】　打开素材文件 "dwg\项目 5\5-24.dwg"，标注传动轴零件图，标注结果如

图 5-99 所示。零件图图幅选用 A3 幅面，绘图比例为 2∶1，标注文字高度为 "2.5"，字体文件为 "gbeitc.shx"，标注全局比例因子为 "0.5"。此案例的目的是帮助读者掌握标注零件图尺寸的步骤和技巧。

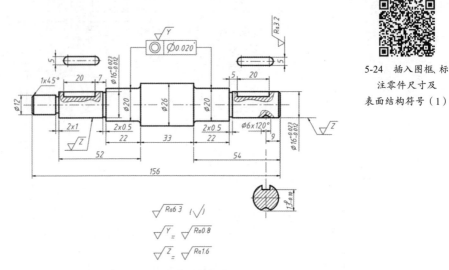

5-24 插入图框、标注零件尺寸及表面结构符号（1）

图 5-99　标注传动轴零件图

（1）打开包含标准图框及表面结构符号的图形文件 "dwg\项目 5\A3.dwg"。在绘图窗口中单击鼠标右键，弹出快捷菜单，选择【剪贴板】/【带基点复制】命令，如图 5-100 所示。先指定 A3 图框的右下角为基点，再选择该图框及表面结构符号。

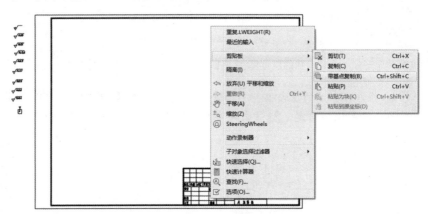

图 5-100　复制图框

（2）切换到当前零件图，在绘图窗口中单击鼠标右键，弹出快捷菜单，选择【剪贴板】/【粘贴】命令，把 A3 图框复制到当前图形中，结果如图 5-101 所示。

（3）使用 SCALE 命令把 A3 图框和表面结构符号缩小 50%。

（4）创建新文字样式，样式名为 "标注文字"，与该样式相连的字体文件是 "gbeitc.shx" "gbcbig.shx"。

（5）创建一个标注样式，名为 "国标标注"，对该样式做以下设置。

- 标注文字连接【标注文字】，文字高度为 "2.5"，精度为【0.0】，小数点格式为【"."（句点）】。

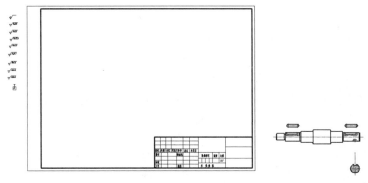

图 5-101　复制图框

- 标注文字与尺寸线的距离为 "0.8"。
- 箭头大小为 "2"。
- 尺寸界线超出尺寸线的长度为 "2"。
- 尺寸线起始点与标注对象端点的距离为 "0"。
- 标注基线尺寸时，平行尺寸线之间的距离为 "7"。
- 标注全局比例因子为 "0.5"（绘图比例的倒数）。
- 使【国标标注】成为当前标注样式。

（6）使用 MOVE 命令将视图放入图框内，创建尺寸，再使用 COPY 及 ROTATE 命令标注表面结构符号，结果如图 5-99 所示。

【案例 5-25】 打开素材文件 "dwg\项目 5\5-25.dwg"，标注微调螺杆零件图，标注结果如图 5-102 所示。图幅选用 A3 幅面，绘图比例为 2：1，标注文字高度为 "3.5"，技术要求部分的文字高度分别为 "5" 和 "3.5"。中文字体文件采用 "gbcbig.shx"，西文字体文件采用 "gbeitc.shx"。

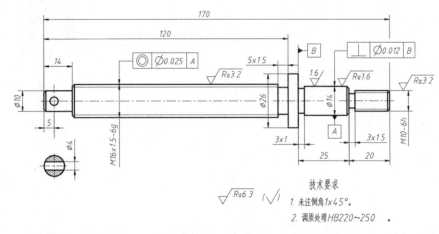

5-25　插入图框、
标注零件尺寸及
表面结构符号（2）

图 5-102　标注微调螺杆零件图

【案例 5-26】 打开素材文件 "dwg\项目 5\5-26.dwg"，标注传动箱盖零件图，标注结果如图 5-103 所示。图幅选用 A3 幅面，绘图比例为 1：2.5，标注文字高度为 "3.5"，技术要求部分的文字高度分别为 "5" 和 "3.5"。中文字体文件采用 "gbcbig.shx"，西文字体文件采用 "gbeitc.shx"。

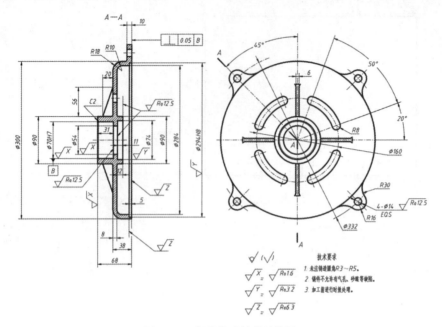

5-26 插入图框、
标注零件尺寸及
表面结构符号（3）

图 5-103 标注传动箱盖零件图

【案例 5-27】打开素材文件"dwg\项目 5\5-27.dwg"，标注尾座零件图，标注结果如图 5-104 所示。图幅选用 A3 幅面，绘图比例为 1∶1，标注文字高度为"3.5"，技术要求部分的文字高度分别为"5"和"3.5"。中文字体文件采用"gbcbig.shx"，西文字体文件采用"gbeitc.shx"。

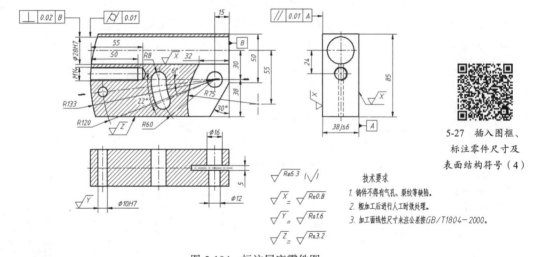

5-27 插入图框、
标注零件尺寸及
表面结构符号（4）

图 5-104 标注尾座零件图

## 【实战演练】

1. 打开素材文件"dwg\项目 5\5-28.dwg"，在图中添加单行文字，结果如图 5-105 所示。文字高度为 3.5，中文字体文件采用"gbcbig.shx"，西文字体文件采用"gbeitc.shx"。

2. 打开素材文件"dwg\项目 5\5-29.dwg"，在图中添加多行文字，结果如图 5-106 所示。图中的文字特性如下。

- "弹簧总圈数……"及"加载到……"：文字高度为"5"，中文字体文件采用"gbcbig.shx"，西文字体文件采用"gbeitc.shx"。

- "检验项目:": 文字高度为"4",字体采用"黑体"。
- "检验弹簧……": 文字高度为"3.5",字体采用"楷体"。

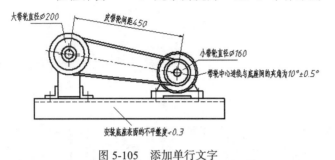

图 5-105　添加单行文字　　　　　　　　　　　图 5-106　添加多行文字

3. 打开素材文件"dwg\项目 5\5-30.dwg",在图中添加单行文字及多行文字,结果如图 5-107 所示。图中的文字特性如下。

- 单行文字字体为"宋体",文字高度为"10",其中部分文字沿 60°方向书写,字体倾斜角度为 30°。
- 多行文字高度为"12",字体为"黑体"和"宋体"。

4. 打开素材文件"dwg\项目 5\5-31.dwg",标注该图形,结果如图 5-108 所示。

图 5-107　添加单行文字及多行文字　　　　　　图 5-108　标注平面图形

5. 打开素材文件"dwg\项目 5\5-32.dwg",标注法兰盘零件图,结果如图 5-109 所示。图幅选用 A3 幅面,绘图比例为 1:1.5,标注文字高度为"3.5",字体文件为"gbeitc.shx",标注全局比例因子为"1.5"。

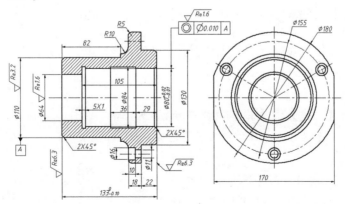

图 5-109　标注法兰盘零件图

项目6

查询信息、图块及外部参照

## 【项目导读】

在绘制平面图形的过程中，除了可以使用之前学习的命令绘制图形，还可以使用图块、引用外部图形等方法反复使用已经绘制好的图形，以提高绘图效率。绘制完成后，还可以使用相应命令测量图形角度，计算图形的面积及周长。

## 【学习目标】

通过学习本项目，读者应掌握查询坐标、距离、半径、角度、面积、周长等图形信息的方法，并了解图块、外部参照的概念及基本使用方法等。

## 【能力目标】

通过学习本项目，读者应学会获取图形信息的方法，学会使用图块及外部参照命令，学会定制图块及引用外部图形，培养与他人合作分析图形的能力。

# 任务 6.1  获取图形信息的方法

本任务将介绍获取图形信息的一些命令。

## 6.1.1  查询点的坐标

ID 命令用于查询图形对象上某点的绝对直角坐标，坐标以 "$x=$，$y=$，$z=$" 形式显示出来。对于二维图形，$z$ 坐标为 0。

命令的启动方法

- 菜单命令：【工具】/【查询】/【点坐标】。
- 面板：【默认】选项卡中【实用工具】面板上的 按钮。
- 命令：ID。

【案例 6-1】 练习使用 ID 命令。

打开素材文件 "dwg\项目 6\6-1.dwg"，单击【实用工具】面板上的 按钮，启动 ID 命令，系统提示如下。

```
命令：'_id 指定点：CEN
于                                        //捕捉圆心 A，如图 6-1 所示
X = 1463.7504   Y = 1166.5606   Z = 0.0000    //系统显示圆心坐标
```

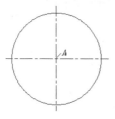

6-1  查询点的坐标

图 6-1  查询点的坐标

 　　　使用 ID 命令显示的坐标与当前坐标系的位置有关。如果用户创建新坐标系，那么 ID 命令测量的同一点的坐标将发生变化。

## 6.1.2  测量距离及连续线长度

MEASURGEOM（缩写为 MEA）命令的"距离(D)"选项（或 DIST 命令）既可以用于测量两点之间的距离，也可以计算两点连线与 $xy$ 平面的夹角，以及两点连线在 $xy$ 平面内的投影与 $x$ 轴的夹角，还可以测出连续线的长度。

命令的启动方法

- 菜单命令：【工具】/【查询】/【距离】。
- 面板：【默认】选项卡中【实用工具】面板上的 按钮。
- 命令：MEASUREGEOM 或缩写 MEA。

6-2  测量距离及
连续线长度

【案例 6-2】  练习使用 MEA 命令。

打开素材文件 "dwg\项目 6\6-2.dwg"，单击【实用工具】面板上的 按钮，启动 MEA 命令，系统提示如下。

```
命令：_MEASUREGEOM
指定第一点：                              //捕捉端点 A
指定第二个点或[多个点(M)]：                 //捕捉端点 B，如图 6-2 所示
距离 = 206.9383，XY 平面中的倾角 = 106，   与 XY 平面的夹角 = 0
X 增量 = -57.4979，   Y 增量 = 198.7900，    Z 增量 = 0.0000
输入一个选项[距离(D)/半径(R)/角度(A)/面积(AR)/体积(V)/快速(Q)/模式(M)/退出(X)] <距离>：X
                                         //结束
```

显示的测量值的意义如下。

- 距离：两点之间的距离。
- XY 平面中的倾角：两点连线在 $xy$ 平面上的投影与 $x$ 轴的夹角，如图 6-3（a）所示。
- 与 XY 平面的夹角：两点连线与 $xy$ 平面的夹角，如图 6-3（a）所示。

图 6-2  测量距离

- X 增量：两点的 $x$ 坐标差值。
- Y 增量：两点的 $y$ 坐标差值。
- Z 增量：两点的 $z$ 坐标差值。

 使用 MEA 命令时，两点的选择顺序不影响距离的值，但影响该命令的其他测量值。

### 1. 计算由线段构成的连续线长度

启动 MEA 命令，选择"多个点(M)"选项，然后指定连续线的端点就能计算出图 6-3（b）所示的连续线长度。

### 2. 计算包含圆弧的连续线长度

启动 MEA 命令，选择"多个点(M)""圆弧(A)""直线(L)"选项，就可以像绘制多段线一样测量图 6-3（c）所示的含圆弧的连续线长度。

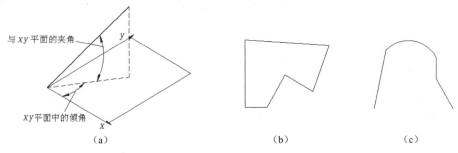

图 6-3　测量距离及长度

启动 MEA 命令后，再单击状态栏上的 ⊞ 按钮，打开动态提示，系统将在屏幕上显示测量结果。完成一次测量的同时将弹出菜单，选择【距离】命令，可以继续测量另一条连续线的长度。

## 6.1.3　测量半径及直径

MEA 命令的"半径(R)"选项可以用于测量圆或圆弧的半径和直径。

*命令的启动方法*

- 菜单命令：【工具】/【查询】/【半径】。
- 面板：【默认】选项卡中【实用工具】面板上的 ⊙ 按钮。

启动该命令，选择圆或圆弧，系统将在命令提示窗口中显示半径及直径。若同时打开动态提示，则系统将在绘图区域中直接显示测量结果，如图 6-4 所示。完成一次测量后，还将弹出菜单，选择其中的命令可以继续进行测量。

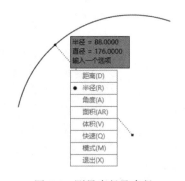

图 6-4　测量半径及直径

## 6.1.4　测量角度

MEA 命令的"角度(A)"选项可以用于测量角度，包括两条线段的夹角、圆弧的圆心角及3点确定的角度等，如图 6-5 所示。

命令的启动方法

- 菜单命令：【工具】/【查询】/【角度】。
- 面板：【默认】选项卡中【实用工具】面板上的☑按钮。

打开动态提示，启动该命令，测量角度，系统将在绘图区域中直接显示测量结果。

（1）测量两条线段的夹角。

单击☑按钮，选择夹角的两条边，如图6-5（a）所示。

（2）测量圆弧的圆心角。

单击☑按钮，选择圆弧，或者在圆上选择两点，如图6-5（b）所示。

（3）测量3点确定的角度。

单击☑按钮，先选择夹角的顶点，再选择另外两点，如图6-5（c）所示。

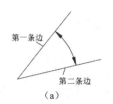 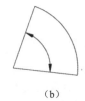 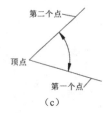

（a）　　　　　　　　　　（b）　　　　　　　　　　（c）

图6-5　测量角度

## 6.1.5　计算图形面积及周长

MEA命令的"面积(AR)"选项（或AREA命令）可以用于测量图形的面积及周长。打开动态提示，单击【实用工具】面板上的☑按钮，启动该命令，系统将在绘图区域中显示测量结果。

命令的启动方法

- 菜单命令：【工具】/【查询】/【面积】。
- 面板：【默认】选项卡中【实用工具】面板上的☑按钮。

启动该命令的同时打开动态提示，系统将在绘图区域中直接显示测量结果。

（1）测量多边形区域的面积及周长。

启动MEA或AREA命令，然后指定折线的端点，就能计算出折线包围区域的面积及周长，如图6-6（a）所示。若折线不闭合，则系统假定将其闭合进行计算，所得周长是折线闭合后的数值。

（2）测量包含圆弧区域的面积及周长。

启动MEA或AREA命令，选择"圆弧(A)"或"直线(L)"选项，就可以像创建多段线一样"绘制"图形的外轮廓，如图6-6（b）所示。"绘制"完成，系统显示面积及周长。若轮廓不闭合，则系统假定将其闭合进行计算，所得周长是轮廓闭合后的数值。

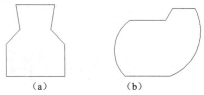

（a）　　　　　　　（b）

图6-6　计算图形的面积及周长（1）

【案例6-3】　使用MEA命令计算图6-7所示图形的面积及周长。

打开素材文件"dwg\项目6\6-3.dwg"，

6-3　利用MEA命令计算图形的面积及周长

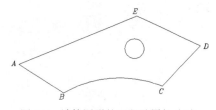

图6-7　计算图形的面积及周长（2）

单击【实用工具】面板上的 按钮，启动 MEA 命令，系统提示如下。

```
命令: _MEASUREGEOM                              //以下命令序列中不必要的选项已略去
指定第一个角点或[增加面积(A)] <对象(O)>: A        //选择"增加面积(A)"选项
指定第一个角点:                                  //捕捉点 A
（"加"模式）指定下一个点:                         //捕捉点 B
（"加"模式）指定下一个点或[圆弧(A)]: A            //选择"圆弧(A)"选项
指定圆弧的端点或[第二个点(S)]: S                 //选择"第二个点(S)"选项
指定圆弧上的第二个点: NEA 到                      //捕捉圆弧上的一点
指定圆弧的端点:                                  //捕捉 C 点
指定圆弧的端点或[直线(L)]: L                     //选择"直线(L)"选项
（"加"模式）指定下一个点:                         //捕捉点 D
（"加"模式）指定下一个点:                         //捕捉点 E
（"加"模式）指定下一个点:                         //按 Enter 键
区域 = 933629.2416, 周长 = 4652.8657
总面积 = 933629.2416
指定第一个角点或[减少面积(S)]: S                 //选择"减少面积(S)"选项
指定第一个角点或[对象(O)/增加面积(A)]: O          //选择"对象(O)"选项
（"减"模式）选择对象:                             //选择圆
区域 = 36252.3386, 圆周长 = 674.9521
总面积 = 897376.9029
（"减"模式）选择对象:                             //按 Enter 键结束
```

命令的选项介绍如下。

（1）对象(O)：求出所选对象的面积，有以下两种情况。

- 用户选择的对象是圆、椭圆、面域、正多边形及矩形等闭合图形。
- 对于非封闭的多段线及样条曲线，系统将假定有一条连线使其闭合，然后计算出闭合区域的面积，而计算出的周长却是多段线及样条曲线的实际长度。

（2）增加面积(A)：进入"加"模式。该选项可以使用户将新测量的面积加入总面积中。

（3）减少面积(S)：利用此选项可以把新测量的面积从总面积中减去。

 用户可以将复杂图形创建成面域，然后利用"对象(O)"选项查询其面积及周长。

## 6.1.6 列出对象的图形信息

LIST 命令用于以列表形式显示对象的图形信息，这些信息因对象类型的不同而不同，一般包括以下内容。

- 对象的类型、图层及颜色等。
- 对象的一些几何特性，如线段的长度、端点坐标、圆心位置、半径大小、圆的面积及周长等。

命令的启动方法

- 菜单命令：【工具】/【查询】/【列表】。

- 面板：【默认】选项卡中【特性】面板上的  按钮。
- 命令：LIST 或缩写 LI。

【案例 6-4】 练习使用 LIST 命令。

打开素材文件"dwg\项目 6\6-4.dwg"，单击【特性】面板上的  按钮，启动 LIST 命令，系统提示如下。

```
命令：_list
选择对象：找到 1 个              //选择圆，如图 6-8 所示
选择对象：                       //按  Enter  键结束，系统打开命令窗口
        圆        图层：0
空间：模型空间
句柄 = 1e9
圆心 点，X=1643.5122  Y=1348.1237  Z=   0.0000
半径    59.1262
周长   371.5006
面积 10982.7031
```

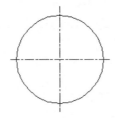

6-4 练习使用
LIST 命令

图 6-8 练习使用 LIST 命令

**要点提示** 用户可以将复杂图形创建成面域，然后使用 LIST 命令查询其面积及周长等。

## 6.1.7 查询图形信息综合练习

【案例 6-5】 打开素材文件"dwg\项目 6\6-5.dwg"，如图 6-9 所示，计算该图形的面积及周长。

（1）使用 REGION 命令将图形外轮廓线及内部线框创建成面域。

（2）使用外轮廓线构成的面域"减去"内部线框构成的面域。

（3）使用 LIST 命令查询面域的面积和周长，结果为：面积等于 12825.2162，周长等于 643.8560。

6-5 查询图形信息
综合练习（1）

【案例 6-6】 打开素材文件"dwg\项目 6\6-6.dwg"，如图 6-10 所示，试计算以下内容。

① 图形外轮廓线的周长。

② 线框 A 的周长及围成的面积。

③ 3 个圆弧槽的总面积。

④ 去除圆弧槽及内部异形孔后的图形总面积。

6-6 查询图形信息
综合练习（2）

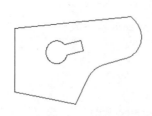

图 6-9　计算图形的面积及周长（1）

图 6-10　计算图形的面积及周长（2）

（1）使用 REGION 命令将图形外轮廓线围成的区域创建成面域，然后使用 LIST 命令获取外轮廓线的周长，数值为 758.56。

（2）把线框 A 围成的区域创建成面域，再使用 LIST 命令查询该面域的周长和面积，数值分别为 292.91 和 3421.76。

（3）将 3 个圆弧槽创建成面域，然后利用 MEA 命令的"增加面积(A)"选项计算 3 个圆弧槽的总面积，数值为 4108.50。

（4）使用外轮廓线面域"减去" 3 个圆弧槽面域及内部异形孔面域，再使用 LIST 命令查询图形总面积，数值为 17934.85。

# 任务 6.2　图块

机械工程中有大量反复使用的标准件，如轴承、螺栓、螺钉等。由于某种类型的标准件的结构、形状相同，只是尺寸、规格有所不同，因此作图时，常事先将它们创建成图块，这样当用到标准件时，只需插入已定义的图块即可。

## 6.2.1　创建及插入图块

使用 BLOCK 命令可以将图形的一部分或整个图形创建成图块，用户不仅可以给图块命名，而且可以定义插入基点。

用户可以使用 INSERT 命令在当前图形中插入图块或其他图形。无论被插入的图块或图形多么复杂，系统都将它们作为一个单独对象。如果用户需编辑其中的单个图形对象，就必须分解图块或图形。

命令的启动方法见表 6-1。

表 6-1　命令的启动方法

| 方式 | 创建图块 | 插入图块 |
| --- | --- | --- |
| 菜单命令 | 【绘图】/【块】/【创建】 | 【插入】/【块选项板】 |
| 面板 | 【默认】选项卡中【块】面板上的 按钮 | 【默认】选项卡中【块】面板上的 按钮 |
| 命令 | BLOCK 或缩写 B | INSERT 或缩写 I |

【案例6-7】 创建及插入图块。

（1）打开素材文件"dwg\项目6\6-7.dwg"，如图6-11所示。

（2）单击【块】面板上的 按钮，打开【块定义】对话框，在【名称】
文本框中输入图块名称"螺栓"，如图6-12所示。

6-7 创建及插入
图块

（3）选择构成图块的图形对象。单击 按钮（选择对象），系统返回绘
图窗口，并提示"选择对象"，选择螺栓头及垫圈，按 Enter 键。

（4）指定图块的插入基点。单击 按钮（拾取点），系统返回绘图窗口，并提示"指定插
入基点"，拾取点 A，如图6-11所示。

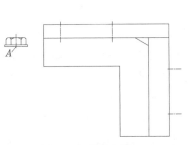

图6-11 素材文件

图6-12 【块定义】对话框

（5）单击 确定 按钮，系统生成图块。

（6）插入图块。单击【默认】选项卡中【块】面板上 按钮下方的 按钮，在弹出的菜
单中选择【螺栓】图块，如图6-13所示。系统提示如下。

```
命令: _insert 输入块名或 [?] <螺栓>: 螺栓
指定插入点或 [基点(B)/比例(S)/X/Y/Z/旋转(R)]: S        //选择"比例(S)"选项
指定 XYZ 轴的比例因子 <1>: 1                        //输入缩放比例因子
指定插入点或 [基点(B)/比例(S)/X/Y/Z/旋转(R)]: R        //选择"旋转(R)"选项
指定旋转角度 <0>: -90                               //输入图块的旋转角度
指定插入点或 [基点(B)/比例(S)/X/Y/Z/旋转(R)]:         //指定插入点 B
```

结果如图6-14所示。

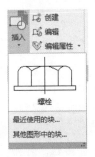

图6-13 【插入】下拉列表

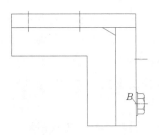

图6-14 插入图块

用户可以指定 x、y 方向的负缩放比例因子，此时插入的图块将做镜像变换。

（7）插入其他图块。

【块定义】对话框中常用选项的功能见表 6-2。

表 6-2 【块定义】对话框中常用选项的功能

| 选项 | 功能 |
|---|---|
| 【名称】 | 在此文本框中输入新建图块的名称 |
| 【选择对象】 | 单击 ✛ 按钮，切换到绘图窗口，用户可以在绘图区域中选择构成图块的图形对象 |
| 【拾取点】 | 单击 🔲 按钮，切换到绘图窗口，用户可以直接在图形中拾取某点作为图块的插入基点 |
| 【保留】 | 系统生成图块后，还保留构成图块的源对象 |
| 【转换为块】 | 系统生成图块后，把构成图块的源对象也转换为图块 |

## 6.2.2　定义及使用图块属性

在 AutoCAD 中，可以使图块附带属性。属性类似商品标签，包含了图块不能表达的一些文字信息，如材料、型号、制造者等，存储在属性中的信息一般称为属性值。当使用 BLOCK 命令创建图块时，将已定义的属性与图形一起创建成图块，这样图块中就包含属性了。当然，用户也可以只将属性本身创建成一个图块。

属性有助于用户快速制作关于设计项目的信息报表，或者作为一些符号块的可变文字对象。此外，属性也常用来预定义文字的位置、内容或提供信息的默认值等。例如，把标题栏中的一些文字项目定制成属性对象，就能方便地填写或修改。

**命令的启动方法**

● 菜单命令:【绘图】/【块】/【定义属性】。

● 面板:【默认】选项卡中【块】面板上的 🔲 按钮。

● 命令: ATTDEF 或缩写 ATT。

【案例 6-8】 定义属性及使用图块属性。

（1）打开素材文件 "dwg\项目 6\6-8.dwg"。

（2）单击【块】面板上的 🔲 按钮，打开【属性定义】对话框。在【属性】分组框中输入下列内容。

【标记】: 姓名及号码
【提示】: 请输入您的姓名及电话号码
【默认】: 李燕　2660732

（3）在【文字样式】下拉列表中选择【样式-1】选项，在【文字高度】文本框中输入数值 "3"，如图 6-15 所示。然后单击 确定 按钮，系统提示 "指定起点"，在电话机的下边拾取点 A，如图 6-16 所示。创建属性后，双击它或利用 PROPERTIES 命令对其进行编辑。前者可以修改属性标记、提示及默认值，后者可以编辑属性定义的更多项目。

（4）将属性与图形一起创建成图块。单击【块】面板上的 🔲 按钮，打开【块定义】对话框。

6-8　定义及使用
图块属性

（5）在【名称】文本框中输入新建图块的名称 "电话机"，在【对象】分组框中选中【保留】单选按钮，如图 6-17 所示。

图 6-15　【属性定义】对话框

姓名及号码

图 6-16　定义属性

（6）单击 ✛ 按钮（选择对象），系统返回绘图窗口，并提示"选择对象"，选择电话机及属性。

（7）指定图块的插入基点。单击 按钮（拾取点），系统返回绘图窗口，并提示"指定插入基点"，拾取点 *B*，如图 6-16 所示。

（8）单击 确定 按钮，生成图块。

（9）插入带属性的图块。单击【块】面板上 按钮下方的 ▼ 按钮，在弹出的菜单中选择【电话机】图块，指定插入点，系统打开【编辑属性】对话框，输入新的属性值，如图 6-18 所示。

图 6-17　【块定义】对话框

图 6-18　【编辑属性】对话框

（10）单击 确定 按钮，结果如图 6-19 所示。选中图块，利用快捷菜单上的【特性】命令可以修改图块沿坐标轴的缩放比例。

【属性定义】对话框（见图 6-15）中常用选项的功能介绍如下。

- 【不可见】：控制属性值在图形中的可见性。如果想使图形中包含属性信息，但又不想使其在图形中显示出来，就选中该复选框。一些文字信息（如零部件的成本、产地和存放仓库等）

姓名及号码

张涛　5895926

图 6-19　插入带属性的图块

不必在图形中显示出来，就可以设定为不可见属性。

- 【固定】：选中该复选框，属性值将为常量。
- 【验证】：设置是否对属性值进行校验。若选中该复选框，则插入图块并输入属性值后，系统将再次给出提示，让用户校验输入值是否正确。
- 【预设】：该复选框用于设定是否将实际属性值设置成默认值。若选中该复选框，则插入图块时，系统将不再提示用户输入新属性值，实际属性值等于【默认】文本框中的默认值。
- 【锁定位置】：锁定图块参照中属性的位置。解锁后，属性可以相对于使用夹点编辑的图块的其他部分移动，并且可以调整多行文字属性的大小。
- 【多行】：指定属性值可以包含多行文字。选中此复选框后，可以指定属性的边界宽度。
- 【标记】：标记图形中每次出现的属性。使用任何字符组合（空格除外）输入属性标记。小写字母会自动转换为大写字母。
- 【提示】：指定在插入包含属性的图块时显示的提示。若不输入提示，则属性标记将用作提示。如果在【模式】分组框中选中【固定】复选框，那么【属性】分组框中的【提示】选项将不可用。
- 【默认】：指定默认的属性值。
- 【插入点】：指定属性位置，输入坐标或选中【在屏幕上指定】复选框。
- 【对正】：该下拉列表中包含了十多种属性文字的对齐方式，如左对齐、居中、中间、左上和右下等。这些选项的功能与 TEXT 命令对应选项的功能相同。
- 【文字样式】：从该下拉列表中选择文字样式。
- 【文字高度】：在该文本框中输入属性文字的高度。
- 【旋转】：设定属性文字的旋转角度。

## 6.2.3 编辑图块的属性

若属性已被创建为图块，则用户可以用 EATTEDIT 命令来编辑属性值及其他特性。此外，双击带属性的图块也可以启动该命令。

**命令的启动方法**
- 菜单命令：【修改】/【对象】/【属性】/【单个】。
- 面板：【默认】选项卡中【块】面板上的 按钮。
- 命令：EATTEDIT。

【案例 6-9】 练习使用 EATTEDIT 命令。

（1）打开素材文件 "dwg\项目 6\6-9.dwg"。

（2）双击 "垫圈 12" 图块，系统打开【增强属性编辑器】对话框，在【值】文本框中输入垫圈数量。

6-9 编辑图块的属性

（3）单击 应用(A) 按钮。

【增强属性编辑器】对话框中有【属性】【文字选项】【特性】3 个选项卡，它们的功能介绍如下。

【属性】选项卡：在该选项卡中，系统列出了当前图块对象中各个属性的标记、提示及值，如图 6-20 所示。选中某一属性，用户就可以在【值】文本框中修改属性的值。

【文字选项】选项卡：该选项卡用于修改属性文字的一些特性，如文字样式、文字高度等，如图 6-21 所示。该选项卡中各选项的含义与【文字样式】对话框中同名选项的含义相同，参见 5.1.1 小节。

图 6-20 　【属性】选项卡

【特性】选项卡：在该选项卡中，用户可以修改属性文字的图层、线型、颜色等，如图 6-22 所示。

图 6-21 　【文字选项】选项卡

图 6-22 　【特性】选项卡

## 6.2.4　图块及属性综合练习

【案例 6-10】 创建图块、属性，插入带属性的图块。

（1）打开素材文件"dwg\项目 6\6-10.dwg"。

（2）定义属性"表面结构"，该属性包含以下内容。

【标记】：表面结构
【提示】：请输入表面结构数值
【默认】：Ra12.5

（3）设定属性文字的高度为"3.5"，文字样式为【工程文字】，对齐方式为【左对齐】，对齐点在点 A 处，如图 6-23 所示。

（4）将表面结构符号及属性一起创建成图块。

（5）插入"表面结构"图块并输入属性值，结果如图 6-24 所示。

图 6-23　定义属性

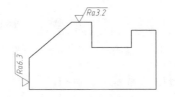

图 6-24　插入"表面结构"图块并输入属性值

6-10　图块及属性
综合练习

# 任务 6.3　外部参照

当用户将其他图形以图块的形式插入当前图形中时，被插入的图形就会成为当前图形的一部分。用户可能并不想如此，只是想把另一个图形作为当前图形的一个样例，或者想观察正在绘制的图形与其他图形是否匹配，此时就可以通过外部引用（也称 Xref）将其他图形放置到当前图形中。

Xref 能使用户方便地在自己的图形中以引用的方式看到其他图形，而被引用的图形并不会成为当前图形的一部分，当前图形中仅记录了外部引用文件的位置和名称。

## 6.3.1　引用外部图形

调用 ATTACH 命令引用外部图形，可以设定外部图形沿坐标轴的缩放比例及引用方式。

命令的启动方法

- 菜单命令：【插入】/【DWG 参照】。
- 面板：【插入】选项卡中【参照】面板上的 按钮。
- 命令：ATTACH。

【案例 6-11】　练习使用 ATTACH 命令。

（1）创建一个新的图形文件。

（2）单击【参照】面板上的 按钮，打开【选择参照文件】对话框，通过此对话框选择文件"dwg\项目 6\6-11-A.dwg"，再单击 打开(O) 按钮，弹出【附着外部参照】对话框，如图 6-25 所示。

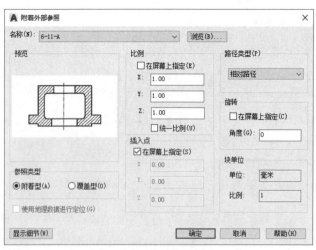

6-11　引用外部
图形

图 6-25　【附着外部参照】对话框

（3）单击 确定 按钮，再按系统提示指定文件的插入点，移动及缩放视图，结果如图 6-26 所示。

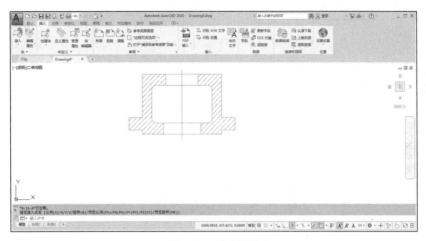

图 6-26　插入图形

（4）用相同方法引用图形文件"dwg\项目 6\6-11-B.dwg"，再使用 MOVE 命令把两个图形组合在一起，结果如图 6-27 所示。

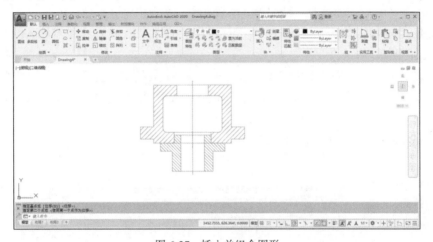

图 6-27　插入并组合图形

【附着外部参照】对话框中常用选项的功能介绍如下。

- 【名称】：该下拉列表中显示了当前图形中包含的外部引用文件的名称。用户既可以在此下拉列表中直接选择文件，也可以单击 浏览(B)... 按钮查找其他引用文件。

- 【附着型】：图形 A 嵌套了其他 Xref，而它们是以"附着型"方式被引用的。当新文件引用图形 A 时，用户不仅可以看到图形 A 本身，还可以看到图形 A 中嵌套的 Xref。"附着型"方式的 Xref 不能循环嵌套，即如果图形 A 引用了图形 B，而图形 B 又引用了图形 C，那么图形 C 不能再引用图形 A。

- 【覆盖型】：图形 A 中有多层嵌套的 Xref，但它们均以"覆盖型"方式被引用。当其他图形引用图形 A 时，只能看到图形 A 本身，而其包含的任何 Xref 都不会显示出来。"覆盖型"方式的 Xref 可以循环引用，这使设计人员可以灵活地查看其他任何图形文件，而无须为图形之间的嵌套关系担忧。

- 【插入点】：在此分组框中指定外部引用文件的插入基点。既可以直接在【X】【Y】【Z】文本框中输入插入点坐标，也可以选中【在屏幕上指定】复选框，然后在屏幕上指定插入点。

- 【比例】：在此分组框中指定外部引用文件的缩放比例。既可以直接在【X】【Y】【Z】文本框中输入沿着 3 个方向的比例因子，也可以选中【在屏幕上指定】复选框，然后在屏幕上指定缩放比例。

- 【旋转】：确定外部引用文件的旋转角度。既可以直接在【角度】文本框中输入角度，也可以选中【在屏幕上指定】复选框，然后在屏幕上指定旋转角度。

## 6.3.2　更新外部引用

当修改被引用的图形后，系统并不会自动更新当前图形中的 Xref 图形，用户必须重新加载以将其更新。

**命令的启动方法**

- 菜单命令：【插入】/【外部参照】。
- 面板：【插入】选项卡中【参照】面板右下角的 按钮。
- 命令：XREF 或缩写 XR。

继续前面的练习，下面修改外部图形，然后在当前图形中将其更新。

（1）打开素材文件"dwg\项目 6\6-11-A.dwg"，使用 STRETCH 命令将零件下部配合孔的直径增加 4，保存图形。

（2）切换到新图形文件。单击【参照】面板右下角的 按钮，打开【外部参照】对话框，如图 6-28 所示。在该对话框的【文件参照】列表框中选中"6-11-A.dwg"文件后，单击鼠标右键，弹出快捷菜单，选择【重载】命令，以加载外部图形。

（3）重新加载外部图形后，结果如图 6-29 所示。

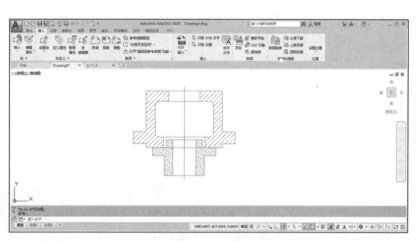

图 6-28　【外部参照】对话框　　　　　　　　图 6-29　重新加载图形

【外部参照】对话框中常用选项和快捷菜单命令的功能介绍如下。

- 按钮：单击此按钮，系统弹出【选择参照文件】对话框，用户通过此对话框可选择要插入的图形文件。

- 【附着】（快捷菜单中的命令，以下都是）：选择此命令，系统弹出【附着外部参照】对话框，用户可通过此对话框选择要插入的图形文件。

- 【卸载】：暂时移走当前图形中的某个外部引用文件，但列表框中仍保留该文件的路径。
- 【重载】：在不退出当前图形文件的情况下，更新外部引用文件。
- 【拆离】：将某个外部引用文件去除。
- 【绑定】：将外部引用文件永久地插入当前文件中，使之成为当前文件的一部分，详细内容参见 6.3.3 小节。

## 6.3.3 转化外部引用文件的内容为当前图形的一部分

由于被引用的图形本身并不是当前图形的内容，因此被引用的图形的命名项目（如图层、文字样式和尺寸标注样式等）会以特有形式表示出来。Xref 的命名项目表示形式为 "Xref 名称|命名项目"，通过这种方式，系统将外部引用文件的命名项目与当前图形的命名项目区别开来。

用户可以把外部引用文件的内容转化为当前图形的一部分，转化后，Xref 就变为图形中的一个图块；另外，也可以把被引用的图形的命名项目（如图层、文字样式等）转化为当前图形的一部分。通过这种方法，用户可以轻易地使所有图形的图层、文字样式等命名项目保持一致。

在【外部参照】对话框中，选择需要转化的外部引用文件，然后单击鼠标右键，弹出快捷菜单，选择【绑定】命令，打开【绑定外部参照/DGN 参考底图】对话框，如图 6-30 所示。

【绑定外部参照】对话框中有两个选项，它们的功能介绍如下。

- 【绑定】：选择此单选项时，引用图形的所有命名项目的名称由 "Xref 名称|命名项目" 变为 "Xref 名称$N$命名项目"。其中，字母 N 是可以自动增加的整数，以避免与当前图形中的项目名称重复。
- 【插入】：使用该单选项类似先拆离外部引用文件，然后以图块的形式插入外部引用文件。当合并外部图形后命名项目的名称不加任何前缀。例如，外部引用文件中有图层 WALL，当利用【插入】单选项转化外部图形时，如果当前图形中没有 WALL 图层，系统就创建 WALL 图层，否则继续使用原来的 WALL 图层。

在命令行中执行 XBIND 命令，系统打开【外部参照绑定】对话框，如图 6-31 所示。在对话框的【外部参照】列表框中选择要添加到当前图形中的项目，然后单击 添加(A) -> 按钮，把项目加入【绑定定义】列表框中，再单击 确定 按钮。

 用户可以通过 Xref 连接一系列库文件。如果想要使用库文件中的内容，就用 XBIND 命令将库文件中的有关项目（如标注样式、图块等）转化成当前图形的一部分。

图 6-30 【绑定外部参照/DGN 参考底图】对话框

图 6-31 【外部参照绑定】对话框

**【实战演练】**

1. 打开素材文件 "dwg\项目 6\6-12.dwg"，如图 6-32 所示，试计算图形面积及外轮廓线周长。

2. 打开素材文件 "dwg\项目 6\6-13.dwg"，如图 6-33 所示，试计算图形面积及外轮廓线周长。

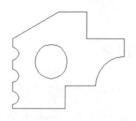
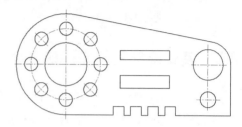

图 6-32　计算图形面积及外轮廓线周长（1）　　　　图 6-33　计算图形面积及外轮廓线周长（2）

3. 创建图块、插入图块及引用外部图形。

（1）打开素材文件 "dwg\项目 6\6-14.dwg"，如图 6-34 所示，将图形定义为图块，图块名称为 "Block"，插入点为点 *A*。

（2）在当前文件中引用外部文件 "dwg\项目 6\6-15.dwg"，然后插入 "Block" 图块，结果如图 6-35 所示。

4. 引用外部图形、修改及保存图形、重新加载图形。

（1）打开素材文件 "dwg\项目 6\6-16-1.dwg" "dwg\项目 6\6-16-2.dwg"。

（2）激活文件 "6-16-1.dwg"，使用 ATTACH 命令插入文件 "6-16-2.dwg"，再使用 MOVE 命令移动图形，使两个图形 "装配" 在一起，结果如图 6-36 所示。

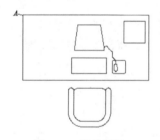
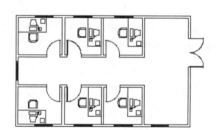
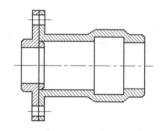

图 6-34　定义图块　　　　　　图 6-35　插入图块　　　　　　图 6-36　引用外部图形

（3）激活文件 "6-16-2.dwg"，如图 6-37（a）所示；使用 STRETCH 命令调整上、下两孔的位置，使两孔之间的距离增加 40，结果如图 6-37（b）所示。

（4）保存文件 "6-16-2.dwg"。

（5）激活文件 "6-16-1.dwg"，使用 XREF 命令重新加载文件 "6-16-2.dwg"，结果如图 6-38 所示。

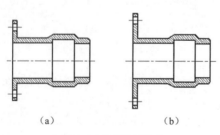
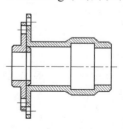

　　（a）　　　　　　　　　（b）

图 6-37　调整孔的位置　　　　　　图 6-38　重新加载文件

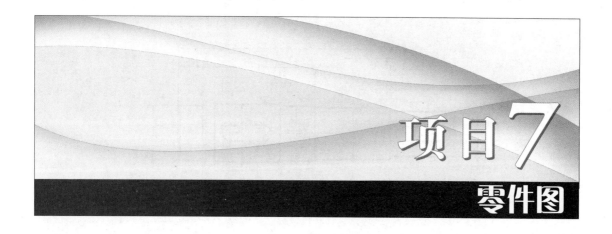

项目 7 零件图

【项目导读】
　　零件图既是展现单个零件形状、大小和特征的图样，也是在制造和检验机器零件时所用的图样。生产过程中，根据零件图和技术要求进行生产准备、加工制造及检验。因此，零件图是指导零件生产的重要技术文件。

【学习目标】
　　通过学习本项目，读者应了解运用 AutoCAD 绘制零件图的一般过程，掌握一些实用的绘图技巧。

【能力目标】
　　通过学习本项目，读者应学会用 AutoCAD 绘制零件图，学会标注零件图尺寸及表面结构符号，学会在零件图中插入图框及布图，在绘制轴套类、盘盖类、叉架类及箱体类零件过程中培养与他人合作分析图形的能力。

# 任务 7.1　绘制典型零件图

　　本任务将介绍典型零件图的绘制方法及技巧。

## 7.1.1　绘制轴套类零件

　　齿轮减速器的传动轴零件图如图 7-1 所示，图例的相关说明如下。

1. 材料

45 号钢。

2. 技术要求

（1）调质处理 190～230HB。

（2）未注圆角半径 $R1.5$。

（3）未注倒角 $2 \times 45°$。

（4）线性尺寸未注公差按 GB/T 1804—2000。

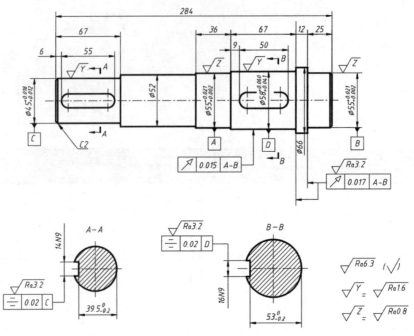

图 7-1　齿轮减速器的传动轴零件图

### 3．配合的选用

安装滚动轴承、带轮及齿轮等处的配合见表 7-1。

表 7-1　配合的选用

| 位置 | 配合 | 说明 |
|---|---|---|
| 安装滚动轴承处 $\phi 55$ | $\phi 55k6$ | 滚动轴承与轴配合，基孔制，轻负荷 |
| 安装齿轮处 $\phi 58$ | $\phi 58H7/r6$ | 因为齿轮在轴上不仅要精确定心，而且要传递扭矩，所以选择过盈配合 |
| 安装带轮处 $\phi 45$ | $\phi 45H7/k6$ | 带轮安装要求同轴度较高，且可拆卸，故选择过渡配合 |
| 键槽 | 14N9 | 一般键连接 |

### 4．形位公差

图 7-1 中径向跳动、端面跳动及对称度的说明见表 7-2。

表 7-2　形位公差

| 形位公差 | 说明 |
|---|---|
| ⟋ 0.015 A-B | 圆柱面对公共基准轴线的径向跳动公差为 0.015 |
| ⟋ 0.017 A-B | 轴肩对公共基准轴线的端面跳动公差为 0.017 |
| ═ 0.02 C | 键槽对称面对基准轴线的对称度公差为 0.02 |

### 5．表面结构

重要部位表面结构数值的选用见表 7-3。

表 7-3　表面结构

| 位置 | 表面结构 Ra | 说明 |
|---|---|---|
| 安装滚动轴承处 | 0.8 | 要求保证定心及配合特性的表面 |
| 安装齿轮处 | 1.6 | 有配合要求的表面 |
| 安装带轮处 | 1.6 | 有配合要求的表面 |
| 键槽侧面 | 3.2 | 与键配合的表面 |

【案例 7-1】　绘制传动轴零件图，如图 7-1 所示。图幅选用 A3 幅面，绘图比例为 1：1.5，标注文字高度为 "3.5"，技术要求中的文字高度分别为 "5" 和 "3.5"。中文字体文件采用 "gbcbig.shx"，西文字体文件采用 "gbeitc.shx"。此案例的目的是帮助读者掌握运用 AutoCAD 绘制轴套类零件的方法和一些作图技巧。主要操作步骤如下。

（1）创建以下图层。

| 名称 | 颜色 | 线型 | 线宽 |
|---|---|---|---|
| 轮廓线层 | 白色 | Continuous | 0.50mm |
| 中心线层 | 红色 | CENTER | 默认 |
| 剖面线层 | 绿色 | Continuous | 默认 |
| 文字层 | 绿色 | Continuous | 默认 |
| 尺寸标注层 | 绿色 | Continuous | 默认 |

7-1　绘制传动轴
零件图

（2）设定绘图区域的大小为 200×200。双击鼠标中键，使绘图区域充满整个绘图窗口显示。

（3）通过【线型控制】下拉列表打开【线型管理器】对话框，在此对话框中设定线型的【全局比例因子】为 "0.3"。

（4）打开极轴追踪、对象捕捉及对象捕捉追踪功能。设置极轴追踪增量角为【90】，设定对象捕捉模式为【端点】【圆心】【交点】。

（5）切换到轮廓线层。绘制零件的轴线 A 和左端面线 B，如图 7-2（a）所示。线段 A 的长度约为 "350"，线段 B 的长度约为 "100"。

（6）以线段 A、B 为作图基准线，使用 OFFSET 和 TRIM 命令绘制轴左边的第 1 段、第 2 段和第 3 段，结果如图 7-2（b）所示。

（a）　　　　　　　　　　　　　　　　　　（b）

图 7-2　绘制轴线和左端面线及轴左边的第 1 段、第 2 段和第 3 段

（7）使用同样的方法绘制轴的其他 3 段，结果如图 7-3（a）所示。

（8）使用 CIRCLE、LINE、TRIM 等命令绘制键槽及剖面图，结果如图 7-3（b）所示。

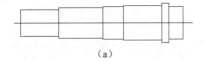
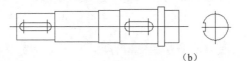

（a）　　　　　　　　　　　　　　　　　　（b）

图 7-3　绘制轴的其他各段、键槽及剖面图

（9）倒角，然后填充剖面图案，结果如图 7-4 所示。

（10）将轴线和定位线等放置到中心线层上，将剖面图案放置到剖面线层上。

（11）打开素材文件 "dwg\项目 7\7-A3.dwg"，该文件包含 A3 幅面的图框、表面结构符号及基准代号。利用 Windows 的复制和粘贴功能将图框及标注符号复制到零件图中，使用 SCALE 命令缩放它们，缩放比例为 "1.5"，然后把零件图布置在图框中，结果如图 7-5 所示。

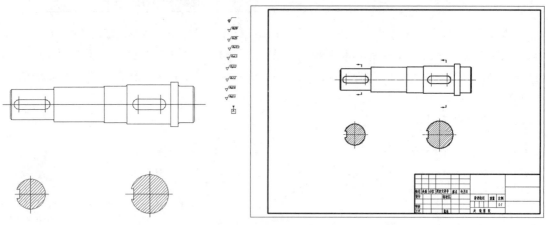

图 7-4　倒角及填充剖面图案　　　　　　　　图 7-5　插入图框

（12）切换到尺寸标注层，标注尺寸及表面结构符号，结果如图 7-6 所示（本图仅为了示意工程图标注后的真实结果）。标注文字高度为 "3.5"，标注全局比例因子为 "1.5"。

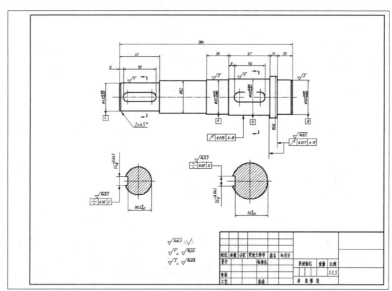

图 7-6　标注尺寸及表面结构符号

（13）切换到文字层，书写技术要求。技术要求中的文字高度为 "5 × 1.5=7.5"，其他文字高度为 "3.5 × 1.5=5.25"。中文字体文件采用 "gbcbig.shx"，西文字体文件采用 "gbeitc.shx"。

　此零件图的绘图比例为 1：1.5，打印时将按此比例出图。打印的真实效果为图纸幅面 A3，图纸上线条长度与零件真实长度的比例为 1：1.5，标注文字高度为 "3.5"，技术要求中的文字高度分别为 "5" 和 "3.5"。

## 7.1.2　绘制盘盖类零件

连接盘零件图如图 7-7 所示，图例的相关说明如下。

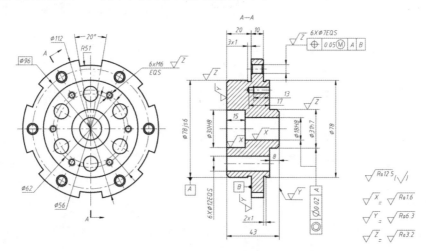

图 7-7　连接盘零件图

### 1．材料
T10。

### 2．技术要求
（1）高频淬火 59～64HRC。

（2）未注倒角 2×45°。

（3）线性尺寸未注公差按 GB/T 1804—2000。

（4）未注形位公差按 GB/T 1184—1996，查表按 *B* 级。

### 3．配合的选用
零件图中的配合见表 7-4。

表 7-4　配合的选用

| 位置 | 配合 | 说明 |
| --- | --- | --- |
| $\phi$78js6 | $\phi$100H7/js6 | 略有过盈的过渡配合，约有 2%的过盈，定位精度好，可用手或木锤装配 |
| $\phi$18H8 | $\phi$18H8/f6 | 配合间隙适中，用于一般转速的动配合 |
| $\phi$30H8 | $\phi$18H8/f6 | 配合间隙适中，用于一般转速的动配合 |
| $\phi$31h7 | $\phi$18N8/h7 | 用于精密的配合，平均有 70%左右的过盈，用铜锤或压力机装配 |

### 4．形位公差
形位公差的说明见表 7-5。

表 7-5　形位公差

| 形位公差 | 说明 |
| --- | --- |
| ⊕ 0.05Ⓜ A B | 孔的轴线对基准 *A*、*B* 和理想尺寸 $\phi$96 确定的理想位置公差为 0.05，该公差是在孔处于最大实体状态时给定的。当孔的尺寸偏离最大实体尺寸时，可将偏离值补偿给孔的位置公差 |
| ◎ ∅0.02 A | 被测轴线对基准轴线的同轴度公差为 0.02 |

### 5. 表面结构

重要部位表面结构数值的选用见表 7-6。

表 7-6　表面结构

| 位置 | 表面结构 Ra | 说明 |
| --- | --- | --- |
| 圆柱面 φ78js6、圆柱面 φ31h7 | 3.2 | 与孔有配合关系且用于定位 |
| 孔表面 φ30H8、孔表面 φ18H8 | 1.6 | 有相对转动的表面，转速较低 |
| 基准面 B | 6.3 | 该端面用于定位 |

【**案例 7-2**】 绘制连接盘零件图，如图 7-7 所示。图幅选用 A3 幅面，绘图比例为 1∶1，标注文字高度为"3.5"，技术要求中的文字高度分别为"5"和"3.5"。中文字体文件采用"gbcbig.shx"，西文字体文件采用"gbeitc.shx"。这个案例的目的是帮助读者掌握运用 AutoCAD 绘制盘盖类零件的方法和一些作图技巧。主要操作步骤如下。

7-2　绘制连接盘
零件图

（1）创建以下图层。

| 名称 | 颜色 | 线型 | 线宽 |
| --- | --- | --- | --- |
| 轮廓线层 | 白色 | Continuous | 0.50mm |
| 中心线层 | 红色 | CENTER | 默认 |
| 剖面线层 | 绿色 | Continuous | 默认 |
| 文字层 | 绿色 | Continuous | 默认 |
| 尺寸标注层 | 绿色 | Continuous | 默认 |

（2）设定绘图区域的大小为 200×200。双击鼠标中键，使绘图区域充满整个绘图窗口显示。

（3）通过【线型控制】下拉列表打开【线型管理器】对话框，在此对话框中设定线型的【全局比例因子】为"0.3"。

（4）打开极轴追踪、对象捕捉及对象捕捉追踪功能。设置极轴追踪增量角为【90】，设定对象捕捉模式为【端点】【圆心】【交点】。

（5）切换到轮廓线层。绘制水平及竖直定位线，线段长度均为"150"，如图 7-8（a）所示。使用 CIRCLE、ROTATE、ARRAY 等命令绘制主视图细节，结果如图 7-8（b）所示。

（6）使用 XLINE 命令绘制水平投影线，再使用 LINE 命令绘制左视图的作图基准线，结果如图 7-9 所示。

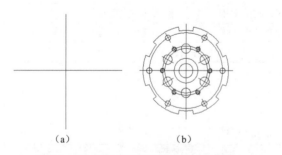

（a）　　　　　　（b）

图 7-8　绘制定位线及主视图细节

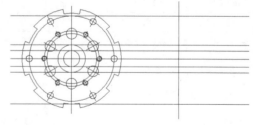

图 7-9　绘制水平投影线及左视图的作图基准线

（7）使用 OFFSET、TRIM 等命令绘制左视图细节，结果如图 7-10 所示。

（8）倒角及填充剖面图案等，然后将定位线及剖面线分别修改到中心线层及剖面线层上，结果如图 7-11 所示。

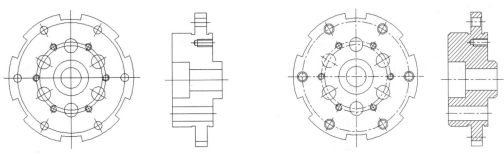

图 7-10  绘制左视图细节          图 7-11   倒角及填充剖面图案等

（9）打开素材文件 "dwg\项目 7\7-A3.dwg"，该文件包含 A3 幅面的图框、表面结构符号及基准代号。利用 Windows 的复制和粘贴功能将图框及标注符号复制到零件图中，然后把零件图布置在图框中，结果如图 7-12 所示。

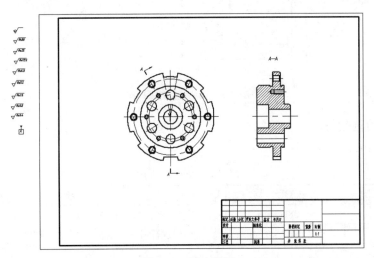

图 7-12  插入图框

（10）切换到尺寸标注层，标注尺寸及表面结构符号。标注文字高度为 "3.5"，标注全局比例因子为 "1"。

（11）切换到文字层，书写技术要求。"技术要求" 文字高度为 "5"，其他文字高度为 "3.5"。中文字体文件采用 "gbcbig.shx"，西文字体文件采用 "gbeitc.shx"。

### 7.1.3  绘制叉架类零件

转轴支架零件图如图 7-13 所示，图例的相关说明如下。

1. 材料

HT200。

2. 技术要求

（1）铸件不得有砂眼、气孔等缺陷。

（2）正火 170 ~ 190HB。

（3）未注圆角半径 R3 ~ R5。

（4）线性尺寸未注公差按 GB/T 1804—2000。

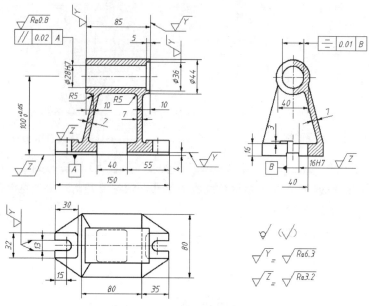

图 7-13　转轴支架零件图

### 3. 配合的选用

零件图中的配合见表 7-7。

表 7-7　配合的选用

| 位置 | 配合 | 说明 |
| --- | --- | --- |
| φ28H7 | φ28H7/f6 | 配合间隙适中，用于一般转速的动配合 |
| 16H7 | 16H7/k6 | 稍有过盈的定位配合，消除振动时采用，用木锤装配 |

### 4. 形位公差

图 7-13 中形位公差的说明见表 7-8。

表 7-8　形位公差

| 形位公差 | 说明 |
| --- | --- |
| // 0.02 A | 孔的轴线对基准面的平行度公差为 0.02 |
| = 0.01 B | 孔的轴线对槽的对称面在水平方向上的对称度公差为 0.01 |

### 5. 表面结构

重要部位表面结构数值的选用见表 7-9。

表 7-9　表面结构

| 位置 | 表面结构 Ra | 说明 |
| --- | --- | --- |
| 孔表面 φ28H7 | 0.8 | 有相对转动的表面 |
| 槽表面 16H7 | 3.2 | 起定位作用的表面 |
| 基准面 A | 6.3 | 起定位作用的表面 |

【案例 7-3】 绘制转轴支架零件图，如图 7-13 所示。图幅选用 A3 幅面，绘图比例为 1∶1.5，标注文字高度为 "3.5"，技术要求中的文字高度分别为 "5" 和 "3.5"。中文字体文件采用 "gbcbig.shx"，西文字体文件采用 "gbeitc.shx"。此案例的目的是帮助读者掌握运用 AutoCAD 绘制叉架类零件的方法和一些作图技巧。主要操作步骤如下。

7-3 绘制转轴支架
零件图

（1）创建以下图层。

| 名称 | 颜色 | 线型 | 线宽 |
|---|---|---|---|
| 轮廓线层 | 白色 | Continuous | 0.50mm |
| 中心线层 | 红色 | CENTER | 默认 |
| 虚线层 | 黄色 | DASHED | 默认 |
| 剖面线层 | 绿色 | Continuous | 默认 |
| 文字层 | 绿色 | Continuous | 默认 |
| 尺寸标注层 | 绿色 | Continuous | 默认 |

（2）设定绘图区域的大小为 300×300。单击导航栏上的 按钮，使绘图区域充满整个绘图窗口显示。

（3）通过【线型控制】下拉列表打开【线型管理器】对话框，在此对话框中设定线型的【全局比例因子】为 "0.3"。

（4）打开极轴追踪、对象捕捉及对象捕捉追踪功能。设置极轴追踪增量角为【90】，设定对象捕捉模式为【端点】【圆心】【交点】。

（5）切换到轮廓线层。绘制水平及竖直作图基准线，线段长度均为 "200"，如图 7-14（a）所示。使用 OFFSET、TRIM 等命令绘制主视图细节，结果如图 7-14（b）所示。

（6）从主视图绘制水平投影线，再绘制左视图对称线，结果如图 7-15（a）所示。使用 CIRCLE、OFFSET、TRIM 等命令绘制左视图细节，结果如图 7-15（b）所示。

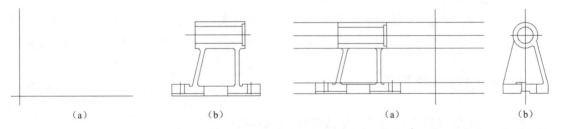

（a）　　　　　　　（b）　　　　　　　　　　（a）　　　　　　（b）

图 7-14　绘制作图基准线及主视图细节　　　图 7-15　绘制水平投影线、左视图对称线及左视图细节

（7）复制并旋转左视图，然后向俯视图绘制投影线，结果如图 7-16 所示。

（8）使用 CIRCLE、OFFSET、TRIM 等命令绘制俯视图细节，然后将定位线及剖面线分别修改到中心线层及剖面线层上，结果如图 7-17 所示。

（9）打开素材文件 "dwg\项目 7\7-A3.dwg"，该文件包含 A3 幅面的图框、表面结构符号及基准代号。利用 Windows 的复制和粘贴功能将图框及标注符号复制到零件图中，使用 SCALE 命令缩放它们，缩放比例为 "1.5"，然后把零件图布置在图框中，结果如图 7-18 所示。

（10）切换到尺寸标注层，标注尺寸及表面结构符号。标注文字高度为 "3.5"，标注全局比例因子为 "1.5"。

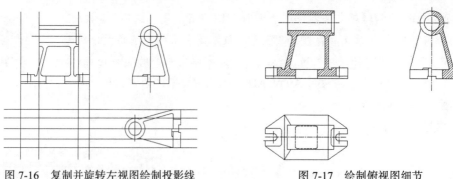

图 7-16 复制并旋转左视图绘制投影线          图 7-17 绘制俯视图细节

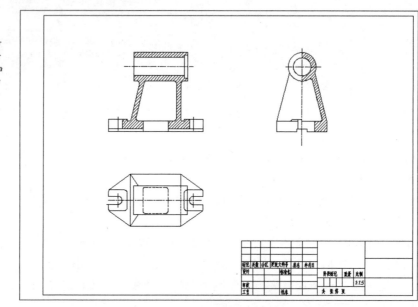

图 7-18 插入图框

（11）切换到文字层，书写技术要求。"技术要求"文字高度为"5×1.5 = 7.5"，其他文字高度为"3.5×1.5 = 5.25"。中文字体文件采用"gbcbig.shx"，西文字体文件采用"gbeitc.shx"。

## 7.1.4 绘制箱体类零件

蜗轮箱零件图如图 7-19 所示，图例的相关说明如下。

1. 材料

HT200。

2. 技术要求

（1）铸件不得有砂眼、气孔、裂纹等缺陷。

（2）机加工前进行时效处理。

（3）未注铸造圆角半径 $R3 \sim R5$。

（4）加工面线性尺寸未注公差按 GB/T 1804—2000。

3. 配合的选用

零件图中的配合见表 7-10。

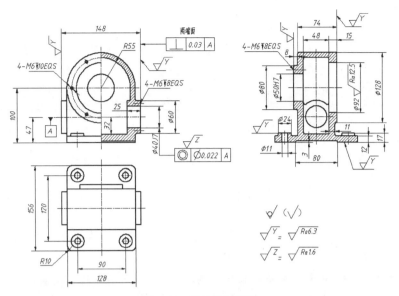

图 7-19　蜗轮箱零件图

表 7-10　配合的选用

| 位置 | 配合 | 说明 |
|------|------|------|
| $\phi40J7$ | 与轴承外圈配合 | 正常负荷 |
| $\phi50H7$ | $\phi50H7/h6$ | 装配后多少有点间隙，能很好地保证轴和孔同轴，可用手或木锤装配 |

## 4. 形位公差

图 7-19 中形位公差的说明见表 7-11。

表 7-11　形位公差

| 形位公差 | 说明 |
|----------|------|
| ◎ $\phi0.022$ A | 孔的轴线对基准轴线的同轴度公差为 0.022 |
| ⊥ 0.03 A | 被测端面对基准轴线的垂直度公差为 0.03 |

## 5. 表面结构

重要部位表面结构数值的选用见表 7-12。

表 7-12　表面结构

| 位置 | 表面结构 $Ra$ | 说明 |
|------|------|------|
| 孔表面 $\phi40J7$ | 1.6 | 安装轴承的表面 |
| 零件底面 | 6.3 | 零件的安装面 |
| 左右端面 | 6.3 | 有位置度要求的表面 |

【案例 7-4】　绘制蜗轮箱零件图，如图 7-19 所示。图幅选用 A3 幅面，绘图比例为 1：2，尺寸文字高度为"3.5"，技术要求中的文字高度分别为"5"和"3.5"。中文字体文件采用"gbcbig.shx"，西文字体文件采用"gbeitc.shx"。此案例的目的是帮助读者掌握运用 AutoCAD 绘制箱体类零件的方法和一些作图技巧。主要操作步骤如下。

7-4　绘制蜗轮箱
零件图

（1）创建以下图层。

| 名称 | 颜色 | 线型 | 线宽 |
|---|---|---|---|
| 轮廓线层 | 白色 | Continuous | 0.50mm |
| 中心线层 | 红色 | CENTER | 默认 |
| 虚线层 | 黄色 | DASHED | 默认 |
| 剖面线层 | 绿色 | Continuous | 默认 |
| 文字层 | 绿色 | Continuous | 默认 |
| 尺寸标注层 | 绿色 | Continuous | 默认 |

（2）设定绘图区域的大小为 300×300。单击导航栏上的 按钮，使绘图区域充满整个绘图窗口显示。

（3）通过【线型控制】下拉列表打开【线型管理器】对话框，在此对话框中设定线型的【全局比例因子】为 "0.3"。

（4）打开极轴追踪、对象捕捉及对象捕捉追踪功能。设置极轴追踪增量角为【90】，设定对象捕捉模式为【端点】【圆心】【交点】。

（5）切换到轮廓线层。绘制水平及竖直作图基准线，线段长度均约为 "200"，如图 7-20（a）所示。使用 CIRCLE、OFFSET、TRIM 等命令绘制主视图细节，结果如图 7-20（b）所示。

（6）从主视图绘制水平投影线，再绘制左视图对称线，如图 7-21（a）所示。使用 CIRCLE、OFFSET、TRIM 等命令绘制左视图细节，结果如图 7-21（b）所示。

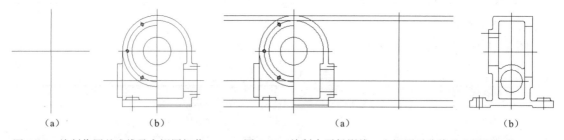

（a） （b） （a） （b）

图 7-20　绘制作图基准线及主视图细节　　　图 7-21　绘制水平投影线、左视图对称线及左视图细节

（7）复制并旋转左视图，然后向俯视图绘制投影线，结果如图 7-22 所示。

（8）使用 CIRCLE、OFFSET、TRIM 等命令绘制俯视图细节，然后将定位线及剖面线分别修改到中心线层及剖面线层上，结果如图 7-23 所示。

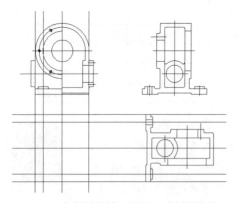

图 7-22　复制并旋转左视图、绘制投影线

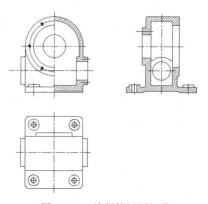

图 7-23　绘制俯视图细节

（9）打开素材文件"dwg\项目 7\7-A3.dwg"，该文件包含 A3 幅面的图框、表面结构符号及基准代号。利用 Windows 的复制和粘贴功能将图框及标注符号复制到零件图中，使用 SCALE 命令缩放它们，缩放比例为"2"，然后把零件图布置在图框中，结果如图 7-24 所示。

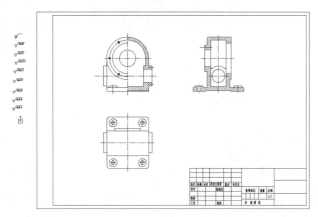

图 7-24　插入图框

（10）切换到尺寸标注层，标注尺寸及表面结构符号。标注文字高度为"3.5"，标注全局比例因子为"2"。

（11）切换到文字层，书写技术要求。"技术要求"文字高度为"5×2＝10"，其他文字高度为"3.5×2＝7"。中文字体文件采用"gbcbig.shx"，西文字体文件采用"gbeitc.shx"。

## 【综合实训】

# 综合实训——绘制零件图

【案例 7-5】　绘制拉杆轴零件图，如图 7-25 所示。

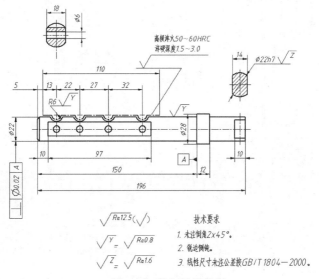

7-5　绘制拉杆轴
零件图

图 7-25　拉杆轴零件图

【**案例 7-6**】 绘制连接螺母零件图，如图 7-26 所示。

7-6 绘制连接螺母
零件图

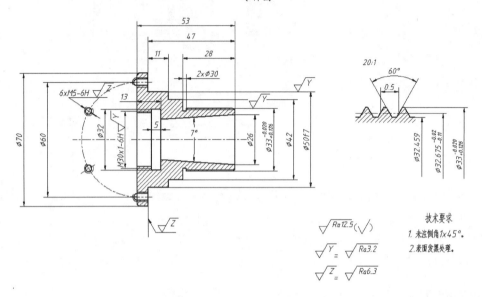

图 7-26 连接螺母零件图

【**案例 7-7**】 绘制 V 型带轮零件图，如图 7-27 所示。

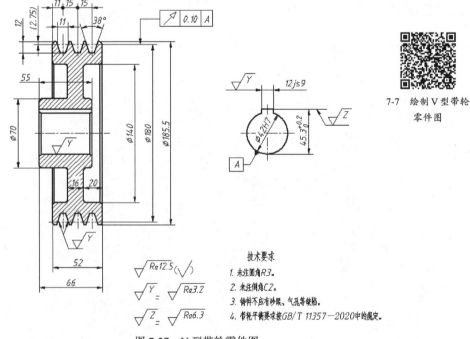

7-7 绘制 V 型带轮
零件图

图 7-27 V 型带轮零件图

【**案例 7-8**】 绘制导轨零件图，如图 7-28 所示。

7-8 绘制导轨
零件图

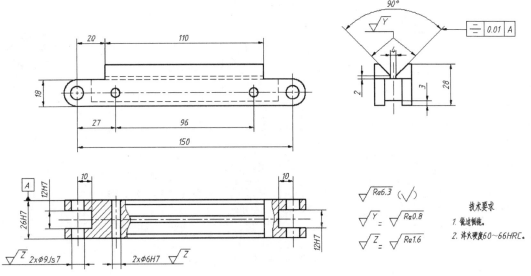

图 7-28 导轨零件图

【**案例 7-9**】 绘制缸套零件图，如图 7-29 所示。

7-9 绘制缸套
零件图

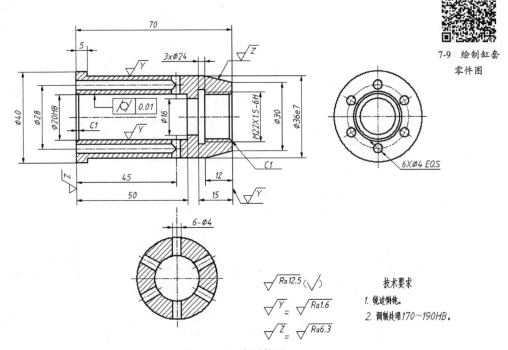

图 7-29 缸套零件图

【案例 7-10】 绘制齿轮轴零件图，如图 7-30 所示。

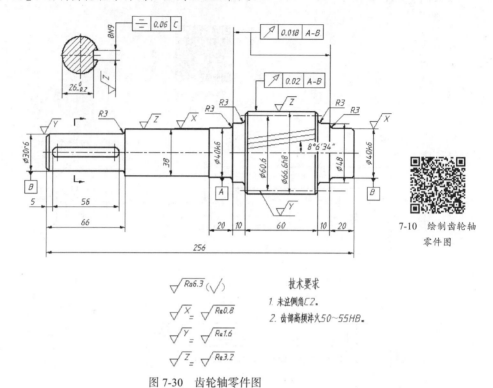

7-10 绘制齿轮轴
零件图

技术要求

1. 未注倒角C2。

2. 齿部高频淬火50~55HB。

图 7-30 齿轮轴零件图

【案例 7-11】 绘制调节盘零件图，如图 7-31 所示。

7-11 绘制调节盘
零件图

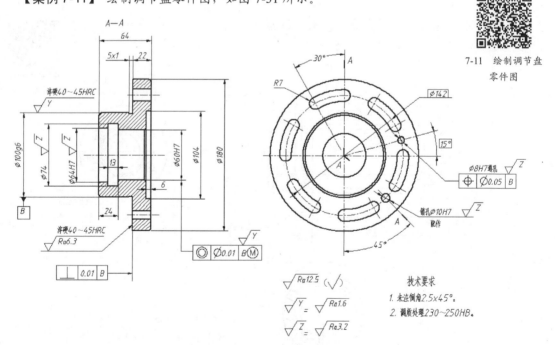

技术要求

1. 未注倒角2.5×45°。

2. 调质处理230~250HB。

图 7-31 调节盘零件图

【案例 7-12】 绘制扇形齿轮零件图，模数 $m=1$，齿数 $z=190$，如图 7-32 所示。

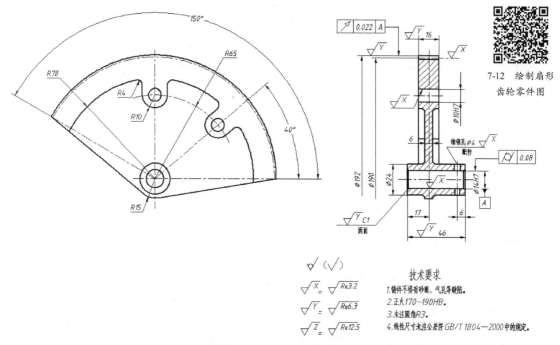

7-12 绘制扇形
齿轮零件图

图 7-32 扇形齿轮零件图

【案例 7-13】 绘制弧形连杆零件图，如图 7-33 所示。

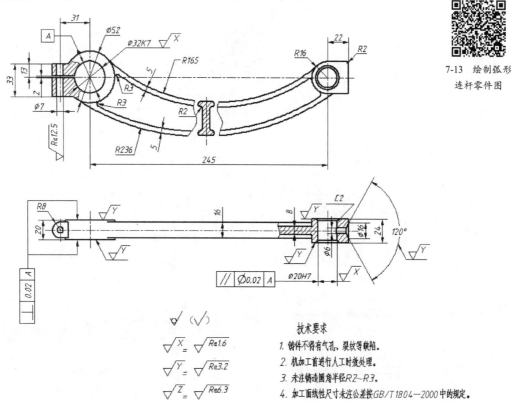

7-13 绘制弧形
连杆零件图

图 7-33 弧形连杆零件图

【案例 7-14】 绘制尾座零件图，如图 7-34 所示。

7-14　绘制尾座
零件图

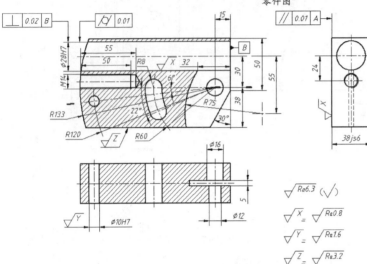

图 7-34　尾座零件图

【案例 7-15】 绘制导轨座零件图，如图 7-35 所示。

7-15　绘制导轨座
零件图

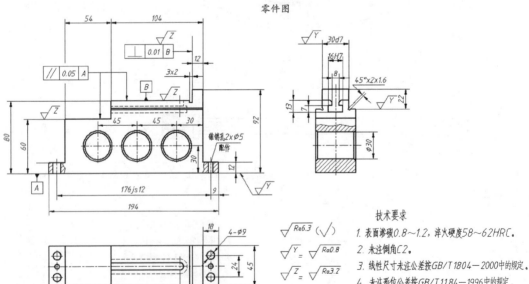

图 7-35　导轨座零件图

## 【实战演练】

1. 绘制摆轴零件图，如图 7-36 所示。

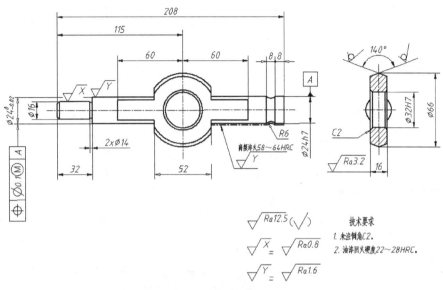

图 7-36　摆轴零件图

2. 绘制法兰盘零件图，如图 7-37 所示。

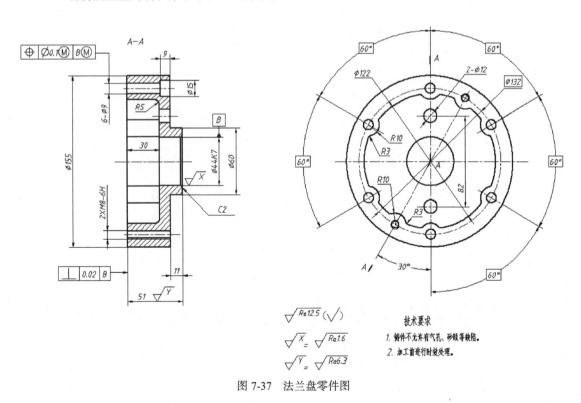

图 7-37　法兰盘零件图

3. 绘制连接杆零件图，如图 7-38 所示。

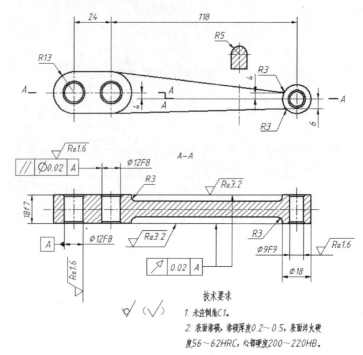

图 7-38　连接杆零件图

项目 **8**

**装配图**

## 【项目导读】

装配图是展现机器或部件的工作原理、运动方式、零件之间的连接及其装配关系的图样，是生产中的主要技术文件之一。

## 【学习目标】

通过学习本项目，读者应掌握运用 AutoCAD 绘制装配图的方法及技巧。

## 【能力目标】

通过学习本项目，读者应学会绘制装配图和由装配图拆画零件图的方法，培养与他人合作绘制装配图的能力。

# 任务 8.1 绘制装配图的一般方法及步骤

装配图是展现机器或部件整体结构的一种图样，包含视图、外形及配合尺寸、装配和检验的技术要求、零件序号、明细表和标题栏等。在设计阶段，一般是先绘制装配图，然后根据装配图提供的结构及尺寸拆画零件图。在生产阶段，装配图是安装、检验及调试零件等工作的依据。

装配图的展现重点与零件图不同，它不追求清楚地展现个别零件的形状，而是重点展现机器或部件的整体结构、工作原理等，因此必须把零件的相对位置、连接方式和配合关系等完整地展现出来，据此可以分析出机器或部件的传动路线、运动方式及如何操纵或控制等。

运用 AutoCAD 绘制装配图与绘制零件图的步骤类似，但也有不同之处。以下是绘制装配图的主要步骤及注意事项。

1. 选择及绘制主视图

主视图一般应满足以下要求。

- 符合机器或部件的工作位置。
- 能较多地展现零件的结构、形状、位置关系及连接关系等。

先绘制主视图的主要中心线及作图基准线，然后沿着主要装配干线依次绘制零件。一般情况下，应先绘制轴，再绘制轴上的一个重要零件，然后以该零件为基准件，依次绘制其他零件，最后绘制支承件等。

2. 绘制其他视图

主视图没有展现完整及没有展现清楚的部分可利用其他视图补充说明。例如，主视图中没有展现的零件可安排在其他视图中展现。

绘制其他视图的过程与主视图类似，先绘制中心线及重要的作图基准线，然后围绕装配干线依次绘制各零件。

（1）主视图及其他视图一般应结合起来绘制，但总的原则是先大后小，先主后次。

① 插入图框，使用 SCALE 命令缩放图框，缩放比例为绘图比例的倒数。例如，最终图纸上的绘图比例为 1∶2，则将图框放大一倍（注意不要缩放装配图），打印时再按 1∶2 的比例打印图形。

② 标注尺寸、书写技术要求、编写序号、填写明细表及标题栏等。

（2）为便于从装配图中拆画零件图及确定重要的尺寸参数，绘制装配图时还应注意以下问题。

① 确定各零件的主要形状及尺寸，尺寸数值要精确，不能随意。关键结构及有装配关系的地方更应精确绘制。这一点与手工设计不同。

② 轴承、螺栓、挡圈、联轴器及电动机等要按正确尺寸画出外形图，特别是安装尺寸应绘制正确。

③ 使用 MOVE、COPY、ROTATE 等命令模拟运动部件的工作位置，以确定关键尺寸及重要参数。

④ 使用 MOVE、COPY 等命令调整链轮和带轮的位置，以获得最佳的传动布置方案。对于带长及链长，可以利用创建面域并查询周长的方法获得。

图 8-1 所示为完成主要结构设计的绕簧支架，该图是一张细致的部件装配图，各部分尺寸都精确无误，可依据此图拆画零件图。

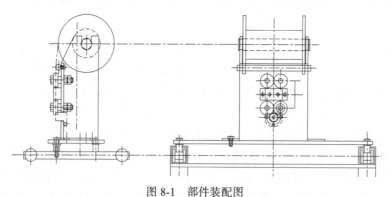

图 8-1　部件装配图

# 任务 8.2　由装配图拆画零件图

绘制精确的装配图后，就可以利用 AutoCAD 的复制和粘贴功能从该图拆画零件图，具体过程如下。

（1）将装配图中某个零件的主要轮廓复制到剪贴板上。

（2）通过样板文件创建一个新文件，然后将剪贴板上的零件图粘贴到当前文件中。

（3）在已有零件图的基础上进行详细的结构设计，要求精确绘制，以便以后利用零件图检验配合尺寸的正确性，详见任务 8.3。

【案例 8-1】打开素材文件"dwg\项目 8\8-1.dwg"，如图 8-2 所示，由该装配图拆画零件图。

（1）创建新图形文件，文件名为"筒体.dwg"。

（2）切换到文件"8-1.dwg"，在绘图窗口中单击鼠标右键，弹出快捷菜单，选择【剪贴板】/【带基点复制】命令，然后选择筒体零件并指定复制的基点为点 A，如图 8-3 所示。

8-1 由装配图拆画零件图

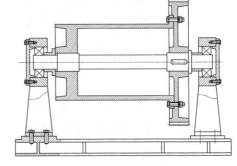
图 8-2 装配图

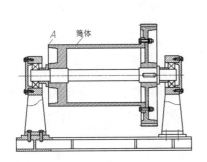
图 8-3 复制零件

（3）切换到文件"筒体.dwg"，在绘图窗口中单击鼠标右键，弹出快捷菜单，选择【剪贴板】/【粘贴】命令，结果如图 8-4 所示。

（4）对筒体零件进行必要的编辑，结果如图 8-5 所示。

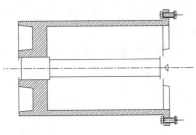

图 8-4 粘贴零件

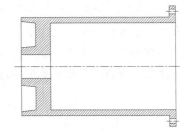
图 8-5 编辑零件

# 任务 8.3 "装配"零件图以检验配合尺寸的正确性

复杂的机器设备常常包含成百上千个零件，要将这些零件正确地装配在一起，就必须保证所有零件配合尺寸的正确性，否则会产生干涉现象。若技术人员通过逐张图纸去核对零件的配合尺寸，不仅工作量非常大，而且容易出错。怎样才能更有效地检验配合尺寸的正确性呢？可先通过 AutoCAD 的复制和粘贴功能将零件图"装配"在一起，然后查看"装配"后的图形就能迅速判断配合尺寸是否正确。

【案例 8-2】 打开素材文件"dwg\项目 8\8-2-A.dwg""8-2-B.dwg""8-2-C.dwg"，将它们装配在一起，以检验配合尺寸的正确性。

（1）创建新图形文件，文件名为"装配检验.dwg"。

（2）切换到文件"8-2-A.dwg"，关闭标注层，如图 8-6 所示。在绘图窗口中单击鼠标右键，弹出快捷菜单，选择【剪贴板】/【带基点复制】命令，复制零件主视图。

8-2 "装配"零件图以检验配合尺寸的正确性

（3）切换到文件"装配检验.dwg"，在绘图窗口中单击鼠标右键，弹出快捷菜单，选择【剪贴板】/【粘贴】命令，结果如图 8-7 所示。

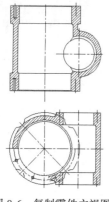

图 8-6 复制零件主视图

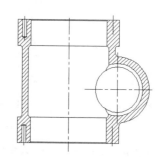

图 8-7 粘贴对象

（4）切换到文件"8-2-B.dwg"，关闭标注层。在绘图窗口中单击鼠标右键，弹出快捷菜单，选择【剪贴板】/【带基点复制】命令，复制零件主视图。

（5）切换到文件"装配检验 dwg"，在绘图窗口中单击鼠标右键，弹出快捷菜单，选择【剪贴板】/【粘贴】命令，结果如图 8-8（a）所示。

（6）使用 MOVE 命令将两个零件"装配"在一起，结果如图 8-8（b）所示。由图可以看出，两个零件正确地配合在一起，它们的配合尺寸是正确的。

（7）用同样的方法将零件"8-2-C"与"8-2-A""8-2-B"装配在一起，结果如图 8-9 所示，可以看出这些零件图的配合尺寸是正确的。

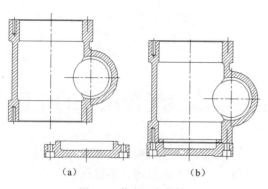

（a）                （b）

图 8-8 装配两个零件

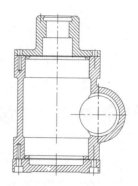

图 8-9 装配零件

# 任务 8.4　由零件图组合装配图

若已绘制了机器或部件的所有零件图，当需要一张完整的装配图时，就可以考虑利用零件图来组合装配图。这样能避免重复操作，提高工作效率。组合装配图的方法如下。

（1）创建一个新文件。

（2）打开所需的零件图，关闭尺寸标注所在图层，利用复制和粘贴功能将零件图复制到新文件中。

（3）使用 MOVE 命令将零件图组合在一起，再进行必要的编辑，形成装配图。

【案例 8-3】打开素材文件 "dwg\项目 8\8-3-A.dwg" "8-3-B.dwg" "8-3-C.dwg" "8-3-D.dwg" "8-3-E.dwg"。将 5 张零件图 "装配" 在一起，形成装配图。

（1）创建新图形文件，文件名为 "球阀装配图.dwg"。

（2）切换到文件 "8-3-A.dwg"。在绘图窗口中单击鼠标右键，弹出快捷菜单，选择【剪贴板】/【带基点复制】命令，复制零件。

8-3　由零件图组合装配图

（3）切换到文件 "球阀装配图.dwg"。在绘图窗口中单击鼠标右键，弹出快捷菜单，选择【剪贴板】/【粘贴】命令，结果如图 8-10 所示。

（4）切换到文件 "8-3-B.dwg"。在绘图窗口中单击鼠标右键，弹出快捷菜单，选择【剪贴板】/【带基点复制】命令，以主视图左上角点为基点复制零件。

（5）切换到文件 "球阀装配图.dwg"。在绘图窗口中单击鼠标右键，弹出快捷菜单，选择【剪贴板】/【粘贴】命令，指定点 A 为插入点。删除多余线条，结果如图 8-11 所示。

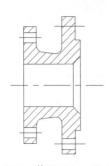

图 8-10　装配 "8-3-A" 零件

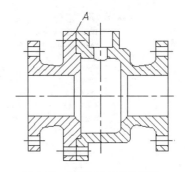

图 8-11　装配 "8-3-B" 零件

（6）用类似方法将零件 "8-3-C" "8-3-D" "8-3-E" 插入装配图中，结果如图 8-12 所示。每插入一个零件后都要做适当的编辑，不要把所有零件都插入后再修改，这样由于图线太多，修改将变得很困难。

（7）打开素材文件 "dwg\项目 8\标准件.dwg"，将该文件中的 M12 螺栓、螺母、垫圈等标准件复制到文件 "球阀装配图.dwg" 中，如图 8-13（a）所示。使用 STRETCH 命令将螺栓拉长，然后使用 ROTATE 和 MOVE 命令将这些标准件装配到正确位置，结果如图 8-13（b）所示。

（8）保存文件，后续练习中将使用该文件。

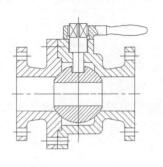
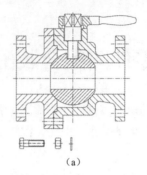
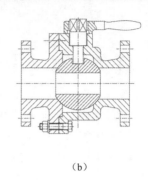

图 8-12　装配"8-3-C""8-3-D""8-3-E"零件　　　　图 8-13　插入并调整标准件

# 任务 8.5　标注零件序号

使用 MLEADER 命令可以很方便地创建带下画线或圆圈的零件序号，如图 8-14 所示。生成序号后，用户可以通过关键点编辑方式调整引线或序号数字的位置。

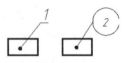

图 8-14　零件序号

【案例 8-4】　标注零件序号。

（1）打开前面创建的文件"球阀装配图.dwg"。

（2）单击【注释】面板上的 按钮，打开【多重引线样式管理器】对话框，再单击 修改(M)... 按钮，打开【修改多重引线样式：Standard】对话框，如图 8-15 所示。在该对话框中完成以下设置。

8-4　标注零件序号

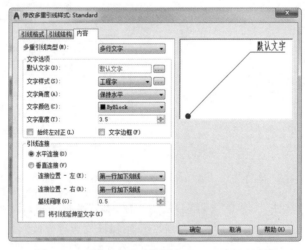

图 8-15　【修改多重引线样式：Standard】对话框

- 在【引线格式】选项卡中设置的选项如图 8-16 所示。
- 在【引线结构】选项卡中设置的选项如图 8-17 所示。其中，【设置基线距离】微调框中的数值表示下画线与引线的距离，【指定比例】微调框中的数值等于绘图比例的倒数。
- 在【内容】选项卡中设置的选项如图 8-15 所示。其中，【基线间隙】微调框中的数值表示下画线的长度。

图 8-16　【引线格式】选项卡　　　　　图 8-17　【引线结构】选项卡

（3）单击【注释】面板上的 按钮，启动创建引线标注命令，标注零件序号，结果如图 8-18 所示。

（4）单击【注释】面板上的 按钮，选择零件序号 1、2、4、5，按 Enter 键，然后选择 要对齐的序号 3 并指定水平方向为对齐方向，结果如图 8-19 所示。

（5）用相同的方法将序号 6、7、8 与序号 5 在竖直方向上对齐，结果如图 8-19 所示。

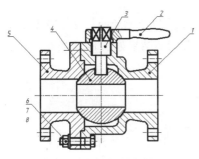

图 8-18　标注零件序号

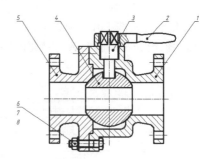

图 8-19　对齐零件序号

# 任务 8.6　编写明细表

用户可以事先创建空白表格对象并保存在一个文件中，当需要编写零件明细表时，打开该 文件，然后填写表格对象。

【案例 8-5】　打开素材文件"dwg\项目 8\明细表.dwg"，该文件包含一个 零件明细表。此表是表格对象，双击其中一个单元就可以填写文字，填写结 果如图 8-20 所示。

8-5　编写明细表

| | 5 | 右阀体 | 1 | 青铜 | | | | |
|---|---|---|---|---|---|---|---|---|
| 旧底图总号 | 4 | 手柄 | 1 | HT150 | | | | |
| | 3 | 球形阀瓣 | 1 | 黄铜 | | | | |
| | 2 | 阀杆 | 1 | 35 | | | | |
| 底图总号 | 1 | 左阀体 | 1 | 青铜 | | | | |
| | | | 制定 | | 标记 | | | |
| | | | 缮写 | | | 共 页 第 页 | | |
| 签名 | 日期 | | 校对 | | | | | |
| | | | 标准化检查 | | 明细表 | | | |
| | | 标记 更改内容或依据 | 更改人 | 日期 | 审核 | | | |

图 8-20　填写零件明细表

**【实战演练】**

1. 打开素材文件"dwg\项目 8\8-6.dwg"，如图 8-21 所示，由此装配图拆画零件图。

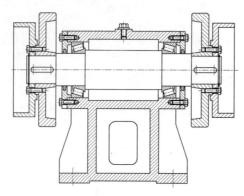

图 8-21　装配图

2. 打开素材文件"dwg\项目 8\8-7-A.dwg""8-7-B.dwg""8-7-C.dwg""8-7-D.dwg""8-7-E.dwg"，将它们组合在一起并进行必要的编辑，以形成装配图，结果如图 8-22 所示。

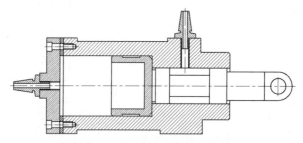

图 8-22　由零件图组合而成的装配图

3. 打开素材文件"dwg\项目 8\8-8-A.dwg""8-8-B.dwg""8-8-C.dwg""8-8-D.dwg"，如图 8-23 ~ 图 8-26 所示，将它们以图块的形式插入装配图中，并按照图 8-27 所示的装配示意图装配起来。装配完成后，利用 EXPLODE 命令分解图块，并进行必要的编辑，形成正确的图样。

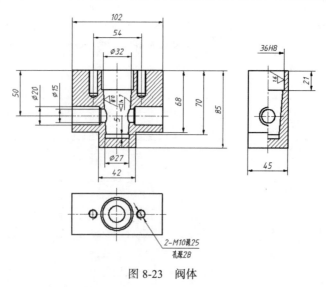

图 8-23　阀体

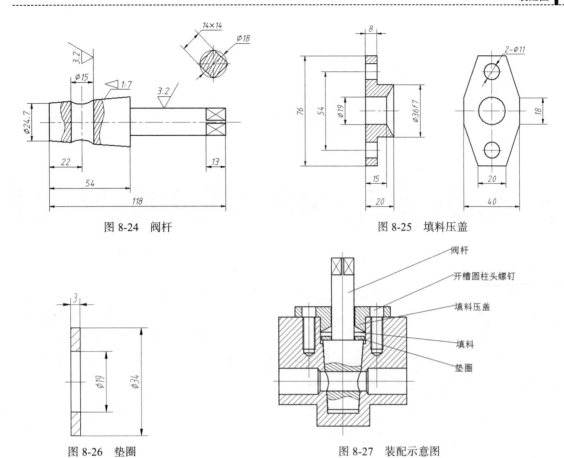

图 8-24 阀杆

图 8-25 填料压盖

图 8-26 垫圈

图 8-27 装配示意图

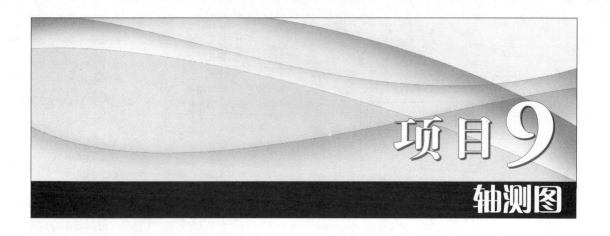

项目 9

轴测图

【项目导读】

轴测图是一种单面投影图，在该投影图上能同时反映出物体 3 个坐标面的形状，是以接近人们视觉习惯的方式绘制的，形象、逼真且富有立体感。但轴测图一般不能反映出物体各表面的实形，因而度量性差，同时作图过程较复杂。在工程上，常把轴测图作为辅助图样来说明机器的结构、安装、使用等情况；在设计中，轴测图可以帮助设计人员构思、想象物体的形状，以弥补正投影图的不足。

【学习目标】

通过学习本项目，读者应了解轴测图的基本作图方法及如何在轴测图中添加文字和标注尺寸。

【能力目标】

通过学习本项目，读者应学会在轴测投影模式下作图、添加文字和标注尺寸，培养与他人合作分析轴测图的能力。

# 任务 9.1　激活轴测投影模式

在 AutoCAD 中，用户可以激活轴测投影模式来绘制轴测图。当此模式被激活后，十字光标会自动调整到与当前轴测面内轴测轴一致的位置，如图 9-1 所示。

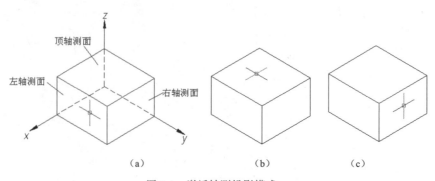

图 9-1　激活轴测投影模式

【**案例 9-1**】 激活轴测投影模式。

（1）打开素材文件 "dwg\项目 9\9-1.dwg"，使状态栏上的 ╳ 按钮处于亮显状态，激活轴测投影模式，十字光标将处于左轴测面内，如图 9-1（a）所示。

（2）按 F5 键切换至顶轴测面，如图 9-1（b）所示。

（3）按 F5 键切换至右轴测面，如图 9-1（c）所示。

（4）单击 ╳ 按钮旁边的 ▾ 按钮，弹出菜单，选择相应命令切换轴测面。

9-1 激活轴测投影
模式

# 任务 9.2 在轴测投影模式下作图

进入轴测投影模式后，用户仍然是利用基本的二维绘图命令来创建直线、椭圆等图形对象，但需要注意这些图形对象轴测投影的特点，如水平直线的轴测投影将成为斜线、圆的轴测投影将成为椭圆。

## 9.2.1 在轴测投影模式下画线

在轴测投影模式下绘制直线常采用以下 3 种方法。

（1）通过输入点的极坐标来绘制线段。当所绘线段与不同轴测轴平行时，输入的极坐标角度将不同。

（2）打开正交模式辅助画线。此时所绘线段将自动与当前轴测面内的某一轴测轴方向一致。例如，处于右轴测面且打开正交模式，那么所绘线段将沿着 30° 或 90° 方向。

（3）利用极轴追踪、对象捕捉和对象捕捉追踪功能画线。打开极轴追踪、对象捕捉和对象捕捉追踪功能，并设定极轴追踪的增量角为 30°，这样就能很方便地画出 30°、90° 和 150° 方向的线段。

【**案例 9-2**】 在轴测投影模式下画线。

（1）激活轴测投影模式。

（2）输入点的极坐标画线。

9-2 在轴测投影
模式下画线

| 命令：<等轴测平面 右视> | //按 F5 键切换到右轴测面 |
|---|---|
| 命令：_line | |
| 指定第一个点： | //单击点 A |
| 指定下一点或[放弃(U)]：@100<30 | //输入点 B 的相对极坐标 |
| 指定下一点或[放弃(U)]：@150<90 | //输入点 C 的相对极坐标 |
| 指定下一点或[闭合(C)/放弃(U)]：@40<-150 | //输入点 D 的相对极坐标 |
| 指定下一点或[闭合(C)/放弃(U)]：@95<-90 | //输入点 E 的相对极坐标 |
| 指定下一点或[闭合(C)/放弃(U)]：@60<-150 | //输入点 F 的相对极坐标 |
| 指定下一点或[闭合(C)/放弃(U)]：C | //使线框闭合 |

结果如图 9-2 所示。

（3）打开正交模式画线。

| 命令：<等轴测平面 左视> | //按 F5 键切换到左轴测面 |
|---|---|
| 命令：<正交 开> | //打开正交模式 |

```
命令: _line
指定第一个点: int 于                              //捕捉点 A
指定下一点或[放弃(U)]: 100                        //输入线段 AG 的长度
指定下一点或[放弃(U)]: 150                        //输入线段 GH 的长度
指定下一点或[闭合(C)/放弃(U)]: 40                 //输入线段 HI 的长度
指定下一点或[闭合(C)/放弃(U)]: 95                 //输入线段 IJ 的长度
指定下一点或[闭合(C)/放弃(U)]: END
于                                               //捕捉点 F
指定下一点或[闭合(C)/放弃(U)]:                    //按 Enter 键结束
```

结果如图 9-3 所示。

（4）打开极轴追踪、对象捕捉及对象捕捉追踪功能，设置极轴追踪增量角为【30】，设定对象捕捉模式为【端点】【交点】，沿所有极轴角进行对象捕捉追踪。

```
命令: <等轴测平面 俯视>                           //按 F5 键切换到顶轴测面
命令: <等轴测平面 右视>                           //按 F5 键切换到右轴测面
命令: _line
指定第一个点: 20                                 //从点 A 沿 30° 方向追踪并输入追踪距离
指定下一点或[放弃(U)]: 30                        //从点 K 沿 90° 方向追踪并输入追踪距离
指定下一点或[放弃(U)]: 50                        //从点 L 沿 30° 方向追踪并输入追踪距离
指定下一点或[闭合(C)/放弃(U)]:                    //从点 M 沿-90° 方向追踪并捕捉交点 N
指定下一点或[闭合(C)/放弃(U)]:                    //按 Enter 键结束
```

结果如图 9-4 所示。

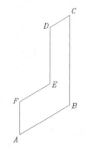
图 9-2　在右轴测面内画线（1）

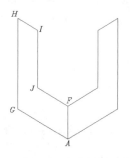
图 9-3　在左轴测面内画线

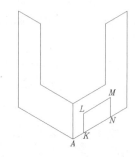
图 9-4　在右轴测面内画线（2）

## 9.2.2　在轴测面内绘制平行线

OFFSET 命令一般用于绘制平行线，但在轴测面内绘制平行线的方法与在标准模式下有所不同。在顶轴测面内绘制线段 A 的平行线 B，要求它们之间沿 30° 方向的间距是 "30"。如果使用 OFFSET 命令，并直接输入偏移距离 "30"，那么偏移后两线之间的垂直距离等于 "30"，而沿 30° 方向的间距并不是 "30"，如图 9-5（a）所示。为避免出现上述情况，使用 COPY 命令复制线段 A 时沿 30° 方向移动 "30"，得到线段 B，如图 9-5（b）所示。

【案例 9-3】 在轴测面内绘制平行线。

（1）打开素材文件 "dwg\项目 9\9-3.dwg"。

（2）打开极轴追踪、对象捕捉及对象捕捉追踪功能。设置极轴追踪增量角为【30】，设定对象捕捉模式为【端点】【交点】，设置沿所有极轴角进行自动追踪。

9-3 在轴测面内
绘制平行线

（3）使用 COPY 命令绘制平行线。

```
命令: _copy                              //为使命令序列简洁已将一些选项省略
选择对象: 找到 1 个                        //选择线段 A
选择对象:                                 //按 Enter 键
指定基点或 [位移(D)] <位移>:               //单击
指定第二个点或 <使用第一个点作为位移>: 26    //沿-150°方向追踪并输入追踪距离
指定第二个点或 [退出(E)/放弃(U)] <退出>:52  //沿-150°方向追踪并输入追踪距离
指定第二个点或 [退出(E)/放弃(U)] <退出>:    //按 Enter 键结束
命令:
COPY                                     //重复命令
选择对象: 找到 1 个                        //选择线段 B
选择对象:                                 //按 Enter 键
指定基点或 [位移(D)] <位移>: 15<90         //输入复制的距离和方向
指定第二个点或 <使用第一个点作为位移>:       //按 Enter 键结束
```

结果如图 9-6 所示。

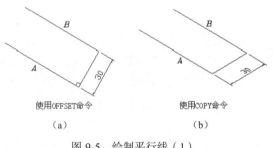

使用OFFSET命令 　　　　使用COPY命令

（a）　　　　　　　　　　（b）

图 9-5　绘制平行线（1）

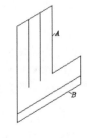

图 9-6　绘制平行线（2）

## 9.2.3　绘制角的轴测投影

在轴测面内绘制角时，不能按角度的实际值绘制，因为在轴测图中，投影角度与实际角度不相符。在这种情况下，用户应先确定角边上点的轴测投影，然后连接点，这样就可以获得实际角的轴测投影。

【案例 9-4】 绘制角的轴测投影。

（1）打开素材文件 "dwg\项目 9\9-4.dwg"。

（2）打开极轴追踪、对象捕捉及对象捕捉追踪功能。设置极轴追踪增量角为【30】，设定对象捕捉模式为【端点】【交点】，设置沿所有极轴角进行对象捕捉追踪。

9-4 绘制角的轴测
投影

（3）绘制线段 B、C、D 等，如图 9-7（a）所示。

```
命令: _line
指定第一个点: 50                      //从点 A 沿 30°方向追踪并输入追踪距离
指定下一点或[放弃(U)]: 80              //从点 A 沿-90°方向追踪并输入追踪距离
指定下一点或[放弃(U)]:                 //按  Enter  键结束
```

复制线段 *B*，再连线 *C*、*D*，然后修剪多余线条，结果如图 9-7（b）所示。

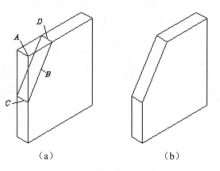

（a） （b）

图 9-7　绘制角的轴测投影

## 9.2.4　绘制圆的轴测投影

圆的轴测投影是椭圆，当圆位于不同轴测面内时，椭圆的长轴、短轴位置将不相同。手工绘制圆的轴测投影比较复杂，在 AutoCAD 中可以直接使用 ELLIPSE 命令的"等轴测圆(I)"选项来绘制，此选项仅在轴测投影模式被激活后才出现。

执行 ELLIPSE 命令，系统提示如下。

```
命令:ellipse
指定椭圆轴的端点或[圆弧(A)/中心点(C)/等轴测圆(I)]: I     //选择"等轴测圆(I)"选项
指定等轴测圆的圆心:                                    //指定圆心
指定等轴测圆的半径或[直径(D)]:                         //输入圆半径
```

选择"等轴测圆(I)"选项，再根据提示指定圆心并输入圆的半径，系统会自动在当前轴测面中绘制出相应圆的轴测投影。

绘制圆的轴测投影时，应先利用 F5 键切换到合适的轴测面，使之与圆所在的平面相对应，这样才能使椭圆看起来在轴测面内，如图 9-8（a）所示，否则所绘椭圆的形状是不正确的。在图 9-8（b）中，圆实际在正方体的顶面，而所绘轴测投影却位于右轴测面内，结果轴测圆与正方体的投影就显得不匹配了。

轴测图中经常要绘制线与线间的圆滑过渡，此时过渡圆弧变为椭圆弧。绘制此椭圆弧的方法是在相应位置绘制一个完整的椭圆，然后使用 TRIM 命令修剪多余线条，如图 9-9 所示。

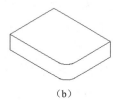

（a） （b） （a） （b）

图 9-8　绘制圆的轴测投影　　　　　　图 9-9　绘制过渡圆弧

**【案例 9-5】** 在轴测图中绘制圆及过渡圆弧。

（1）打开素材文件"dwg\项目 9\9-5.dwg"。

（2）激活轴测投影模式。

（3）打开极轴追踪、对象捕捉及对象捕捉追踪功能。设置极轴追踪增量角为【30】，设定对象捕捉模式为【端点】【交点】，设置沿所有极轴角进行对象捕捉追踪。

9-5 在轴测图中
绘制圆及过渡圆弧

（4）切换到顶轴测面，启动 ELLIPSE 命令，系统提示如下。

```
命令：_ellipse
指定椭圆轴的端点或[圆弧(A)/中心点(C)/等轴测圆(I)]：I //选择"等轴测圆(I)"选项
指定等轴测圆的圆心：TT                              //建立临时参考点
指定临时对象追踪点：20
                                                  //从A点沿30°方向追踪并输入点B与点A的距离
指定等轴测圆的圆心：20                              //从点B沿150°方向追踪并输入追踪距离
指定等轴测圆的半径或[直径(D)]：20                   //输入圆半径
命令：
ELLIPSE                                            //重复命令
指定椭圆轴的端点或[圆弧(A)/中心点(C)/等轴测圆(I)]：I //选择"等轴测圆(I)"选项
指定等轴测圆的圆心：TT                              //建立临时参考点
指定临时对象追踪点：50                              //从点A沿30°方向追踪并输入点C与点A的距离
指定等轴测圆的圆心：60                              //从点C沿150°方向追踪并输入追踪距离
指定等轴测圆的半径或[直径(D)]：15                   //输入圆半径
```

结果如图 9-10（a）所示。修剪多余线条，结果如图 9-10（b）所示。

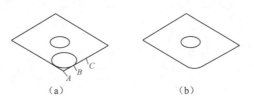

（a）                 （b）

图 9-10 在轴测图中绘制圆及过渡圆弧

# 任务 9.3 在轴测图中添加文字

为了使某个轴测面中的文字看起来像在该轴测面内，必须根据各轴测面的位置特点将文字倾斜某一角度，以使它们的外观与轴测图协调，否则立体感不是很好。图 9-11 所示是在轴测图的 3 个轴测面上采用适当倾斜角度添加文字后的结果。

图 9-11 各轴测面上的文字

各轴测面上文字的倾斜规律如下。

- 在左轴测面上，文字需采用−30°的倾斜角度。
- 在右轴测面上，文字需采用 30°的倾斜角度。
- 在顶轴测面上，当文字平行于 $x$ 轴时，需采用−30°的倾斜角度。

- 在顶轴测面上，当文字平行于 $y$ 轴时，需采用 30° 的倾斜角度。

由以上规律可以看出，各轴测面内的文字倾斜 30° 或-30°。因此在轴测图中添加文字时，应先建立倾斜角度分别是 30° 和-30° 两种文字样式。这样只要利用合适的文字样式控制文字的倾斜角度，就能够保证轴测图中的文字看起来是协调的。

【案例 9-6】 创建倾斜角度分别是 30° 和-30° 的两种文字样式，在各轴测面内添加文字。

（1）打开素材文件 "dwg\项目 9\9-6.dwg"。

9-6 在各轴测面内
添加文字

（2）单击【注释】面板上的 A 按钮，打开【文字样式】对话框。

（3）单击 新建(N)... 按钮，建立名为 "样式 1" 的文字样式。在【字体名】下拉列表中将文字样式所连接的字体设定为【仿宋】，在【效果】分组框的【倾斜角度】文本框中输入数值 "30"，如图 9-12 所示。

（4）用同样的方法建立倾斜角度是-30° 的文字样式 "样式 2"。接下来在轴测面上添加文字。

（5）激活轴测投影模式，并切换至右轴测面。

图 9-12 【文字样式】对话框

```
命令: DT                                    //利用 TEXT 命令输入单行文字
TEXT
指定文字的起点或[对正(J)/样式(S)]: S        //选择 "样式(S)" 选项
输入样式名或[?] <样式 2>: 样式 1            //选择文字样式 "样式 1"
指定文字的起点或[对正(J)/样式(S)]:          //选择适当的起始点 A
指定高度 <22.6472>: 16                     //输入文字高度
指定文字的旋转角度 <0>: 30                  //指定单行文字的书写方向
使用 STYLE1                                 //输入文字并按 Enter 键
                                           //按 Enter 键结束
```

（6）按 F5 键，切换至左轴测面，使 "样式 2" 成为当前文字样式，以点 $B$ 为起始点，输入文字 "使用 STYLE2"，文字高度为 "16"，旋转角度为 "-30°"，结果如图 9-13 所示。

（7）按 F5 键，切换至顶轴测面，以点 $D$ 为起始点，输入文字 "使用 STYLE2"，文字高度为 "16"，旋转角度为 "30°"。使 "样式 1" 成为当前文字样式，以点 $C$ 为起始点，输入文字 "使用 STYLE1"，文字高度为 "16"，旋转角度为 "-30°"，结果如图 9-13 所示。

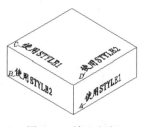

图 9-13 输入文字

# 任务 9.4 在轴测图中标注尺寸

当利用标注命令在轴测图中标注尺寸后，尺寸标注看起来与轴测图本身不协调。为了让某个轴测面内的尺寸标注看起来就像在这个轴测面中，需要将尺寸线、尺寸界线倾斜某一角度，以使它们与相应的轴测轴平行。此外，标注文字也必须设置成倾斜某一角度的形式，这样才能使文字的外观也具有立体感。图 9-14 所示为标注的初始状态与调整外观后的效果对比。

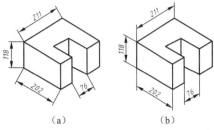

图 9-14　标注尺寸

在轴测图中标注尺寸时，一般采取以下步骤。

（1）创建两种标注样式，这两种标注样式控制的标注文字的倾斜角度分别是 30°和–30°。

（2）由于在轴测图中只有沿与轴测轴平行的方向进行测量才能得到真实的距离值，因此标注轴测图时一般采用对齐尺寸（用 DIM 命令可以生成该类型的尺寸）。

（3）标注完成后，利用 DIMEDIT 命令的"倾斜(O)"选项修改尺寸界线的倾斜角度，使尺寸界线的方向与轴测轴的方向一致，这样尺寸标注就具有立体感了。

【案例 9-7】　在轴测图中标注尺寸。

（1）打开素材文件"dwg\项目 9\9-7.dwg"。

（2）建立倾斜角度分别是 30°和–30°的两种文字样式，样式名分别是"样式-1"和"样式-2"，这两种文字样式连接的字体文件是"gbeitc.shx"。

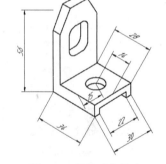

9-7　在轴测图中
标注尺寸

（3）创建两种标注样式，样式名分别是"DIM-1"和"DIM-2"。其中，"DIM-1"连接文字样式"样式-1"，"DIM-2"连接文字样式"样式-2"。

（4）打开极轴追踪、对象捕捉及对象捕捉追踪功能。指定极轴追踪增量角为【30】，设定对象捕捉模式为【端点】【交点】，设置沿所有极轴角进行对象捕捉追踪。

（5）指定标注样式"DIM-1"为当前标注样式，然后使用 DIM 命令标注尺寸"22""30""56"等，结果如图 9-15 所示。

（6）单击【注释】选项卡中【标注】面板上的 H 按钮，启动 DIMEDIT 命令，使用该命令的"倾斜(O)"选项将尺寸界线倾斜到 0°、30°或–30°的位置，结果如图 9-16 所示。

图 9-15　标注对齐尺寸

（7）指定标注样式"DIM-2"为当前标注样式，单击【标注】面板上的 回 按钮，选择尺寸"56""34""15"以进行更新，结果如图 9-17 所示。

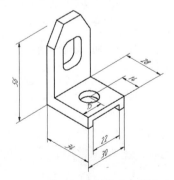

图 9-16　修改尺寸界线的倾斜角度

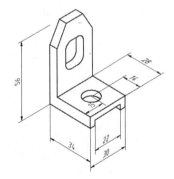

图 9-17　更新尺寸标注

（8）利用关键点编辑方式调整标注文字及尺寸线的位置，结果如图 9-18 所示。

（9）用类似方法标注其他尺寸，结果如图 9-19 所示。

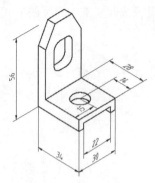

图 9-18　调整标注文字及尺寸线的位置

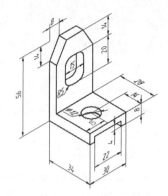

图 9-19　标注其他尺寸

 有时使用引线在轴测图中进行标注，外观一般不能满足要求，此时用户可以使用 EXPLODE 命令将标注分解，然后分别调整引线和文字的位置。

## 【综合实训】

# 综合实训——绘制轴测图

【案例 9-8】　绘制图 9-20 所示的轴测图。

（1）创建新图形文件。

（2）激活轴测投影模式。打开极轴追踪、对象捕捉及对象捕捉追踪功能，设置极轴追踪增量角为【30】，设定对象捕捉模式为【端点】【交点】，设置沿所有极轴角进行对象捕捉追踪。

9-8　绘制组合体轴测图（1）

（3）切换到右轴测面，使用 LINE 命令绘制线框 A，结果如图 9-21 所示。

（4）沿 150° 方向复制线框 A，复制距离为 90，再使用 LINE 命令绘制线段 B、C 等，如图 9-22（a）所示。修剪及删除多余线段，结果如图 9-22（b）所示。

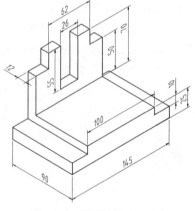

图 9-20　绘制轴测图（1）

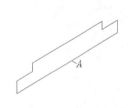

图 9-21　绘制线框 A（1）

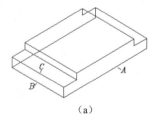

（a）　　　　　　　　（b）

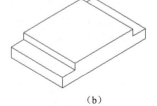

图 9-22　复制对象及绘制线段等

（5）使用 LINE 命令绘制线框 D，使用 COPY 命令绘制平行线 E、F、G，如图 9-23（a）所示。修剪及删除多余线段，结果如图 9-23（b）所示。

（6）沿-30°方向复制线框 H，复制距离为 12，再使用 LINE 命令绘制线段 I、J 等，如图 9-24（a）所示。修剪及删除多余线段，结果如图 9-24（b）所示。

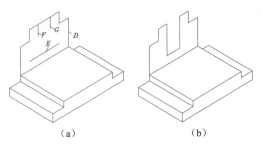

图 9-23　绘制线框及平行线等

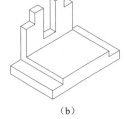

图 9-24　复制对象、绘制线段及修剪多余线段

【案例 9-9】　绘制图 9-25 所示的轴测图。

（1）创建新图形文件。

（2）激活轴测投影模式，再打开极轴追踪、对象捕捉及对象捕捉追踪功能，设置极轴追踪增量角为【30】，设定对象捕捉模式为【端点】【交点】，设置沿所有极轴角进行对象捕捉追踪。

9-9　绘制组合体轴测图（2）

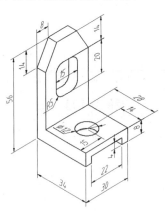

图 9-25　绘制轴测图（2）

（3）切换到右轴测面，使用 LINE 命令绘制线框 A，结果如图 9-26 所示。

（4）沿 150°方向复制线框 A，复制距离为 34，再使用 LINE 命令绘制线段 B、C 等，如图 9-27（a）所示。修剪及删除多余线段，结果如图 9-27（b）所示。

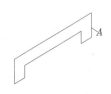

图 9-26　绘制线框 A（2）

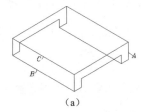

图 9-27　复制对象及绘制线段等

（5）切换到顶轴测面，绘制椭圆 D，并将其沿-90°方向复制，复制距离为 4，如图 9-28（a）所示。修剪多余线条，结果如图 9-28（b）所示。

（6）绘制图形 E，如图 9-29（a）所示。沿-30°方向复制图形 E，复制距离为 6，再使用 LINE 命令绘制线段 F、G 等。修剪及删除多余线段，结果如图 9-29（b）所示。

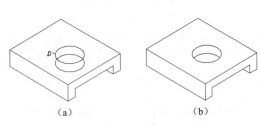

图 9-28　绘制并复制椭圆及修剪多余线条

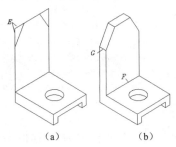

图 9-29　复制对象、绘制线段及修剪多余线段

（7）使用 COPY 命令绘制平行线 J、K 等，如图 9-30（a）所示。延伸及修剪多余线段，结果如图 9-30（b）所示。

（8）切换到右轴测面，绘制 4 个椭圆，如图 9-31（a）所示。修剪多余线条，结果如图 9-31（b）所示。

（9）沿 150° 方向复制线框 L，复制距离为 6，如图 9-32（a）所示。修剪及删除多余线条，结果如图 9-32（b）所示。

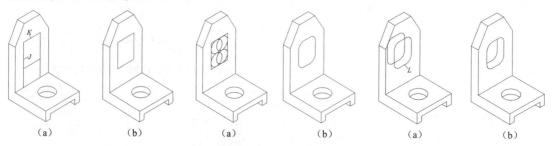

图 9-30　绘制平行线及修剪对象　　图 9-31　绘制椭圆及修剪多余线条　　图 9-32　复制对象及修剪线条

【案例 9-10】　绘制图 9-33 所示的轴测图。

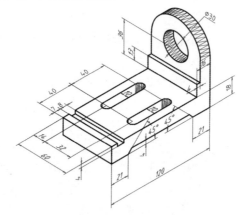

9-10　绘制组合体
轴测图（3）

图 9-33　绘制轴测图（3）

**【实战演练】**

1. 使用 LINE、COPY、TRIM 等命令绘制图 9-34 所示的轴测图。

2. 使用 LINE、COPY、TRIM 等命令绘制图 9-35 所示的轴测图。

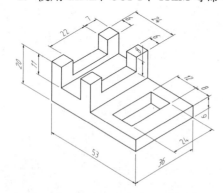

图 9-34　使用 LINE、COPY、TRIM 等命令
绘制轴测图（1）

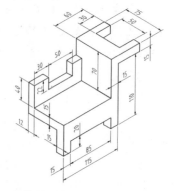

图 9-35　使用 LINE、COPY、TRIM 等命令
绘制轴测图（2）

3. 绘制图 9-36 所示的轴测图。

4. 绘制图 9-37 所示的轴测图。

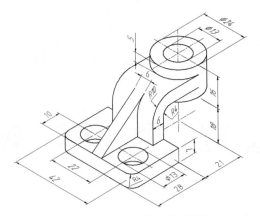

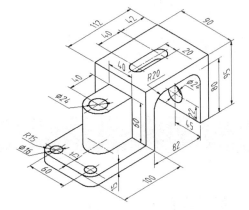

图 9-36　绘制圆、圆弧等的轴测投影（1）　　　　图 9-37　绘制圆、圆弧等的轴测投影（2）

项目 **10**

打印图形

## 【项目导读】

在绘制完工程图后，需要输出纸质工程图供工程师讨论或指导零件生产。因此，打印图形成了设计人员必须掌握的一项技能。

## 【学习目标】

通过学习本项目，读者应掌握从模型空间打印图形的方法，并学会将多张图纸布置在一起打印的技巧。

## 【能力目标】

通过学习本项目，读者应学会设置打印参数，掌握打印图形的全过程。

# 任务 10.1　打印图形的过程

在模型空间中将工程图布置在标准幅面的图框内，标注尺寸及添加文字后，就可以输出图形了。输出图形的主要过程如下。

（1）指定打印设备。打印设备既可以是 Windows 系统打印机，也可以是在 AutoCAD 中安装的打印机。

（2）选择图纸幅面及打印份数。

（3）设定要输出的内容。例如，可以指定将某一矩形区域的内容输出，或者将所有图形输出。

（4）调整图形在图纸上的位置及方向。

（5）选择打印样式，详见 10.2.2 小节。若不指定打印样式，则按对象的原有属性进行打印。

（6）设定打印比例。

（7）预览打印效果。

【案例 10-1】　从模型空间打印图形。

（1）打开素材文件"dwg\项目 10\10-1.dwg"。

（2）单击用户界面左上角的 **A** 图标，弹出菜单，选择【打印】/【管理绘图仪】命令，打开【Plotters】窗口，利用该窗口中的【添加绘图仪向导】配置一台绘图仪"DesignJet 450C C4716A"。

（3）单击快速访问工具栏上的 🖨 按钮，打开【打印-模型】对话框，在该对话框中完成以下设置，如图 10-1 所示。

- 在【打印机/绘图仪】分组框的【名称】下拉列表中选择打印设备【DesignJet 450C C4716A.pc3】。
- 在【图纸尺寸】分组框内的下拉列表中选择 A2 幅面图纸。
- 在【打印份数】分组框的微调框中输入打印份数。
- 在【打印范围】下拉列表中选择【范围】选项。
- 在【打印比例】分组框中设置打印比例为【1∶5】。
- 在【打印偏移（原点设置在可打印区域）】分组框中指定打印原点为(80,40)。
- 在【图形方向】分组框中设定图形打印方向为【横向】。
- 在【打印样式表（画笔指定）】分组框的下拉列表中选择打印样式【monochrome.ctb】（将所有颜色打印为黑色）。

10-1　从模型空间
打印图形的过程

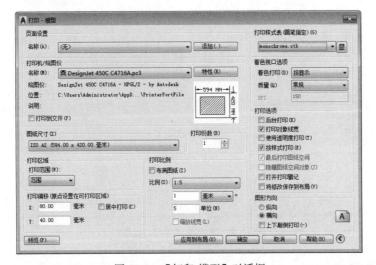

图 10-1　【打印-模型】对话框

（4）单击 预览(P)... 按钮，预览打印效果，如图 10-2 所示。若满意，单击 🖨 按钮开始打印；否则按 Esc 键返回【打印-模型】对话框，重新设定打印参数。

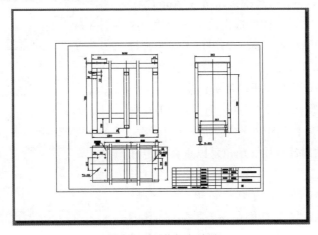

图 10-2　预览打印效果

# 任务 10.2 设置打印参数

在 AutoCAD 中，用户不仅可以使用 Windows 系统打印机或内部打印机输出图形，而且可以方便地修改打印机设置及其他打印参数。单击快速访问工具栏上的 🖶 按钮，打开【打印-模型】对话框，如图 10-3 所示。在该对话框中，用户不仅可以配置打印设备及选择打印样式，而且可以设定图纸幅面、打印比例及打印区域等参数。下面介绍该对话框的主要功能。

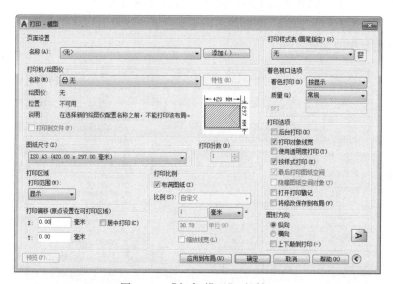

图 10-3 【打印-模型】对话框

## 10.2.1 选择打印设备

在【打印机/绘图仪】分组框的【名称】下拉列表中，用户可以选择 Windows 系统打印机或 AutoCAD 内部打印机（".pc3" 文件）作为输出设备。注意，这两种打印机名称前的图标不一样。当用户选定某种打印机后，【名称】下拉列表下面将显示被选中设备的名称、连接端口及其他有关打印机的注释信息。

如果用户想修改当前打印机设置，可以单击 特性(R)... 按钮，打开【绘图仪配置编辑器】对话框，如图 10-4 所示。在该对话框中，用户可以重新设定打印机端口及其他输出设置，如打印介质、图形、自定义特性、校准及自定义图纸尺寸等。

【绘图仪配置编辑器】对话框包含【常规】【端口】【设备和文档设置】3 个选项卡，各选项卡的功能介绍

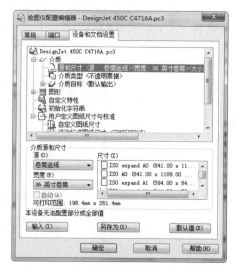

图 10-4 【绘图仪配置编辑器】对话框

如下。

- 【常规】: 该选项卡包含了打印机配置文件（".pc3"文件）的基本信息，如配置文件名称、驱动程序信息、打印机端口等。用户可以在此选项卡的【说明】列表框中加入其他注释信息。
- 【端口】: 通过此选项卡，用户可以修改打印机与计算机的连接设置，如选定打印机端口、指定打印到文件、后台打印等。
- 【设备和文档设置】: 在该选项卡中，用户不仅可以指定图纸来源、尺寸和类型，而且可以修改颜色深度、打印分辨率等。

## 10.2.2 使用打印样式

在【打印-模型】对话框的【打印样式表（画笔指定）】分组框内的下拉列表中选择打印样式，如图 10-5 所示。打印样式是对象的一种特性，如同颜色和线型，用于修改打印图形的外观。若为某个对象选择了一种打印样式，则输出图形后，对象外观由样式决定。系统提供了几百种打印样式，并将其组合成一系列打印样式表。

图 10-5　使用打印样式

AutoCAD 中有以下两种类型的打印样式表。

- 颜色相关打印样式表。颜色相关打印样式表以".ctb"为文件扩展名保存。该表以对象颜色为基础，共包含 255 种打印样式，每种 ACI 颜色对应一种打印样式，样式名分别为"颜色 1""颜色 2"等。用户既不能添加或删除颜色相关打印样式，也不能改变它们的名称。若当前图形文件与颜色相关打印样式表相连，则系统自动根据对象颜色分配打印样式。用户不能选择其他打印样式，但可以修改已分配的打印样式。
- 命名相关打印样式表。命名相关打印样式表以".stb"为文件扩展名保存。该表包括一系列已命名的打印样式，用户既可以修改打印样式的设置及其名称，还可以添加新的打印样式。若当前图形文件与命名相关打印样式表相连，则用户可以不考虑对象颜色，直接给对象指定样式表中的任意一种打印样式。

【打印样式表（画笔指定）】分组框的下拉列表中包含了当前图形中的所有打印样式表，用户可以选择其中之一。用户若要修改打印样式，可单击此下拉列表框右边的 按钮，打开【打印样式表编辑器】对话框，利用该对话框可以查看或改变当前打印样式表中的参数。

选择菜单命令【文件】/【打印样式管理器】，打开【Plot Styles】窗口，该窗口中包含打印样式文件及创建新打印样式的快捷方式，单击此快捷方式就能创建新打印样式。

AutoCAD 新建的图形处于"颜色相关"模式或"命名相关"模式下，这和创建图形时选择的样板文件有关。若是采用无样板方式新建图形，则可以事先设定新图形的打印样式模式。执行 OPTIONS 命令，系统打开【选项】对话框，进入【打印和发布】选项卡，再单击 打印样式表设置(S)... 按钮，打开【打印样式表设置】对话框，如图 10-6 所示，通过该对话框设置新图形的默认打印样式模式。

图 10-6 【打印样式表设置】对话框

## 10.2.3 选择图纸幅面

在【打印-模型】对话框的【图纸尺寸】分组框内的下拉列表中指定图纸大小，如图 10-7 所示。该下拉列表中包含了选定打印设备可用的标准图纸尺寸。当选择某种幅面图纸时，该下拉列表右上方会出现所选图纸及实际打印范围的预览图形（打印范围用阴影表示出来，可以在【打印区域】分组框中设定）。将鼠标指针移动到图形上面，鼠标指针所在位置会显示出精确的图纸尺寸及图纸上可打印区域的尺寸。

图 10-7 【图纸尺寸】分组框

除了从【图纸尺寸】分组框内的下拉列表中选择标准图纸尺寸，用户也可以创建自定义的图纸尺寸。此时，用户需修改所选打印设备的配置。

【案例 10-2】 创建自定义的图纸尺寸。

（1）在【打印-模型】对话框的【打印机/绘图仪】分组框中单击 特性(R)... 按钮，打开【绘图仪配置编辑器】对话框，在【设备和文档设置】选项卡中选择【自定义图纸尺寸】选项，如图 10-8 所示。

（2）单击 添加(A)... 按钮，打开【自定义图纸尺寸-开始】对话框，如图 10-9 所示。

10-2 创建自定义的图纸尺寸

图 10-8 【绘图仪配置编辑器】对话框

图 10-9 【自定义图纸尺寸-开始】对话框

（3）不断单击 下一步(N) > 按钮，并根据系统提示设置图纸参数，最后单击 完成(F) 按钮结束。

（4）返回【打印-模型】对话框，【图纸尺寸】分组框内的下拉列表中会显示自定义的图纸尺寸。

## 10.2.4　设定打印区域

在【打印-模型】对话框的【打印区域】分组框中设置需要输出的图形范围，如图 10-10 所示。

【打印区域】分组框的【打印范围】下拉列表中包含 4 个选项，下面利用图 10-11 所示的图样讲解它们的功能。

图 10-10　【打印区域】分组框

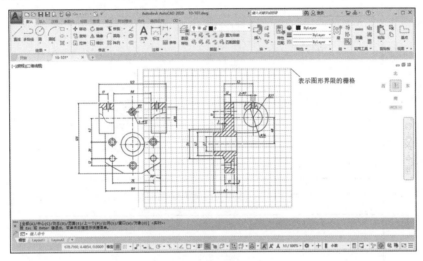

图 10-11　设置打印区域

　只有在【草图设置】对话框中取消选中【显示超出界限的栅格】复选框，才会出现图 10-11 所示的栅格。

- 【图形界限】：从模型空间打印时，【打印范围】下拉列表中将列出【图形界限】选项。选择该选项，系统就会把设定的图形界限（使用 LIMITS 命令设置图形界限）范围内的内容打印在图纸上，结果如图 10-12 所示。

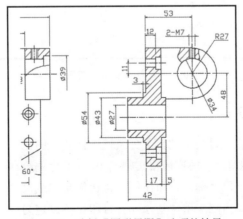

图 10-12　选择【图形界限】选项的结果

从图纸空间打印时，【打印范围】下拉列表中将列出【布局】选项。选择该选项，系统将打印虚拟图纸，可打印区域内的所有内容。

- 【范围】：打印图样中的所有图形对象，结果如图 10-13 所示。
- 【显示】：打印整个绘图区域，结果如图 10-14 所示。
- 【窗口】：打印用户自己设定的区域。选择此选项后，系统提示指定打印区域的两个角点，同时在【打印-模型】对话框中显示 窗口(0)< 按钮，单击此按钮可以重新设定打印区域。

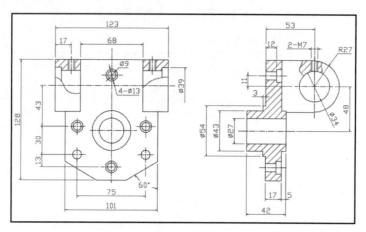

图 10-13　选择【范围】选项的结果

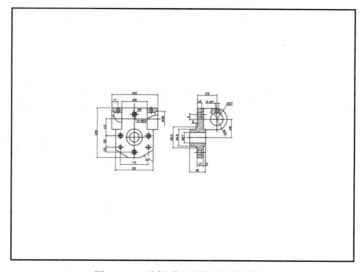

图 10-14　选择【显示】选项的结果

## 10.2.5　设定打印比例

在【打印-模型】对话框的【打印比例】分组框中设置出图比例，如图 10-15 所示。绘制阶段，用户根据实物按 1∶1 的比例绘图；出图阶段，需根据图纸尺寸确定打印比例，该比例是图纸尺寸单位与图形单位的比值。当测量单位是 mm，打印比例设定为 1∶2 时，图纸上的 1mm 代表两个图形单位。

【比例】下拉列表中包含了一系列标准缩放比例，此外，还有

图 10-15　【打印比例】分组框

【自定义】选项，选择该选项，用户可以自己指定打印比例。

从模型空间打印时，【打印比例】的默认设置是【布满图纸】。此时，系统将缩放图形以充满所选定图纸。

## 10.2.6　设定着色打印

着色打印用于指定着色图及渲染图的打印方式，并且可以设定它们的分辨率。在【打印-模型】对话框的【着色视口选项】分组框中设置着色打印方式，如图10-16所示。

【着色视口选项】分组框中包含以下3个选项。

（1）【着色打印】下拉列表。

图 10-16　设定着色打印

- 【按显示】：按对象在绘图区域的显示情况进行打印。
- 【传统线框】：按线框方式打印对象，不考虑其在绘图区域的显示情况。
- 【传统隐藏】：打印对象时消除隐藏线，不考虑其在绘图区域的显示情况。
- 【概念】【隐藏】【真实】【着色】【带边缘着色】【灰度】【勾画】【线框】【X 射线】：按视觉样式打印对象，不考虑其在绘图区域的显示情况。
- 【渲染】：按渲染方式打印对象，不考虑其在绘图区域的显示情况。

（2）【质量】下拉列表。

- 【草稿】：将渲染图及着色图按线框方式打印。
- 【预览】：将渲染图及着色图的打印分辨率设置为当前打印设备分辨率的1/4，DPI 的最大值为"150"。
- 【常规】：将渲染图及着色图的打印分辨率设置为当前打印设备分辨率的1/2，DPI 的最大值为"300"。
- 【演示】：将渲染图及着色图的打印分辨率设置为当前打印设备的分辨率，DPI 的最大值为"600"。
- 【最高】：将渲染图及着色图的打印分辨率设置为当前打印设备的分辨率。
- 【自定义】：将渲染图及着色图的打印分辨率设置为【DPI】文本框中用户指定的分辨率，最大可以为当前打印设备的分辨率。

（3）【DPI】文本框。

设定打印图形时每英寸的点数，最大值为当前打印设备分辨率的最大值。只有在【质量】下拉列表中选择【自定义】选项后，此文本框才可用。

## 10.2.7　调整图形打印方向和位置

图形在图纸上的方向通过【图形方向】分组框中的选项进行调整，如图10-17所示。该分组框包含一个图标，此图标表明图纸的放置方向，图标中的字母代表图形在图纸上的方向。

【图形方向】分组框包含以下3个选项。

- 【纵向】：图形在图纸上的放置方向是竖直的。
- 【横向】：图形在图纸上的放置方向是水平的。

- 【上下颠倒打印】: 使图形颠倒，此选项可与【纵向】和【横向】选项结合使用。

图形在图纸上的位置由【打印偏移（原点设置在可打印区域）】分组框中的选项确定，如图 10-18 所示。默认情况下，系统从图纸左下角打印图形。打印原点处于图纸左下角位置，坐标是(0,0)，用户可以在【打印偏移（原点设置在可打印区域）】分组框中设定新的打印原点，这样图形在图纸上将沿 $x$ 轴和 $y$ 轴移动。

【打印偏移（原点设置在可打印区域）】分组框包含以下 3 个选项。

- 【居中打印】: 选中此复选框，将在图纸正中间打印图形（自动计算 $x$ 和 $y$ 的偏移值）。
- 【X】: 指定打印原点在 $x$ 方向的偏移值。
- 【Y】: 指定打印原点在 $y$ 方向的偏移值。

图 10-17　【图形方向】分组框　　　图 10-18　【打印偏移（原点设置在可打印区域）】分组框

　　如果用户不能确定打印机如何确定原点，可以试着改变打印原点的位置并预览打印效果，然后根据图形的移动距离推测原点位置。

## 10.2.8　预览打印效果

设置完成打印参数后，用户可以通过打印预览观察图形的打印效果，如果不合适，可以重新调整，以免浪费图纸。

单击【打印-模型】对话框左下角的 预览(P)... 按钮，系统显示实际的打印效果。由于系统要重新生成图形，因此加载复杂图形的打印效果需耗费较多时间。

预览时，十字光标变成 🔍 形状，利用它可以进行实时缩放操作。查看完毕后，按 Esc 键或 Enter 键返回【打印-模型】对话框。

## 10.2.9　保存打印设置

用户选择打印设备并设置打印参数（图纸幅面、打印比例和打印方向等）后，可以将这些保存在页面设置中，以便以后使用。

【打印-模型】对话框的【页面设置】分组框的【名称】下拉列表中显示了所有已命名的页面设置，若要保存当前页面设置，可单击该下拉列表框右边的 添加()... 按钮，打开【添加页面设置】对话框，如图 10-19 所示。在该对话框的【新页面设置名】文本框中输入页面设置名称，然后单击 确定(O) 按钮，存储页面设置。

用户也可以从其他图形中输入已定义的页面设置。在【页面设置】分组框的【名称】下拉列表中选择【输入】选项，打开【从文件选择页面设置】对话框，选择并打开所需的图形文件后，打开【输入页面设置】对话框，如图 10-20 所示。该对话框显示了图形文件中包含的页面设置，选择其中之一，单击 确定(O) 按钮。

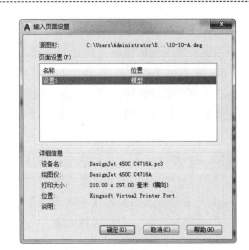

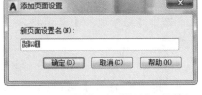

图 10-19　【添加页面设置】对话框　　　图 10-20　【输入页面设置】对话框

# 任务 10.3　打印图形实例

前面介绍了有关打印方面的知识，下面通过一个实例演示打印图形的全过程。

【案例 10-3】　打印图形。

（1）打开素材文件 "dwg\项目 10\10-3.dwg"。

（2）选择菜单命令【文件】/【打印】，打开【打印-模型】对话框，如图 10-21 所示。

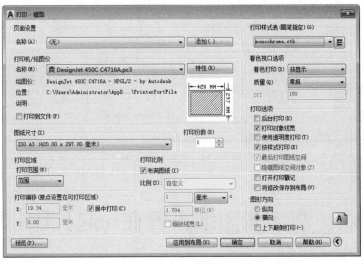

10-3　打印图形

图 10-21　【打印-模型】对话框

（3）如果想使用以前创建的页面设置，可在【页面设置】分组框的【名称】下拉列表中选择它，或者从其他文件中输入。

（4）在【打印机/绘图仪】分组框的【名称】下拉列表中指定打印设备。若要修改打印机特性，可以单击下拉列表框右边的  按钮，打开【绘图仪配置编辑器】对话框，通过该对话框修改打印机端口和介质类型，还可以自定义图纸大小。

（5）在【打印份数】分组框的微调框中输入打印份数。

（6）若要将图形输出到文件，则应在【打印机/绘图仪】分组框中选中【打印到文件】复选框。此后，当用户单击【打印-模型】对话框的 确定 按钮时，系统就会打开【浏览打印文件】对话框，用户可通过此对话框指定输出文件的名称及地址。

（7）在【打印-模型】对话框中做以下设置。

- 在【图纸尺寸】分组框内的下拉列表中选择 A3 图纸。
- 在【打印范围】下拉列表中选择【范围】选项。
- 在【打印偏移（原点设置在可打印区域）】分组框中选中【居中打印】复选框。
- 设定【打印比例】为【布满图纸】。
- 设定图形打印方向为【横向】。
- 在【打印样式表（画笔指定）】分组框的下拉列表中选择打印样式【monochrome.ctb】。

（8）单击 预览(P)... 按钮，预览打印效果，如图 10-22 所示。若满意，则按 Esc 键返回【打印-模型】对话框，再单击 确定 按钮开始打印。

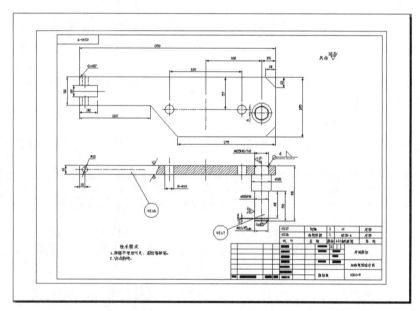

图 10-22　预览打印效果

# 任务 10.4　将多张图纸布置在一起打印

为了节省图纸，用户常需要将几张图纸布置在一起打印，示例如下。

【案例 10-4】　素材文件 "dwg\项目 10\10-4-A.dwg" 和 "10-4-B.dwg" 都采用 A2 幅面图纸，绘图比例分别为 1:3、1:4，现将它们布置在一起输出到 A1 幅面的图纸上。

（1）创建一个新文件。

（2）单击【插入】选项卡中【参照】面板上的 按钮，打开【选择参照

10-4　将多张图纸
布置在一起打印

【文件】对话框，找到图形文件"10-4-A.dwg"，单击 打开(0) 按钮，打开【附着外部参照】对话框，利用该对话框插入图形文件，插入时的缩放比例为 1：1。

（3）使用 SCALE 命令缩放图形，缩放比例为 1：3（绘图比例）。

（4）用与步骤（2）和步骤（3）相同的方法插入图形文件"10-4-B.dwg"，插入时的缩放比例为 1：1。插入图形后，使用 SCALE 命令缩放图形，缩放比例为 1：4。

（5）使用 MOVE 命令调整图形位置，让其组成 A1 幅面图纸，结果如图 10-23 所示。

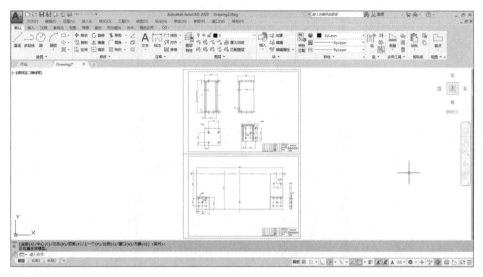

图 10-23　组成 A1 幅面图纸

（6）选择菜单命令【文件】/【打印】，打开【打印-模型】对话框，如图 10-24 所示，在该对话框中做以下设置。

- 在【打印机/绘图仪】分组框的【名称】下拉列表中选择打印设备【DesignJet 450C C4716A.pc3】。
- 在【图纸尺寸】分组框内的下拉列表中选择 A1 幅面图纸。

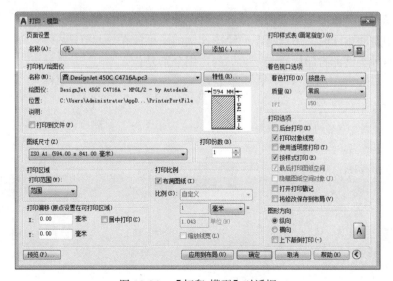

图 10-24　【打印-模型】对话框

- 在【打印样式表（画笔指定）】分组框的下拉列表中选择打印样式【monochrome.ctb】。
- 在【打印范围】下拉列表中选择【范围】选项。
- 在【打印偏移（原点设置在可打印区域）】分组框中选中【居中打印】复选框。
- 在【打印比例】分组框中选中【布满图纸】复选框。
- 在【图形方向】分组框中选中【纵向】单选按钮。

（7）单击 预览(P)... 按钮，预览打印效果，如图 10-25 所示。若满意，则单击 🖨 按钮开始打印。

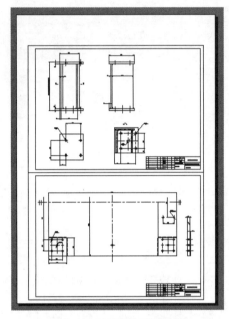

图 10-25　预览打印效果

## 【实战演练】

1. 打印图形时，一般应设置哪些打印参数？如何设置？
2. 打印图形的主要过程是什么？
3. 设置完打印参数后，应如何保存以便再次使用？
4. 从模型空间出图时，怎样将不同绘图比例的图纸放在一起打印？
5. 有哪两种类型的打印样式表？它们的作用分别是什么？

## 【项目导读】

三维模型包括线框模型、表面模型和实体模型。通过 AutoCAD 输出的实体模型数据可以提供给后续的数控加工和有限元分析。

## 【学习目标】

通过学习本项目，读者应掌握创建及编辑三维模型的主要命令，了解利用布尔运算构建复杂模型的方法。

## 【能力目标】

通过学习本项目，读者应学会创建三维模型，学会编辑实体的表面，学会使用布尔运算，培养与他人协作分析和构建三维模型的能力。

# 任务 11.1 【三维建模】工作空间

创建三维模型时可以切换至 AutoCAD【三维建模】工作空间。打开快速访问工具栏上的【工作空间】下拉列表，或者单击状态栏上的 ✿ 按钮，弹出菜单，选择【三维建模】命令，就可切换至该工作空间。默认情况下，【三维建模】工作空间包含【常用】【实体】【曲面】【网格】等选项卡，如图 11-1 所示。这些选项卡的功能介绍如下。

- 【常用】选项卡：包含建模、实体编辑、网格等创建三维模型常用的命令按钮。
- 【实体】选项卡：包含创建及编辑实体模型的命令按钮。
- 【曲面】选项卡：利用该选项卡中的命令按钮可以创建曲线、曲面，并对其进行编辑。
- 【网格】选项卡：利用该选项卡中的命令按钮可以创建及编辑网格对象，并将网格对象转化为实体或曲面。

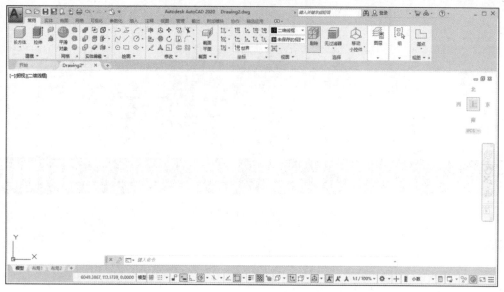

图 11-1　【三维建模】工作空间

# 任务 11.2　观察三维模型

在三维建模过程中，用户常需要从不同方向观察模型。AutoCAD 提供了多种观察模型的方法，下面介绍常用的几种。

## 11.2.1　用标准视点观察模型

任何三维模型都可以从任意一个方向观察，【常用】选项卡中【视图】面板上的【三维导航】下拉列表中提供了 10 种标准视点（视图控件也可以设置视点），如图 11-2 所示，通过这些视点可以获得三维模型的 10 种视图，如前视图、后视图、左视图、东南等轴测视图等。

切换到标准视点的另一种快捷方法是利用绘图窗口左上角的【视图控件】下拉列表，该下拉列表列出了 10 种标准视图。此外，利用此下拉列表还能快速切换到平行投影模式或透视投影模式。

【案例 11-1】　利用标准视点观察图 11-3 所示的三维模型。

（1）打开素材文件 "dwg\项目 11\11-1.dwg"，如图 11-3 所示。

（2）选择【视图控件】或【三维导航】下拉列表中的【前视】选项，然后执行消隐命令 HIDE，结果如图 11-4 所示，此图是三维模型的前视图。

11-1　利用标准视点观察三维模型

（3）选择【视图控件】下拉列表中的【左视】选项，然后执行消隐命令 HIDE，结果如图 11-5 所示，此图是三维模型的左视图。

（4）在【三维导航】下拉列表中选择【东南等轴测】选项，然后执行消隐命令 HIDE，结果如图 11-6 所示，此图是三维模型的东南等轴测视图。

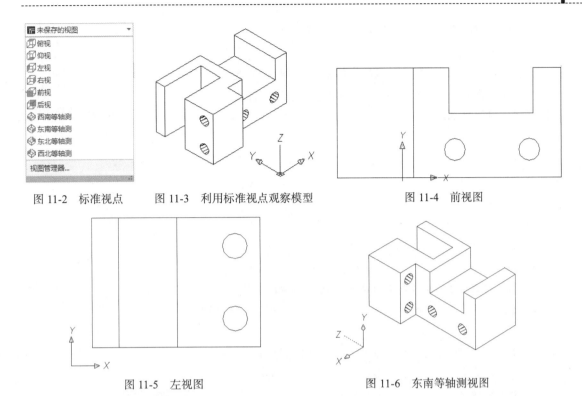

图 11-2　标准视点　　图 11-3　利用标准视点观察模型　　　图 11-4　前视图

图 11-5　左视图　　　　　　图 11-6　东南等轴测视图

## 11.2.2　三维动态旋转

单击导航栏上的 ⊘ 按钮（自由动态观察），启动三维动态旋转命令 3DFORBIT。此时，用户可以通过按住鼠标左键并拖动鼠标的方法来改变观察方向，从而非常方便地获得不同方向的三维视图。使用此命令时，可以选择观察全部对象或模型中的一部分对象，系统会围绕待观察的对象形成一个辅助圆，该圆被 4 个小圆分成 4 等份，如图 11-7 所示。辅助圆的圆心是观察目标点，当用户按住鼠标左键并拖动鼠标时，待观察对象的观察目标点静止不动，而视点绕着三维对象旋转，显示结果是视图在随鼠标转动。

当用户想观察整个模型的部分对象时，应先选择这些对象，然后启动 3DFORBIT 命令，此时仅所选对象显示在绘图区中。若其没有处在辅助圆内，则单击鼠标右键，在弹出的快捷菜单中选择【范围缩放】命令。

启动 3DFORBIT 命令后，AutoCAD 窗口中出现一个大圆和 4 个均匀分布的小圆，如图 11-7 所示。当鼠标指针移动至圆

图 11-7　辅助圆

的不同位置时，其形状将发生变化，不同形状的鼠标指针表明了当前视图的旋转方向。

### 1．球形 ⊕

鼠标指针位于辅助圆内时，就变为这种形状，此时可假想一个球体将目标对象包裹起来。按住鼠标左键并拖动鼠标，使球体沿鼠标拖动的方向旋转，模型视图也就旋转起来了。

### 2．圆形 ⊙

移动鼠标指针到辅助圆外，鼠标指针就变为这种形状，按住鼠标左键并将鼠标沿辅助圆拖

动，就会使三维视图旋转，旋转轴垂直于屏幕并通过辅助圆心。

3．水平椭圆形 ⊕

图 11-8　快捷菜单

当把鼠标指针移动到左、右两个小圆的位置时，就变为水平椭圆形。按住鼠标左键并拖动鼠标使视图绕着一条垂直轴线转动，此旋转轴线经过辅助圆心。

4．竖直椭圆形 ⊕

将鼠标指针移动到上、下两个小圆的位置时，变为这种形状。按住鼠标左键并拖动鼠标将使视图绕着一条水平轴线转动，此旋转轴线经过辅助圆心。

当激活 3DFORBIT 命令时，单击鼠标右键，弹出快捷菜单，如图 11-8 所示。此快捷菜单中常用命令的功能如下。

- 【其他导航模式】：切换到受约束的动态观察及连续动态观察等。
- 【缩放窗口】：用实线矩形框选择需要缩放的区域。
- 【范围缩放】：将所有三维对象构成的视图缩放到绘图窗口的大小。
- 【缩放上一个】：动态旋转模型后，再回到旋转前的状态。
- 【平行模式】：激活平行投影模式。
- 【透视模式】：激活透视投影模式，透视图与人眼观察到的图形极为接近。
- 【重置视图】：将当前的视图恢复到激活 3DFORBIT 命令时的视图。
- 【预设视图】：提供了常用的标准视图，如前视图、左视图等。
- 【视觉样式】：提供了以下常用的模型显示方式。

【概念】：着色对象，效果缺乏真实感，但可以清晰地显示模型细节。

【隐藏】：用三维线框表示模型并隐藏不可见线条。

【真实】：对模型表面进行着色，显示已附着于对象的材质。

【着色】：将对象平面着色，着色的表面较光滑。

【带边缘着色】：用平滑着色和可见边显示对象。

【线框】：用直线和曲线表示模型。

## 11.2.3　视觉样式

视觉样式用于改变模型在视口中的显示效果，是一组用于控制模型显示方式的设置，这些设置包括面设置、环境设置、边设置等。其中，面设置控制视口中面的外观，环境设置控制阴影和背景，边设置控制如何显示边。当选中一种视觉样式时，系统会在视口中按样式规定的形式显示模型。

AutoCAD 提供了 10 种默认的视觉样式，用户可在【视图】面板的【视觉样式】下拉列表中选择，如图 11-9 所示。

常用的视觉样式如下。

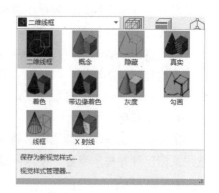

图 11-9　【视觉样式】下拉列表

- 【二维线框】：以线框形式显示对象，光栅图像、线型及线宽均可见，如图 11-10（a）所示。

- 【隐藏】：以线框形式显示对象并隐藏不可见线条，光栅图像及线宽可见，线型不可见，如图 11-10（b）所示。

- 【线框】：以线框形式显示对象，同时显示着色的 UCS（User Coordinate System，用户坐标系）图标，光栅图像、线型及线宽可见，如图 11-10（c）所示。

- 【概念】：对模型表面进行着色，着色时采用从冷色到暖色的过渡，而不是采用从深色到浅色的过渡。效果缺乏真实感，但可以很清晰地显示模型细节，如图 11-10（d）所示。

- 【真实】：对模型表面进行着色，显示已附着于对象的材质。光栅图像、线型及线宽均可见，如图 11-10（e）所示。

（a）二维线框　　　　（b）隐藏　　　　（c）线框　　　　（d）概念　　　　（e）真实

图 11-10　视觉样式

# 任务 11.3　创建三维基本立体模型

AutoCAD 能生成长方体、球体、圆柱体、圆锥体、楔形体及圆环体等基本立体模型。【建模】面板中包含了创建这些立体模型的命令按钮。表 11-1 为这些命令按钮的功能及操作时需要输入的主要参数。

表 11-1　创建基本立体模型的命令按钮

| 命令按钮 | 功能 | 输入参数 |
|---|---|---|
| | 创建长方体 | 指定长方体的一个角点，再输入另一对角点的相对坐标 |
| | 创建圆柱体 | 指定圆柱体底面的中心点，输入圆柱体的半径及高度 |
| | 创建圆锥体及圆锥台 | 指定圆锥体底面的中心点，输入圆锥体底面半径及圆锥体高度<br>指定圆锥台底面的中心点，输入圆锥台底面半径、顶面半径及圆锥台高度 |
| | 创建球体 | 指定球心，输入球半径 |
| | 创建棱锥体及棱锥台 | 指定棱锥体底面边数及中心点，输入棱锥体底面半径及棱锥体高度<br>指定棱锥台底面边数及中心点，输入棱锥台底面半径、顶面半径及棱锥台高度 |
| | 创建楔形体 | 指定楔形体的一个角点，再输入另一对角点的相对坐标 |
| | 创建圆环体 | 指定圆环体中心点，输入圆环体半径及圆管半径 |

用户创建长方体或其他基本立体模型时，可以使用单击设定参数的方式。当系统提示输入相关数据时，用户移动十字光标到适当位置，然后单击，在此过程中，立体模型的外观将动态

显示出来，以便于用户初步确定其形状。绘制完成后，可以利用 PROPERTIES 命令显示立体模型尺寸，并且可以对其进行修改。

【案例 11-2】 创建长方体及圆柱体。

（1）进入【三维建模】工作空间。打开绘图窗口左上角的【视图控件】下拉列表，选择【东南等轴测】选项，切换到东南等轴测视图，再通过【视觉样式】下拉列表设定当前模型显示方式为【二维线框】。

11-2 创建长方体及圆柱体

（2）单击【建模】面板上的▢按钮，系统提示如下。

```
命令: _box
指定第一个角点或[中心(C)]:                    //指定长方体角点 A
指定其他角点或[立方体(C)/长度(L)]: @100,200,300
                                //输入另一角点 B 的相对直角坐标，如图 11-11（a）所示
```

（3）单击【建模】面板上的▢按钮，系统提示如下。

```
命令: _cylinder
指定底面的中心点或[三点(3P)/两点(2P)/ 切点、切点、半径(T)/椭圆(E)]:
                                //指定圆柱体底圆中心点，如图 11-11（b）所示
指定底面半径或[直径(D)] <80.0000>: 80        //输入圆柱体底面半径
指定高度或[两点(2P)/轴端点(A)] <300.0000>: 300 //输入圆柱体高度
```

结果如图 11-11 所示。

（4）改变实体表面网格线的密度。

```
命令: isolines
输入 ISOLINES 的新值 <4>: 40                  //设置实体表面网格线的数量
```

启动 REGEN 命令，或者选择菜单命令【视图】/【重生成】，重新生成模型，实体表面网格线变得更加密集。

（5）控制实体消隐后表面网格线的密度。

```
命令: facetres
输入 FACETRES 的新值 <0.5000>: 5              //设置实体消隐后的网格线密度
```

执行 HIDE 命令，结果如图 11-11 所示。

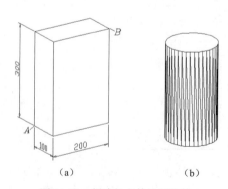

（a）                    （b）

图 11-11 创建长方体及圆柱体

# 任务 11.4　将二维对象拉伸成实体或曲面

EXTRUDE 命令可以用于拉伸二维对象生成三维实体或曲面。若拉伸闭合对象，则生成实体；若拉伸未闭合对象，则生成曲面。操作时，用户既可以指定拉伸高度及拉伸对象的锥角，又可以沿某一直线或曲线路径进行拉伸。

【案例 11-3】　练习使用 EXTRUDE 命令。

（1）打开素材文件 "dwg\项目 11\11-3.dwg"。

（2）将图形 $A$ 创建成面域，再使用 PEDIT 或 JOIN 命令将连续线 $B$ 编辑成一条多段线，如图 11-12（a）所示。

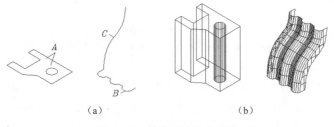

（a）　　　　　　　　　　　　（b）

11-3　将二维对象
拉伸成实体或曲面

图 11-12　拉伸面域及多段线

（3）使用 EXTRUDE 命令拉伸面域及多段线，形成实体和曲面。

单击【建模】面板上的 ▣ 按钮，启动 EXTRUDE 命令，系统提示如下。

```
命令: _extrude
选择要拉伸的对象或[模式(MO)]: 找到 1 个                        //选择面域
选择要拉伸的对象或[模式(MO)]:                                //按 Enter 键
指定拉伸的高度或[方向(D)/路径(P)/倾斜角(T)/表达式(E)] <262.2213>: 260  //输入拉伸高度
命令:
EXTRUDE                                                     //重复命令
选择要拉伸的对象或[模式(MO)]: 找到 1 个                        //选择多段线
选择要拉伸的对象或[模式(MO)]:                                //按 Enter 键
指定拉伸的高度或[方向(D)/路径(P)/倾斜角(T)/表达式(E)] <260.0000>: P  //选择"路径(P)"选项
选择拉伸路径或[倾斜角(T)]:                                    //选择样条曲线 C
```

结果如图 11-12（b）所示。

 系统变量 SURFU 和 SURFV 用于控制曲面上素线的密度。选中曲面，启动 PROPERTIES 命令，该命令将列出这两个系统变量的值，修改它们，曲面上素线的数量就会发生变化。

EXTRUDE 命令各选项的功能如下。

- 模式(MO)：指定创建实体或曲面。
- 指定拉伸的高度：若输入正的拉伸高度，则对象沿 $z$ 轴正向拉伸；若输入负的拉伸高度，则对象沿 $z$ 轴负向拉伸；当对象不在坐标系 $xy$ 平面内时，将沿该对象所在平面的法线方向拉伸对象。
- 方向(D)：指定两点，两点间的连线表明了拉伸的方向和距离。

- 路径(P)：沿指定路径拉伸对象以形成实体或曲面。拉伸时，路径被移动到轮廓的形心位置。路径既不能与拉伸对象在同一个平面内，也不能具有较大曲率的区域，否则有可能在拉伸过程中产生自相交的情况。

- 倾斜角(T)：当系统提示"指定拉伸的倾斜角度<0>:"时，输入正的拉伸倾斜角，表示从基准对象逐渐变细地拉伸，而负倾斜角则表示从基准对象逐渐变粗地拉伸，如图 11-13 所示。需要注意的是，拉伸倾斜角不能太大，如果拉伸实体截面在达到拉伸高度前已经变成一个点，那么系统将提示不能进行拉伸。

（a）拉伸倾斜角为 5°　　（b）拉伸倾斜角为−5°

图 11-13　指定拉伸斜角

# 任务 11.5　旋转二维对象形成实体或曲面

REVOLVE 命令用于旋转二维对象生成三维实体或曲面。若二维对象是闭合的，则生成实体；若二维对象不是闭合的，则生成曲面。用户通过选择直线、指定两点或 x 轴、y 轴来确定旋转轴。

REVOLVE 命令可以用于旋转以下二维对象。

- 直线、圆弧和椭圆弧。
- 二维多段线和二维样条曲线。
- 面域和实体上的平面。

【案例 11-4】　练习使用 REVOLVE 命令。

（1）打开素材文件"dwg\项目 11\11-4.dwg"。

（2）单击【建模】面板上的  按钮，启动 REVOLVE 命令，系统提示如下。

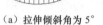

11-4　旋转二维对象形成实体或曲面

```
命令：_revolve
选择要旋转的对象或[模式(MO)]：找到 1 个    //选择要旋转的对象，该对象是面域，如图 11-14（a）所示
选择要旋转的对象或[模式(MO)]：                    //按 Enter 键
指定轴起点或根据以下选项之一定义轴[对象(O)/X/Y/Z] <对象>：    //捕捉端点 A
指定轴端点：                                         //捕捉端点 B
指定旋转角度或[起点角度(ST)/反转(R)/表达式(EX)] <360>：ST    //选择"起点角度(ST)"选项
指定起点角度 <0.0>：-30                               //输入回转起始角度
指定旋转角度或[起点角度(ST)/表达式(EX)] <360>：210    //输入回转角度
```

再执行 HIDE 命令，结果如图 11-14（b）所示。

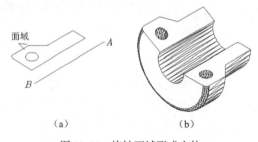

面域

A

B

（a）　　　　　　　　（b）

图 11-14　旋转面域形成实体

若通过拾取两点指定旋转轴，则旋转轴的正方向是从第一点指向第二点，旋转角的正方向按右手螺旋定则确定。

REVOLVE 命令各选项的功能如下。

- 对象(O)：选择直线或实体的线性边作为旋转轴，旋转轴的正方向是从拾取点指向最远端点。
- X/Y/Z：使用当前坐标系的 $x$ 轴、$y$ 轴、$z$ 轴作为旋转轴。
- 起点角度(ST)：指定旋转起始位置与旋转对象所在平面的夹角，角度的正方向以右手螺旋定则确定。
- 反转(R)：更改旋转方向，类似输入 "–"（负）角度值。

# 任务 11.6　通过扫掠创建实体或曲面

SWEEP 命令用于将平面轮廓沿二维路径或三维路径进行扫掠形成实体或曲面。若二维轮廓是闭合的，则生成实体；若二维轮廓不是闭合的，则生成曲面。轮廓可以与路径在同一平面内，扫掠时，系统将轮廓调整到与路径垂直的方向。默认情况下，轮廓形心将与路径起始点对齐，但也可以指定轮廓的其他点作为扫掠对齐点。

【案例 11-5】　练习使用 SWEEP 命令。

（1）打开素材文件 "dwg\项目 11\11-5.dwg"。

（2）使用 PEDIT 命令将路径曲线 $A$ 编辑成一条多段线。

（3）使用 SWEEP 命令将面域沿路径扫掠。

单击【建模】面板上的  按钮，启动 SWEEP 命令，系统提示如下。

11-5　通过扫掠
创建实体或曲面

```
命令: _sweep
选择要扫掠的对象或[模式(MO)]: 找到 1 个        //选择轮廓面域, 如图 11-15 (a) 所示
选择要扫掠的对象或[模式(MO)]:                   //按  Enter  键
选择扫掠路径或[对齐(A)/基点(B)/比例(S)/扭曲(T)]: B   //选择 "基点(B)" 选项
指定基点: END 于                               //捕捉点 B
选择扫掠路径或[对齐(A)/基点(B)/比例(S)/扭曲(T)]:    //选择路径曲线 A
```

再执行 HIDE 命令，结果如图 11-15（b）所示。

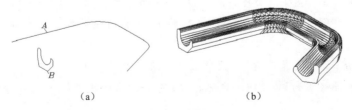

(a)　　　　　　　　　　　　(b)

图 11-15　将面域沿路径扫掠

SWEEP 命令各选项的功能如下。

- 对齐(A)：指定是否将轮廓调整到与路径垂直的方向或保持原有方向。默认情况下，系

统将使轮廓与路径垂直。

- 基点(B)：指定扫掠时的基点，该点将与路径起始点对齐。
- 比例(S)：路径起始点处的轮廓缩放比例为 1，路径结束处的缩放比例为输入值，中间轮廓沿路径连续变化。与选择点靠近的路径端点是路径的起始点。
- 扭曲(T)：设定轮廓沿路径扫掠时的扭转角度，角度小于 360°。该选项包含"倾斜(B)"子选项，选择该子选项可以使轮廓随三维路径自然倾斜。

# 任务 11.7　通过放样创建实体或曲面

LOFT 命令可用于对一组平面轮廓曲线进行放样以形成实体或曲面。若所有轮廓是闭合的，则生成实体；若所有轮廓不是闭合的，则生成曲面。需要注意的是，放样时，轮廓线或全部闭合或全部开放，不能使用既包含开放轮廓又包含闭合轮廓的选择集。

放样实体或曲面中间轮廓的形状可以利用放样路径控制，如图 11-16（a）所示。放样路径始于第一个轮廓所在的平面，止于最后一个轮廓所在的平面。导向曲线是另一种控制放样形状的方法，将轮廓上对应的点通过导向曲线连接起来，使轮廓按预定方式变化，如图 11-16（b）所示。轮廓的导向曲线可以有多条，每条导向曲线必须与各轮廓相交，始于第一个轮廓，止于最后一个轮廓。

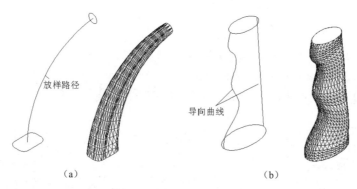

（a）　　　　　　　　　　　　（b）

图 11-16　通过放样创建实体

【案例 11-6】　练习使用 LOFT 命令。

（1）打开素材文件"dwg\项目 11\11-6.dwg"。

（2）使用 PEDIT 或 JOIN 命令将线条 *A*、*D*、*E* 编辑成多段线，如图 11-17（a）所示。若使用 PEDIT 命令，应先将 UCS 的 *xy* 平面与连续线所在平面对齐。

（3）使用 LOFT 命令在轮廓 *B*、*C* 之间放样，路径曲线是 *A*。

单击【建模】面板上的  按钮，启动 LOFT 命令，系统提示如下。

11-6　通过放样
创建实体或曲面

```
命令：_loft
按放样次序选择横截面或 [点(PO)/合并多条边(J)/模式(MO)]：总计 2 个
                                    //选择轮廓 B、C，如图 11-17（a）所示
按放样次序选择横截面：           //按 Enter 键
```

| 输入选项[导向(G)/路径(P)/仅横截面© /设置(S)] <仅横截面>: P | |
| --- | --- |
| | //选择"路径(P)"选项 |
| 选择路径曲线: | //选择路径曲线 A |

结果如图 11-17（c）所示。

（4）使用 LOFT 命令在轮廓 F、G、H、I、J 之间放样，导向曲线是 D、E，如图 11-7（b）所示。

| 命令：_loft | |
| --- | --- |
| 按放样次序选择横截面:总计 5 个 | //选择轮廓 F、G、H、I、J |
| 按放样次序选择横截面: | //按 Enter 键 |
| 输入选项[导向(G)/路径(P)/仅横截面© /设置(S)] <仅横截面>: G | //选择"导向(G)"选项 |
| 选择导向曲线: 总计 2 个 | //选择导向曲线 D、E |
| 选择导向曲线: | //按 Enter 键 |

结果如图 11-17（d）所示。

LOFT 命令常用选项的功能如下。

- 导向(G): 利用连接各个轮廓的导向曲线控制放样实体或曲面的截面形状。
- 路径(P): 指定放样实体或曲面的路径，路径应与各个轮廓截面相交。

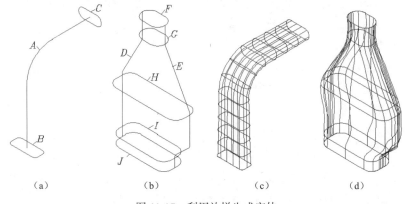

（a）　　　　　（b）　　　　　（c）　　　　　（d）

图 11-17　利用放样生成实体

# 任务 11.8　利用平面或曲面切割实体

SLICE 命令可以用于根据平面或曲面切割实体，被切割的实体可以保留一半或两半都保留，保留部分将保持原实体的图层和颜色特性。切割方法是先定义切割平面，然后选定需要的部分。用户既可以通过 3 点来定义切割平面，也可以指定当前坐标系的 $xy$ 平面、$yz$ 平面、$zx$ 平面作为切割平面。

【案例 11-7】　练习使用 SLICE 命令。

（1）打开素材文件"dwg\项目 11\11-7.dwg"。

（2）单击【实体编辑】面板上的 ⬛ 按钮，启动 SLICE 命令，系统提示如下。

11-7　利用平面或
曲面切割实体

| 命令: _slice | |
| --- | --- |
| 选择要剖切的对象: 找到 1 个 | //选择实体，如图 11-18（a）所示 |

```
选择要剖切的对象：                                        //按 Enter 键
指定切面的起点或[平面对象(O)/曲面(S)/Z轴(Z)/视图(V)/XY(XY)/YZ(YZ)/ZX(ZX)/三点(3)] <三点>：
                                                         //按 Enter 键,利用3点定义切割平面

指定平面上的第一个点：END 于                              //捕捉端点 A
指定平面上的第二个点：MID 于                              //捕捉中点 B
指定平面上的第三个点：MID 于                              //捕捉中点 C
在所需的侧面上指定点或[保留两个侧面(B)] <保留两个侧面>： //在要保留的那边单击
命令：
SLICE                                                    //重复命令
选择要剖切的对象：找到 1 个                               //选择实体
选择要剖切的对象：                                        //按 Enter 键
指定切面的起点或[平面对象(O)/曲面(S)/Z轴(Z)/视图(V)/三点(3)] <三点>：S
                                                         //选择"曲面(S)"选项
选择曲面：                                                //选择曲面
选择要保留的剖切对象或[保留两个侧面(B)] <保留两个侧面>： //在要保留的那边单击
```

删除曲面，结果如图 11-18（b）所示。

SLICE 命令常用选项的功能如下。

- 平面对象(O)：使用圆、椭圆、圆弧或椭圆弧、二维样条曲线或二维多段线等对象所在平面作为切割平面。
- 曲面(S)：指定曲面作为切割面。
- Z 轴(Z)：通过指定切割平面的法线方向来确定切割平面。
- 视图(V)：切割平面与当前视图平面平行。
- XY(XY)/YZ(YZ)/ZX(ZX)：使用坐标系的 *xy* 平面、*yz* 平面、*zx* 平面切割实体。

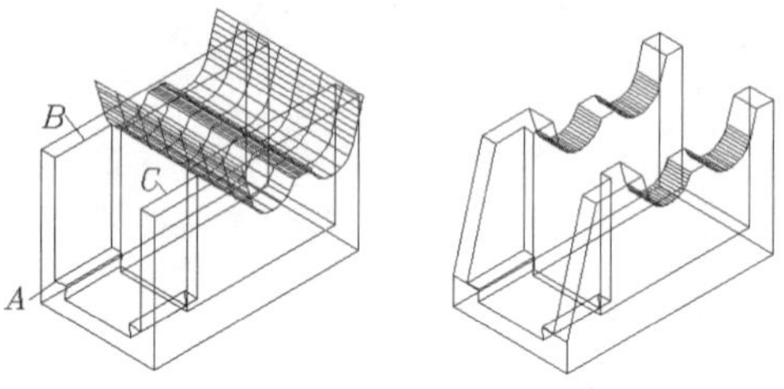

（a） （b）

图 11-18　切割实体

# 任务 11.9　螺旋线及弹簧

HELIX 命令可以用于创建螺旋线，该线可以用作扫掠路径及拉伸路径。使用 SWEEP 命令将圆沿螺旋线扫掠，就可创建出弹簧的实体模型。

【案例 11-8】　练习使用 HELIX 命令。

（1）打开素材文件"dwg\项目 11\11-8.dwg"。

（2）使用 HELIX 命令绘制螺旋线。

11-8　螺旋线及弹簧

单击【绘图】面板上的 按钮，启动 HELIX 命令，系统提示如下。

```
命令：_helix
指定底面的中心点：                                        //指定螺旋线底面的中心点
指定底面半径或[直径(D)] <40.0000>：40                     //输入螺旋线半径
指定顶面半径或[直径(D)] <40.0000>：                        //按 Enter 键
指定螺旋高度或[轴端点(A)/圈数(T)/圈高(H)/扭曲(W)] <100.0000>：H //选择"圈高(H)"选项
指定圈间距 <20.0000>：20                                  //输入螺距
指定螺旋高度或[轴端点(A)/圈数(T)/圈高(H)/扭曲(W)] <100.0000>：100 //输入螺旋线高度
```

结果如图 11-19（a）所示。

（3）使用 SWEEP 命令将圆沿螺旋线扫掠形成弹簧，再执行 HIDE 命令，结果如图 11-19（b）所示。

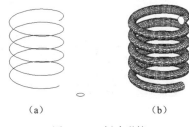

图 11-19　创建弹簧

HELIX 命令各选项的功能如下。

- 轴端点(A)：指定螺旋轴端点的位置。螺旋轴的长度及方向表明了螺旋线的高度及倾斜方向。
- 圈数(T)：输入螺旋线的圈数，数值小于 500。
- 圈高(H)：输入螺旋线的螺距。
- 扭曲(W)：按顺时针或逆时针方向绘制螺旋线，以逆时针方式绘制的螺旋线是右旋的。

# 任务 11.10　显示及操作小控件

小控件是能指示方向的三维图标，可以帮助用户移动、旋转和缩放三维对象和子对象。实体的面、边及顶点等对象为子对象，按住 Ctrl 键可以选择这些对象。

小控件分为移动小控件、旋转小控件及缩放小控件 3 种，每种小控件都包含坐标轴及小控件中心（在原点处），如图 11-20 所示。默认情况下，选择具有三维视觉样式（除了二维线框）的对象或子对象时，选择集的中心位置会出现移动小控件。

对小控件可做以下操作。

## 1. 改变小控件的位置

单击小控件的中心框可以把小控件中心移动到其他位置。用鼠标右键单击小控件，弹出快捷菜单，如图 11-21 所示，利用以下两个命令也可以改变小控件的位置。

图 11-20　3 种小控件

图 11-21　小控件的快捷菜单

- 【重新定位小控件】：控件中心随鼠标指针移动，单击指定小控件位置。
- 【将小控件对齐到】：将小控件坐标轴与世界坐标系、用户坐标系或实体表面对齐。

## 2. 调整控件轴方向

用鼠标右键单击小控件，弹出快捷菜单，选择【自定义小控件】命令，然后拾取 3 个点指定小控件 $x$ 轴方向及 $xy$ 平面位置即可。

## 3. 切换小控件

用鼠标右键单击小控件，利用快捷菜单上的【移动】【旋转】【比例】命令切换小控件。

# 任务 11.11　利用控件编辑模式移动、旋转及缩放对象

显示小控件并调整其位置后（三维视觉样式状态），可以激活控件编辑模式编辑对象。

## 1. 激活控件编辑模式

将鼠标指针悬停在小控件的坐标轴或回转圆上，直至其变为黄色，单击确认，激活控件编辑模式，如图 11-22 所示。

控件编辑模式与关键点编辑模式类似。激活控件编辑模式后，连续按空格键或 Enter 键可以在移动、旋转及缩放模式之间切换。单击鼠标右键，弹出快捷菜单，利用该菜单上的相应命令不仅可以切换编辑模式，而且可以改变小控件的位置。

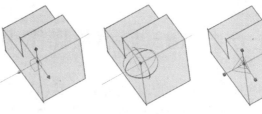

图 11-22　激活控件编辑模式

## 2. 移动对象

激活移动模式后，对象的移动方向被约束到与小控件坐标轴的方向一致。移动鼠标指针，对象随之移动，输入移动距离，按 Enter 键结束；输入负的数值，则移动方向相反。

在操作过程中，单击鼠标右键，利用快捷菜单上的【设置约束】命令可以指定其他坐标方向作为移动方向。

将鼠标指针悬停在小控件的坐标轴之间的矩形边上，直至矩形变为黄色，单击确认，对象的移动方向被约束在矩形平面内，如图 11-23 所示。以坐标方式输入移动距离及方向，按 Enter 键结束。

## 3. 旋转对象

激活旋转模式的同时，将出现以圆为回转方向的回转轴，对象将绕此轴旋转。移动鼠标指针，对象随之转动，输入旋转角度，按 Enter 键结束；输入负的数值，则旋转方向相反。

在操作过程中，单击鼠标右键，利用快捷菜单上的【设置约束】命令可以指定其他坐标轴作为旋转轴。

若想以任意一轴为旋转轴，可利用快捷菜单上的【自定义小控件】命令创建新控件，使新控件的 $x$ 轴与指定旋转轴重合，如图 11-24 所示。

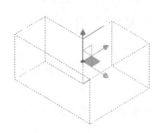

图 11-23　移动模式

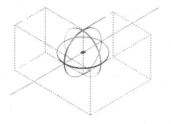

图 11-24　旋转对象

## 4. 缩放对象

激活缩放模式后，输入缩放比例，按 Enter 键结束。

# 任务 11.12　三维移动

用户可以使用 MOVE 命令在三维空间中移动对象，其操作方式与在二维空间中一样，只不过当通过输入距离来移动对象时，必须输入沿 x 轴、y 轴、z 轴的距离。

系统提供了专门用来在三维空间中移动对象的命令——3DMOVE，该命令的操作方式与MOVE 命令类似，但前者使用起来更形象、更直观。

除了使用 3DMOVE 命令，也可以直接利用移动小控件在三维空间移动对象，详见任务11.11。

【案例 11-9】　练习使用 3DMOVE 命令。

（1）打开素材文件 "dwg\项目 11\11-9.dwg"，如图 11-25（a）所示。

（2）单击【修改】面板上的 按钮，启动 3DMOVE 命令。将对象 A 由基点 B 移动到第二点 C，再通过输入距离的方式移动对象 D，输入移动距离"40,–50"，按 Enter 键，结果如图 11-25（b）所示。

11-9　三维移动

（3）重复命令，选择对象 E，按 Enter 键，系统显示附着在实体上的移动小控件，该小控件 3 个轴的方向与世界坐标系的坐标轴方向一致，如图 11-26（a）所示。

（4）移动鼠标指针到 y 轴上，停留一会儿，显示出移动辅助线，然后单击确认，对象的移动方向被约束到与轴的方向一致，如图 11-26（a）所示。

（5）若将鼠标指针移动到两轴之间的短线处停住，直至两条短线变成黄色，则表明移动被限制在由两条短线构成的平面内。

（6）沿设定方向移动鼠标指针，对象跟随移动，输入移动距离 "50"，按 Enter 键，结果如图 11-26（b）所示。

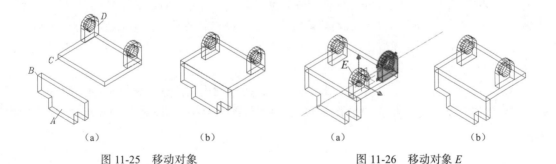

| （a） | （b） | （a） | （b） |

图 11-25　移动对象　　　　　　　　　图 11-26　移动对象 E

若想沿任意方向移动对象，可以按以下方式操作。

（1）将模型的显示方式切换为【三维线框】，启动 3DMOVE 命令，选择对象，系统显示移动小控件。

（2）用鼠标右键单击小控件，利用快捷菜单上的相关命令调整小控件的位置，使小控件的x 轴与移动方向重合。

（3）激活移动模式，移动模型。

# 任务 11.13　三维旋转

ROTATE 命令仅能使对象在 $xy$ 平面内旋转，即旋转轴只能是 $z$ 轴。3DROTATE 命令是 ROTATE 命令的 3D 版本，该命令能使对象绕三维空间中的任意轴旋转。

除了使用 3DROTATE 命令，也可以直接利用旋转小控件在三维空间旋转对象，详见任务 11.11。

**【案例 11-10】** 练习使用 3DROTATE 命令。

（1）打开素材文件"dwg\项目 11\11-10.dwg"。

（2）单击【常用】选项卡中【修改】面板上的 ⊕ 按钮，启动 3DROTATE 命令。选择需要旋转的对象，按 Enter 键，系统显示附着在对象上的旋转小控件，该小控件包含表示旋转方向的 3 个辅助圆。

11-10　三维旋转

（3）移动鼠标指针到点 $A$ 处，并捕捉该点，旋转小控件就被放置在此点，如图 11-27（a）所示。

（4）将鼠标指针移动到圆 $B$ 处，然后停留一会儿，直至圆变为黄色，同时出现以圆为回转方向的回转轴，单击确认。回转轴与当前坐标系的坐标轴是平行的，且回转轴的正方向与坐标轴正方向一致。

（5）输入回转角度"–90"，按 Enter 键，结果如图 11-27（b）所示。也可以单击指定回转起始位置，

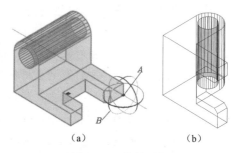

(a)　　　　　　(b)

图 11-27　旋转对象

然后移动鼠标指针，再单击指定回转终止位置。采用这种方式时可以打开极轴追踪功能，这样就能很方便地确定两个正交方向上的点，从而使对象旋转 90°。

使用 3DROTATE 命令时，小控件回转轴与世界坐标系的坐标轴是平行的。若想指定某条线段为旋转轴，应先将 UCS 的某一轴与线段重合，然后设定旋转小控件与 UCS 对齐，并将小控件放置在线段端点处，这样就使得旋转轴与线段重合了。此外，也可以重新定义旋转小控件，使其 $x$ 轴与指定线段重合。

UCS 是一个图形对象，选中它，出现关键点，可以利用关键点编辑方式使得 UCS 的某一轴与指定线段重合，或者采用 UCS 命令的"$z$ 轴"选项使 $z$ 轴与线段对齐。UCS 的详细内容参见任务 11.20。

# 任务 11.14　三维阵列

ARRAYRECT 及 ARRAYPOLAR 命令除了可以用于创建二维矩形阵列及环形阵列，还可以用于创建相应的三维阵列。此外，3DARRAY 命令也可以用于创建三维阵列，它是二维 ARRAY 命令的 3D 版本。

**【案例 11-11】** 练习使用 ARRAYRECT 及 ARRAYPOLAR 命令。

（1）打开素材文件"dwg\项目 11\11-11.dwg"。

（2）单击【修改】面板上的 ⊞ 按钮，启动 ARRAYRECT 命令。选择需要阵列的对象，按 $\boxed{\text{Enter}}$ 键，弹出【阵列创建】选项卡，如图 11-28 所示。

| | 列数 | 3 | 行数 | 2 | 级别 | 3 | | | |
|---|---|---|---|---|---|---|---|---|---|
| 矩形 | 介于 | 80 | 介于 | 50 | 介于 | 120 | 关联 | 基点 | 关闭阵列 |
| | 总计 | 160 | 总计 | 50 | 总计 | 240 | | | |
| 类型 | 列 | | 行 ▾ | | 层级 | | 特性 | | 关闭 |

图 11-28 【阵列创建】选项卡（1）

（3）分别在【行数】【列数】【级别】文本框中输入阵列的行数、列数及层数，分别在 3 个【介于】文本框中设置行间距、列间距及层间距，如图 11-28 所示。"行"的方向与坐标系的 $x$ 轴平行，"列"的方向与 $y$ 轴平行，"层"的方向沿着 $z$ 轴方向。每输入完一个数值，按 $\boxed{\text{Enter}}$ 键或单击其他文本框，系统会显示预览效果。

（4）单击 ✔ 按钮，执行 HIDE 命令，结果如图 11-29 所示。

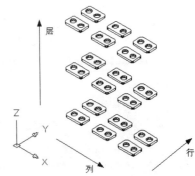

（5）默认情况下，【阵列创建】选项卡中的 ⊡ 按钮是亮显的，表明创建的矩形阵列是一个整体对象（否则其中每个对象都是单独的）。选中该对象，弹出【阵列】选项卡，如图 11-30 所示，利用该选项卡可以编辑阵列参数。此外，还可以重新设定阵列基点及通过修改阵列中的某个图形对象使得所有阵列对象发生变化。

11-11 三维阵列

图 11-29 三维阵列

| | 列数 | 3 | 行数 | 2 | 级别 | 3 | | | | | | |
|---|---|---|---|---|---|---|---|---|---|---|---|---|
| 矩形 | 介于 | 80 | 介于 | 50 | 介于 | 120 | | 基点 | 编辑来源 | 替换项目 | 重置矩阵 | 关闭阵列 |
| | 总计 | 160 | 总计 | 50 | 总计 | 240 | | | | | | |
| 类型 | 列 | | 行 ▾ | | 层级 | | 特性 | | 选项 | | | 关闭 |

图 11-30 【阵列】选项卡

（6）单击【修改】面板上的 ⊙ 按钮，启动环形阵列命令。选择需要阵列的图形对象，再通过两点指定阵列旋转轴，弹出【阵列创建】选项卡，如图 11-31 所示。

| | 项目数 | 6 | 行数 | 1 | 级别 | 1 | | | | | |
|---|---|---|---|---|---|---|---|---|---|---|---|
| 极轴 | 介于 | 60 | 介于 | 70.9755 | 介于 | 71.6689 | 关联 | 基点 | 旋转项目 | 方向 | 关闭阵列 |
| | 填充 | 360 | 总计 | 70.9755 | 总计 | 71.6689 | | | | | |
| 类型 | 项目 | | 行 ▾ | | 层级 | | 特性 | | | | 关闭 |

图 11-31 【阵列创建】选项卡（2）

（7）在【项目数】及【填充】文本框中输入阵列的数目及阵列分布的总角度，也可以在【介于】文本框中输入阵列对象间的夹角，如图 11-31 所示。

（8）单击 ▦ 按钮，设定环形阵列沿顺时针或逆时针方向。

（9）单击 ✔ 按钮，执行 HIDE 命令，结果如图 11-32 所示。

（10）在【行】面板中可以设定环形阵列沿径向分布的数目及间距，在【层级】面板中可以设定环形阵列沿 $z$ 轴方向阵列的数目及间距。

（11）默认情况下，环形阵列中的对象是关联的，表明创建的阵列是一个整体对象（否则其中每个对象都是单独的）。选中

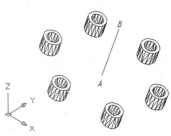

图 11-32 环形阵列

该对象，弹出【阵列】选项卡，利用该选项卡可以编辑阵列参数。此外，还可以修改阵列中的某个图形对象，使得所有阵列对象发生变化。

# 任务 11.15　三维镜像

如果镜像线是当前坐标系 $xy$ 平面内的直线，那么使用常见的 MIRROR 命令就可以对三维对象进行镜像。但如果想以某个平面作为镜像平面来镜像三维对象，就必须使用 MIRROR3D 命令。把点 $A$、$B$、$C$ 定义的平面作为镜像平面，如图 11-33（a）所示，对对象进行镜像，结果如图 11-33（b）所示。

【案例 11-12】　练习使用 MIRROR3D 命令。

（1）打开素材文件 "dwg\项目 11\11-12.dwg"。

（2）单击【修改】面板上的 按钮，启动 MIRROR3D 命令，系统提示如下。

11-12　三维镜像

```
命令: _mirror3d
选择对象: 找到 1 个              //选择要镜像的对象
选择对象:                      //按 [Enter] 键
指定镜像平面 (三点) 的第一个点或
[对象(O)/最近的(L)/Z 轴(Z)/视图(V)/XY 平面(XY)/YZ 平面(YZ)/ZX 平面(ZX)/三点(3)]<三点>:
                              //利用 3 点指定镜像平面, 捕捉第一点 A
在镜像平面上指定第二点:          //捕捉第二点 B
在镜像平面上指定第三点:          //捕捉第三点 C, 如图 11-33 (a) 所示
是否删除源对象? [是(Y)/否(N)] <否>:  //按 [Enter] 键不删除源对象
```

执行 HIDE 命令，结果如图 11-33（b）所示。

MIRROR3D 命令有以下选项，利用这些选项可以在三维空间中定义镜像平面。

- 对象(O)：将圆、圆弧、椭圆及二维多段线等二维对象所在平面作为镜像平面。

- 最近的(L)：指定上一次 MIRROR3D 命令使用的镜像平面为当前镜像平面。

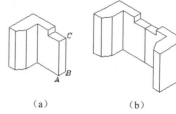

（a）　　　　　　（b）

图 11-33　三维镜像

- Z 轴(Z)：用户在三维空间中指定两个点，镜像平面将垂直于两点间的连线，并通过第一个拾取点。

- 视图(V)：镜像平面平行于当前视图，并通过用户的拾取点。

- XY 平面(XY)/YZ 平面(YZ)/ZX 平面(ZX)：镜像平面平行于 $xy$ 平面、$yz$ 平面或 $zx$ 平面，并通过用户的拾取点。

# 任务 11.16　三维对齐

3DALIGN 命令在三维建模中非常实用，用户通过此命令可以指定源对象与目标对象的对

齐点，从而使源对象的位置与目标对象的位置对齐。例如，用户利用 3DALIGN 命令让对象 M（源对象）的某一平面上的 3 点与对象 N（目标对象）的某一平面上的 3 点对齐，操作完成后，M、N 两个对象将组合在一起，如图 11-34 所示。

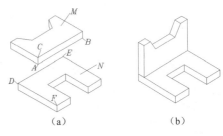

图 11-34　三维对齐

【案例 11-13】　练习使用 3DALIGN 命令。

（1）打开素材文件"dwg\项目 11\11-13.dwg"。

（2）单击【修改】面板上的 按钮，启动 3DALIGN 命令。

```
命令：_3dalign
选择对象：找到 1 个                //选择要对齐的对象
选择对象：                        //按 Enter 键
指定基点或[复制(C)]：             //捕捉源对象上的第一点 A
指定第二个点或[继续(C)] <C>：     //捕捉源对象上的第二点 B
指定第三个点或[继续(C)] <C>：     //捕捉源对象上的第三点 C
指定第一个目标点：                //捕捉目标对象上的第一点 D
指定第二个目标点或[退出(X)] <X>： //捕捉目标对象上的第二点 E
指定第三个目标点或[退出(X)] <X>： //捕捉目标对象上的第三点 F，如图 11-34（a）所示
```

执行 HIDE 命令，结果如图 11-34（b）所示。

使用 3DALIGN 命令时，用户不必指定 3 对对齐点。下面说明指定不同数量的对齐点时，系统如何移动源对象。

11-13　三维对齐

（1）若仅指定一对对齐点，则系统把源对象由第一个源点移动到第一个目标点处。

（2）若指定两对对齐点，则系统移动源对象后，将使两个源点间的连线与两个目标点间的连线重合，并使第一个源点与第一个目标点重合。

（3）如果用户指定 3 对对齐点，那么命令结束后，3 个源点定义的平面将与 3 个目标点定义的平面重合在一起。选择的第一个源点要移动到第一个目标点的位置，前两个源点间的连线与前两个目标点间的连线重合。第 3 个目标点的选择顺序若与第 3 个源点的选择顺序一致，则两个对象平行对齐，否则相对对齐。

# 任务 11.17　三维倒圆角及倒角

FILLET 和 CHAMFER 命令可以用于对二维对象进行倒圆角及倒角，它们的用法已在项目 2 中介绍过。对于三维对象，同样可以用这两个命令进行倒圆角及倒角，但此时的操作方式与二维绘图时略有不同。

【案例 11-14】　在三维空间中使用 FILLET、CHAMFER 命令。

打开素材文件"dwg\项目 11\11-14.dwg"，使用 FILLET 和 CHAMFER 命令对三维对象进行倒圆角及倒角。

命令：_fillet
选择第一个对象或[放弃(U)/多段线(P)/半径(R)/修剪(T)/多个(M)]：
                                                      //选择棱边 A
输入圆角半径或[表达式(E)] <10.0000>：15          //输入圆角半径
选择边或[链(C)/环(L)/半径(R)]：            //选择棱边 B
选择边或[链(C)/环(L)/半径(R)]：            //选择棱边 C
选择边或[链(C)/环(L)/半径(R)]：            //按 Enter 键结束
命令：_chamfer
选择第一条直线或[放弃(U)/多段线(P)/距离(D)/角度(A)/修剪(T)/ 方式(E)/多个(M)]：
                                                      //选择棱边 E
基面选择...                             //平面 D 高亮显示，该面是倒角基面
输入曲面选择选项[下一个(N)/当前(OK)] <当前（OK）>：  //按 Enter 键
指定基面倒角距离或[表达式(E)] <15.0000>：10    //输入基面内的倒角距离
指定其他曲面倒角距离或[表达式(E)] <10.0000>：30  //输入另一平面内的倒角距离
选择边或[环(L)]：                         //选择棱边 E
选择边或[环(L)]：                         //选择棱边 F
选择边或[环(L)]：                         //选择棱边 G
选择边或[环(L)]：                         //选择棱边 H，如图 11-35（a）所示
选择边或[环(L)]：                         //按 Enter 键结束

结果如图 11-35（b）所示。

常用选项的功能介绍如下。

- 链(C)：若各棱边是相切的关系，则选择其中一条棱边，所有棱边将被选中。

- 环(L)：该选项使用户可以一次性选中基面内的所有棱边。

11-14　三维倒圆角及倒角

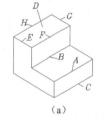
（a）

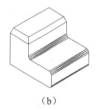
（b）

图 11-35　倒圆角及倒角

# 任务 11.18　编辑实体的表面

用户除了能对实体进行倒角、阵列、镜像及旋转等操作，还能编辑实体模型的表面。常用的表面编辑功能主要包括拉伸面、旋转面、压印、抽壳等。

## 11.18.1　拉伸面

系统可以根据指定距离拉伸面或将面沿某条路径进行拉伸。拉伸时，输入拉伸距离后，还可以输入锥角，这样将使拉伸形成的实体锥化。图 11-36 所示是将实体表面按拉伸距离及锥角、沿路径拉伸的结果。

【案例 11-15】　拉伸实体表面。

（1）打开素材文件"dwg\项目 11\11-15.dwg"。

（2）单击【实体编辑】面板上的 按钮，系统主要提示如下。

```
命令: _solidedit
选择面或[放弃(U)/删除(R)]: 找到一个面。    //选择实体表面A,如图11-36(a)所示
选择面或[放弃(U)/删除(R)/全部(ALL)]:    //按 Enter 键
指定拉伸高度或[路径(P)]: 50             //输入拉伸的距离
指定拉伸的倾斜角度 <0>: 5               //指定拉伸的锥角
```

结果如图 11-36(b)所示。

拉伸面命令常用选项的功能介绍如下。

11-15 拉伸实体表面

- 指定拉伸高度:输入拉伸距离及锥角来拉伸面。对于每个面,规定其外法线方向是正方向,当输入的拉伸距离是正值时,面将沿其外法线方向拉伸,否则将向相反方向拉伸。在指定拉伸距离后,系统会提示输入锥角,若输入正的锥角,则面将向实体内部锥化,否则面将向实体外部锥化,如图 11-37 所示。

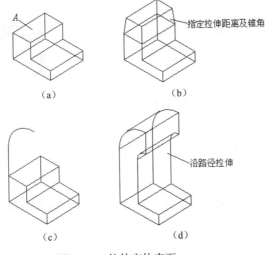

(a) 正锥角    (b) 负锥角

图 11-36  拉伸实体表面        图 11-37  拉伸并锥化面

- 路径(P):沿着一条指定路径拉伸实体表面,如图 11-36(c)和图 11-36(d)所示。拉伸路径可以是直线、圆弧、多段线及二维样条曲线等,作为路径的对象不仅不能与要拉伸的面共面,也应避免路径曲线的某些局部区域有较高的曲率,否则可能使新形成的实体在路径曲率较高处出现自相交的情况,从而导致拉伸失败。

　　　　用户可以利用 JOIN 命令将连续几段线条连接成多段线,这样就可以将其定义为拉伸路径了。

## 11.18.2　旋转面

通过旋转实体的表面可以改变面的倾斜角度,或者将一些结构特征(如孔、槽等)旋转到新的方位。例如,将面 A 的倾斜角度修改为 120°,并把槽旋转 90°,如图 11-38 所示。

在旋转面时，用户可以通过拾取两点、选择某条直线或设定旋转轴平行于坐标轴等方法来指定旋转轴，另外，应注意确定旋转轴的正方向。

**【案例 11-16】** 旋转实体表面。

（1）打开素材文件 "dwg\项目 11\11-16.dwg"。

（2）单击【实体编辑】面板上的 按钮，系统主要提示如下。

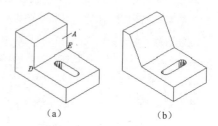

图 11-38　旋转实体表面

```
命令：_solidedit
选择面或[放弃(U)/删除(R)]：找到一个面。          //选择表面 A
选择面或[放弃(U)/删除(R)/全部(ALL)]：           //按 Enter 键
指定轴点或[经过对象的轴(A)/视图(V)/X 轴(X)/Y 轴(Y)/Z 轴(Z)] <两点>：
                                               //捕捉旋转轴上的第一点 D
在旋转轴上指定第二个点：                         //捕捉旋转轴上的第二点 E，如图 11-38（a）所示
指定旋转角度或[参照(R)]：-30                     //输入旋转角度
```

再将长槽面旋转 90°，结果如图 11-38（b）所示。

旋转面命令常用选项的功能介绍如下。

- 两点：指定两点来确定旋转轴，旋转轴的正方向是从第一个选择点指向第二个选择点。

- X 轴(X)/Y 轴(Y)/Z 轴(Z)：旋转轴平行于 $x$ 轴、$y$ 轴、$z$ 轴，并通过拾取点。旋转轴的正方向与坐标轴的正方向一致。

11-16　旋转实体表面

### 11.18.3　压印

压印可以把圆、直线、多段线、样条曲线、面域及实心体等对象压印到三维实体上，使其成为实体的一部分。用户必须使被压印的对象在实体表面内或与实体表面相交，这样压印操作才能成功。压印时，系统将创建新的表面，该表面以被压印的几何图形及实体的棱边作为边界，用户可以对生成的新面进行拉伸和旋转等操作。例如，将圆压印在实体上，并将新生成的面向上拉伸，如图 11-39 所示。

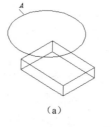

图 11-39　压印

**【案例 11-17】** 压印。

（1）打开素材文件 "dwg\项目 11\11-17.dwg"，单击【实体编辑】面板上的 按钮，系统主要提示如下。

11-17　压印

```
命令：_imprint
选择三维实体或曲面：                    //选择实体模型
选择要压印的对象：                      //选择圆 A，如图 11-39（a）所示
是否删除源对象[是(Y)/否(N)] <N>：Y      //删除圆 A
选择要压印的对象：                      //按 Enter 键
```

（2）单击 按钮，系统主要提示如下。

```
命令: _solidedit
选择面或[放弃(U)/删除(R)]: 找到一个面。        //选择表面 B, 如图 11-39（b）所示
选择面或[放弃(U)/删除(R)/全部(ALL)]:         //按 Enter 键
指定拉伸高度或[路径(P)]: 10                   //输入拉伸高度
指定拉伸的倾斜角度 <0>:                        //按 Enter 键
```

结果如图 11-39（c）所示。

### 11.18.4  抽壳

用户可以利用抽壳的方法将一个实体模型变成一个空心的薄壳体。在使用抽壳功能时，需
要先指定壳体厚度，然后系统会把现有的实体
表面偏移指定厚度，以形成新的表面，这样原
来的实体就变为一个薄壳体。如果指定的厚度
为正值，系统就在实体内部创建新面，否则系
统在实体的外部创建新面。另外，在抽壳过程
中还能将实体的某些面去除，以形成开口的薄
壳体。图 11-40（b）所示为对图 11-40（a）所
示的实体进行抽壳并去除其顶面的结果。

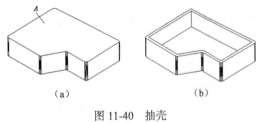

图 11-40  抽壳

【案例 11-18】 抽壳。

（1）打开素材文件 "dwg\项目 11\11-18.dwg"。

（2）单击【实体编辑】面板上的 按钮，系统主要提示如下。

11-18  抽壳

```
命令: _solidedit
选择三维实体:                                 //选择要抽壳的对象
删除面或[放弃(U)/添加(A)/全部(ALL)]: 找到一个面, 已删除 1 个
                                            //选择要删除的表面 A, 如图 11-40（a）所示
删除面或[放弃(U)/添加(A)/全部(ALL)]:         //按 Enter 键
输入抽壳偏移距离: 10                          //输入壳体厚度
```

执行 HIDE 命令，结果如图 11-40（b）所示。

# 任务 11.19  与实体显示有关的系统变量

与实体显示有关的系统变量有 ISOLINES、
FACETRES、DISPSILH，分别介绍如下。

- ISOLINES：用于设定实体表面网格线的数量，该
  变量不同取值的效果如图 11-41 所示。
- FACETRES：用于设置实体消隐或渲染后的表面
  网格密度。此变量的取值范围为 0.01～10.0，值

（a）ISOLINES=10    （b）ISOLINES=30

图 11-41  ISOLINES 变量不同取值的效果

越大，表明网格越密，消隐或渲染后的表面越光滑，该变量不同取值的效果如图 11-42 所示。

- DISPSILH：用于控制消隐时是否显示出实体表面网格线。若此变量的值为 0，则显示网格线；若为 1，则不显示网格线，如图 11-43 所示。

（a）FACETRES=1.0　（b）FACETRES=10.0

图 11-42　FACETRES 变量不同取值的效果

（a）DISPSILH=0　（b）DISPSILH=1

图 11-43　DISPSILH 变量不同取值的效果

# 任务 11.20　UCS

默认情况下，AutoCAD 的坐标系统是世界坐标系，该坐标系是一个固定坐标系。用户也可以在三维空间中建立自己的坐标系（UCS），该坐标系是一个可变动的坐标系，坐标轴正方向按右手螺旋定则确定。在进行三维绘图时，UCS 特别实用，因为用户可以在任意位置、沿任意方向建立 UCS，从而使三维绘图更加容易。

在 AutoCAD 中，多数二维命令只能在当前坐标系的 $xy$ 平面或与 $xy$ 平面平行的平面内执行。若用户想在三维空间的某一平面内使用二维命令，则应在此平面中创建新的 UCS。

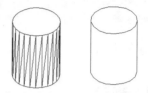

11-19　在三维空间中创建坐标系

【案例 11-19】　在三维空间中创建坐标系。

（1）打开素材文件 "dwg\项目 11\11-19.dwg"。

（2）改变坐标原点。单击【坐标】面板上的 按钮，系统提示如下。

```
命令：_ucs
指定 UCS 的原点或[面(F)/命名(NA)/对象(OB)/上一个(P)/视图(V)/世界(W)/X/Y/Z/Z轴(ZA)] <世界>：
                                         //捕捉点 A
指定 X 轴上的点或 <接受>：              //按 Enter 键
```

结果如图 11-44 所示。

（3）将 UCS 绕 $x$ 轴旋转 90°。

```
命令：_ucs
指定 UCS 的原点或[面(F)/命名(NA)/对象(OB)/上一个(P)/视图(V)/世界(W)/X/Y/Z/Z轴(ZA)] <世界>：X
                                         //选择 "X" 选项
指定绕 X 轴的旋转角度 <90>：90          //输入旋转角度
```

结果如图 11-45 所示。

（4）利用 3 点定义新坐标系。

```
命令：_ucs
指定 UCS 的原点或[面(F)/命名(NA)/对象(OB)/上一个(P)/视图(V)/世界(W)/X/Y/Z/Z轴(ZA)] <世界>：END
```

| | |
|---|---|
| 于 | //捕捉点 B |
| 指定 X 轴上的点或 <接受>:END | |
| 于 | //捕捉点 C |
| 指定 XY 平面上的点或 <接受>:END | |
| 于 | //捕捉点 D |

结果如图 11-46 所示。

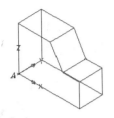
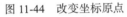
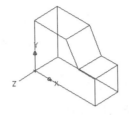
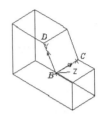

图 11-44　改变坐标原点　　　图 11-45　将 UCS 绕 x 轴旋转 90°　　　图 11-46　利用 3 点定义坐标系

除了使用 UCS 命令改变坐标系，用户也可以打开动态 UCS 功能，使 UCS 的 *xy* 平面在绘图过程中自动与某一平面对齐。按 F6 键或使状态栏上的 按钮亮显，就可以打开动态 UCS 功能。启动二维或三维绘图命令，将鼠标指针移动到需要绘图的实体表面，该实体表面高亮显示，表明坐标系的 *xy* 平面临时与实体表面对齐，绘制的对象将处于此表面内。绘图完成后，UCS 返回原来的状态。

在 AutoCAD 中，UCS 图标是一个可以被选择的对象，选中它，出现关键点，激活关键点可以移动或旋转坐标系。此外，也可以先将鼠标指针悬停在关键点上，弹出菜单，利用菜单上的命令调整坐标系，如图 11-47 所示。

图 11-47　UCS 图标对象

# 任务 11.21　利用布尔运算构建复杂实体模型

前面已经介绍了如何生成基本三维实体及由二维对象转换得到三维实体，将这些简单实体放在一起，然后进行布尔运算，就能构建复杂的三维实体。

布尔运算包括并集操作、差集操作和交集操作。

### 1. 并集操作

UNION 命令用于将两个或多个实体合并在一起形成新的单一实体。操作对象既可以是相交的，也可以是分离开的。

【案例 11-20】　并集操作。

（1）打开素材文件 "dwg\项目 11\11-20.dwg"。

11-20　并集操作

（2）单击【实体编辑】面板上的 按钮，系统提示如下。

```
命令: _union
选择对象: 找到 2 个                    //选择圆柱体及长方体，如图 11-48（a）所示
选择对象:                           //按 [Enter] 键
```

结果如图 11-48（b）所示。

## 2. 差集操作

SUBTRACT 命令用于将实体构成的一个选择集从另一个选择集中减去。操作时，用户首先选择被减对象，构成第一选择集，然后选择要减去的对象，构成第二选择集。操作结果是第一选择集减去第二选择集后形成的新对象。

【案例 11-21】 差集操作。

（1）打开素材文件"dwg\项目 11\11-21.dwg"。

（2）单击【实体编辑】面板上的 按钮，系统提示如下。

11-21　差集操作

```
命令: _subtract
选择对象: 找到 1 个                    //选择长方体，如图 11-49（a）所示
选择对象:                           //按 [Enter] 键
选择要减去的实体、曲面和面域...
选择对象: 找到 1 个                    //选择圆柱体
选择对象:                           //按 [Enter] 键
```

结果如图 11-49（b）所示。

（a）　　　　　　　　（b）

图 11-48　并集操作

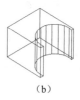

（a）　　　　　　　　（b）

图 11-49　差集操作

## 3. 交集操作

INTERSECT 命令用于创建由两个或多个实体重叠部分构成的新实体。

【案例 11-22】 交集操作。

（1）打开素材文件"dwg\项目 11\11-22.dwg"。

（2）单击【实体编辑】面板上的 按钮，系统提示如下。

11-22　交集操作

```
命令: _intersect
选择对象:                           //选择圆柱体和长方体，如图 11-50（a）所示
选择对象:                           //按 [Enter] 键
```

结果如图 11-50（b）所示。

【案例 11-23】 下面绘制图 11-51 所示的支撑架实体模型，演示三维建模的过程。

（1）创建一个新图形。

（2）进入【三维建模】工作空间，选择【视图控件】下拉列表中的【东南等轴测】选项，

切换到东南等轴测视图。在 $xy$ 平面内绘制底板的轮廓形状，并将其创建成面域，结果如图 11-52 所示。

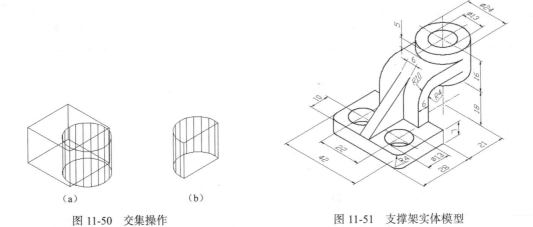

（a）　　　　　　　　（b）

图 11-50　交集操作　　　　　　　　　图 11-51　支撑架实体模型

（3）拉伸面域，形成底板的实体模型，结果如图 11-53 所示。

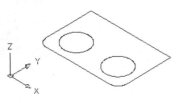

图 11-52　创建面域

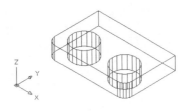

图 11-53　拉伸面域（1）

11-23　三维建模

（4）建立新的用户坐标系，在新 $xy$ 平面内绘制弯板及三角形筋板的二维轮廓，并将其创建成面域，结果如图 11-54 所示。

（5）拉伸面域 $A$、$B$，形成弯板及筋板的实体模型，结果如图 11-55 所示。

（6）使用 MOVE 命令将弯板及筋板移动到正确位置，结果如图 11-56 所示。

（7）建立新的用户坐标系，如图 11-57（a）所示。绘制两个圆柱体，结果如图 11-57（b）所示。

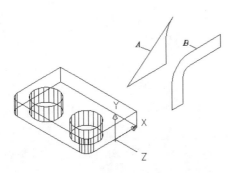

图 11-54　新建用户坐标系及创建面域

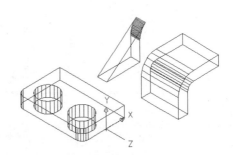

图 11-55　拉伸面域（2）

（8）合并底板、弯板、筋板及大圆柱体，使其成为单一实体，然后从该实体中去除小圆柱体，结果如图 11-58 所示。

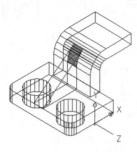

图 11-56 移动对象

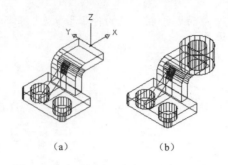

（a） （b）

图 11-57 新建用户坐标系及绘制圆柱体

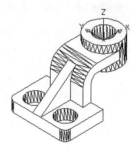

图 11-58 执行并集操作

## 【综合实训】

# 综合实训——实体建模综合练习

**【案例 11-24】** 绘制图 11-59 所示的实体模型。

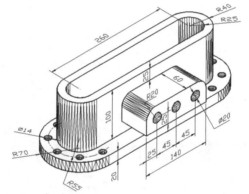

图 11-59 实体模型（1）

11-24 实体建模
综合练习（1）

主要作图步骤如图 11-60 所示。

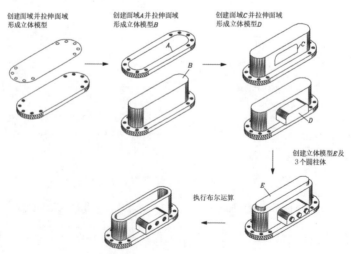

图 11-60 主要作图步骤（1）

【**案例 11-25**】 绘制图 11-61 所示的实体模型。

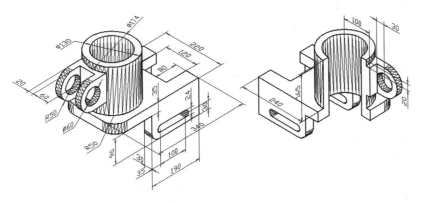

11-25 实体建模
综合练习（2）

图 11-61 实体模型（2）

主要作图步骤如图 11-62 所示。

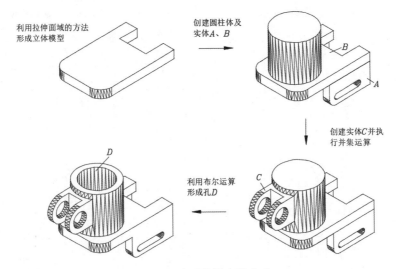

图 11-62 主要作图步骤（2）

## 【实战演练】

1. 绘制图 11-63 所示的平面实体模型。

2. 绘制图 11-64 所示的曲面实体模型。

3. 绘制图 11-65 所示的实体模型。

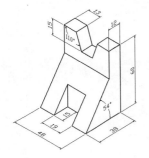

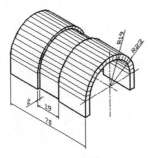

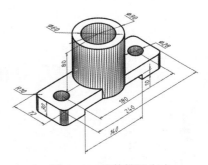

图 11-63 实体模型（1）　　图 11-64 实体模型（2）　　图 11-65 实体模型（3）

4. 绘制图 11-66 所示的实体模型。

5. 绘制图 11-67 所示的实体模型。

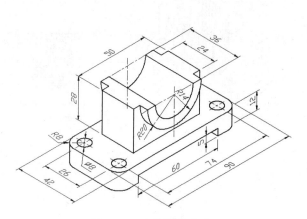

图 11-66　实体模型（4）

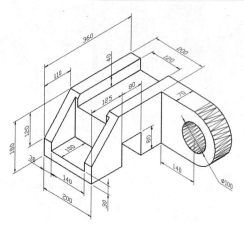

图 11-67　实体模型（5）